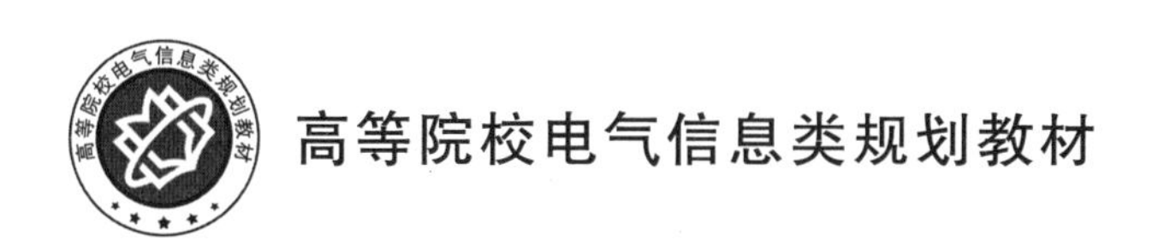

现代电力电子技术及应用

主　编　付艳清　刘玉桥
副主编　孙　静　薛　丹

北京邮电大学出版社
www.buptpress.com

内容简介

本书以夯实学习者电力电子技术理论知识为基准,以培养学习者基本应用能力为目标,系统地介绍了现代电力电子技术的基础知识、基本原理、分析方法及应用领域。本书的主要内容包括电力电子技术综述、电力电子器件及其应用、电力电子变流技术、现代电力电子技术在电力系统中的应用、典型的电力电子技术实验等。

本书内容全面、广深兼顾、实用性强,各章、节内容既相互联系又有相对的独立性,可根据实际教学计划进行适当删减。

本书可作为电气工程及其自动化、自动化、轨道交通信号与控制专业的教材,也可作为其他专业的师生和相关领域的工程技术人员的参考用书。

图书在版编目(CIP)数据

现代电力电子技术及应用 / 付艳清,刘玉桥主编.
北京 :北京邮电大学出版社,2024. -- ISBN 978-7
-5635-7335-6

Ⅰ. TM76

中国国家版本馆 CIP 数据核字第 2024PW4234 号

策划编辑: 刘纳新　　**责任编辑:** 满志文　　**责任校对:** 张会良　　**封面设计:** 七星博纳

出版发行: 北京邮电大学出版社
社　　址: 北京市海淀区西土城路 10 号
邮政编码: 100876
发 行 部: 电话:010-62282185　传真:010-62283578
E-mail: publish@bupt. edu. cn
经　　销: 各地新华书店
印　　刷: 保定市中画美凯印刷有限公司
开　　本: 787 mm×1 092 mm　1/16
印　　张: 14. 25
字　　数: 363 千字
版　　次: 2024 年 10 月第 1 版
印　　次: 2024 年 10 月第 1 次印刷

ISBN 978-7-5635-7335-6　　定价:46. 00 元

前　言

电力电子技术是指利用电力电子器件对电能进行变换和控制的技术，是电气工程技术、电子科学与技术、控制理论三大学科的交叉学科。电力电子技术主要研究内容是如何将弱电控制信号转换为对强电对象的控制作用，从而实现电力的变换、传递和控制，可以说电力电子技术是以弱电控制强电的接口技术。

随着经济建设事业的高速发展，电力电子技术已成为现代高新技术产业发展的基础技术之一，涵盖了从能源转换到工业驱动，从交通运输到智能电网等诸多方面，它不仅推动了传统产业的升级改造，更为新兴产业的崛起提供了强大动力。同时随着与信息科学、计算机科学和能源科学等学科的交叉融合，电力电子技术正向着绿色环保新型化、智能化、网络化和集成化的方向发展。

在高等工科院校，电力电子技术是电气工程及其自动化、自动化、机械设计及其自动化、机电、焊接等许多专业开设的一门必修专业基础课程。因此编写一本以“新工科”背景下人才需求为目标，以培养具有创新能力、工程实践能力的高素质复合型人才为核心，在系统讲解电力电子技术基本理论的基础上，注重理论与工程实践相结合，把现代电力电子技术的应用技术、应用领域编入书中，力求做到内容全面丰富、知识先进适用、体系结构紧密、查阅学习方便的现代电力电子技术教材具有重要意义。

编写目标：本书在编写上秉持着全面性、系统性、实用性和前瞻性的理念，涵盖从基础理论到实际应用的各个层面，力求为读者呈现一个完整的现代电力电子技术知识体系。

内容设置：全书共 9 章，第 1 章介绍电力电子技术基础知识，第 2 章介绍电力电子器件，第 3～6 章介绍直流-直流、交流-直流、直流-交流、交流-交流电力电子变流技术，第 7 章介绍软开关技术，第 8 章介绍电力电子技术的应用，第 9 章介绍典型的 8 个电力电子技术实验。本书通过对电力电子技术的器件特性、电路拓扑、控制策略、系统集成、应用领域、实验验证等各个方面深入探讨，确保内容的全面性。通过合理的章节安排和知识结构构建，使读者能够循序渐进地理解和掌握各个知识点之间的内在联系，确保结构的系统性。将理论知识与实际应用紧密结合，通过丰富的实例和案例分析，培养读者解决实际问题的能力，确保知识的实用性。关注行业的最新发展动态和研究成果，使读者能够紧跟时代步伐，了解前沿技术和应用趋势，确保技术的前瞻性。

任务分工：本书的作者在编写前进行了广泛的调研和论证，结合多年的教学和科研实践经验，对本书的结构框架、内容体系、任务分工进行了认真的审议和推敲。由付艳清教授负责编写第2、3、4、5章，由刘玉桥副教授负责编写第1、8章及全书统稿，由孙静讲师负责编写第6章，由刘玉桥副教授、薛丹讲师负责编写第7、9章，通过合理的任务分工，确保本书按照时间节点完成了编写任务。

主要特点：本书通过大量的实例和实际应用场景，将抽象的理论知识转化为实际的工程应用，强调理论与实践的结合；通过融入最新研究成果和行业发展动态，使读者能够及时了解前沿技术和应用趋势，拓宽视野；通过直观的图表和详细的实例分析，帮助读者更好地理解和掌握复杂的技术问题；通过设置思考题和实际项目案例，激发读者的思考和探索精神，培养读者的创新思维和解决问题的能力。

使用建议：本书各章内容相对独立完整，即可作为院校教学的教材使用，亦可作为从业者的参考书使用。作为院校教学专业教材使用时，可根据教学大纲要求和专业特点对各章节内容进行自主遴选和组合。作为参考书使用时，对于初学者，建议按照章节顺序逐步学习，注重对基础知识的理解和掌握，在学习过程中，要结合实例和实际应用，加深对理论知识的理解。对于有一定基础的读者，可以根据自己的需求和兴趣，有针对性地选择重点章节进行深入学习。

本书编写过程中参考了许多优秀教材，在此对相关文献的作者致以诚挚的谢意。本书的编写和出版得到了北京邮电大学出版社的鼎力支持，在此表示衷心感谢。

由于作者水平有限，书中难免出现不妥之处，恳请专家和广大读者批评指正。

作　者

目　　录

第1章　绪　　论

什么是电力电子技术？它由那些基本技术构成？其发展经历了哪些阶段？目前主要应用在哪些领域？通过对上述问题的阐述，本章使学习者对电力电子技术有一个初步的了解，为后续的课程学习奠定基础。

1.1　电力电子技术的定义及系统组成

所谓电力电子技术就是应用于电力领域的电子技术。国际电气和电子工程师协会(IEEE)的电力电子学会对电力电子技术的定义是：利用电力半导体器件、应用电路和设计理论及分析开发工具，实现对电能的高效能变换和控制的一门技术，它包括电压、电流、频率和波形等的变换。

电子技术包括信息电子技术和电力电子技术两大分支。通常所说的模拟电子技术和数字电子技术都属于信息电子技术，主要用于信息处理。电力电子技术是应用于电力领域的电子技术，它是利用电力电子器件对电能进行变换和控制的新兴学科，主要用于电力变换。

通常把电力电子技术分为电力电子器件制造技术和变流技术两个分支。电力电子器件制造技术是电力电子技术的基础，是电力电子技术的发展核心，其理论基础是半导体物理，伴随着物理学和控制技术的发展而发展。如果没有晶闸管、电力晶体管、IGBT等电力电子器件，也就没有电力电子技术。而电力电子技术主要用于电力变换，也称为电力电子器件的应用技术，是应用电力电子器件构成各种电力变换电路和对这些电路进行控制的技术，以及由这些电路构成电力电子装置和电力电子系统的技术。

一个完整的电力电子系统通常包括主电路、控制电路、缓冲电路、保护电路和驱动电路等几大类电路。电力电子系统组成示意图如图1-1所示。其中，主电路是承担电能量变换的电路。控制电路包括测量与数据处理、控制和调节两部分，是协调整个电力电子电路正常工作的核心。缓冲电路主要用于主电路中功率器件的保护。保护电路由两部分组成，一部分融合在控制电路中，一旦检测到电路工作异常，控制电路自动产生相关的保护动作;另一部分是融合在主电路回路中,一旦电路发生故障则产生机械动作使电路断电,通常采用机械开关或熔断器。驱动电路是连接控制电路与主电路之间的桥梁,其功能是把控制信号准确地传送到功率器件,使器件按照要求开通与关断,同时隔离主电路对控制电路的干扰。

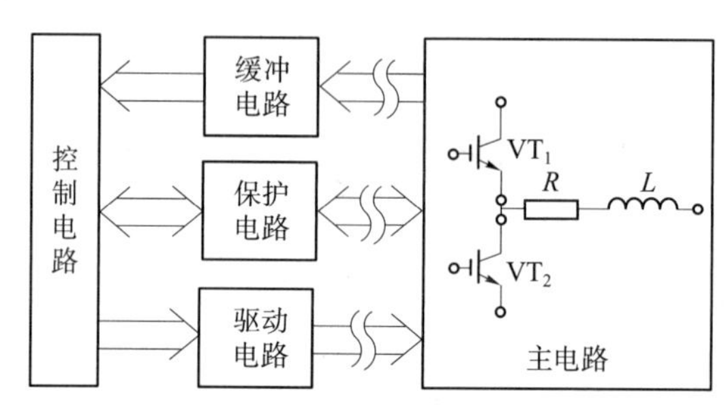

图 1-1　电力电子系统组成示意图

1.2　电力电子技术的发展与现状

电力电子技术发展依赖于电力电子器件的发展。因此,电力电子技术的发展史是以电力电子器件发展史为基准。

一般认为,电力电子技术的诞生是以 1957 年美国通用电气公司研制的第一个晶闸管为标志。但在晶闸管出现以前,用于电力变换的电子技术就已经存在了。晶闸管出现前的时期称为电力电子技术的史前期或黎明期。

1904 年出现了电子管,它能在真空中对电子流进行控制,并应用于通信和无线电,从而开启了电子技术用于电力领域的先河。后来出现了水银整流器,它把水银封于管内,利用对其蒸气的点弧对大电流进行控制,其性能和晶闸管已经非常相似。20 世纪 30 年代～50 年代,水银整流器得以迅速发展和应用。

这一时期,各种整流电路、逆变电路、周波变流电路的理论已经发展成熟并广为应用。

1947 年,美国著名的贝尔实验室发明了晶体管,引发了电子技术的一场革命。最先用于电力领域的半导体器件是硅二极管。晶闸管出现后,由于其优越的电气性能和控制性能,使之很快就取代了水银整流器,应用范围迅速扩大。电力电子技术的概念和基础就是由于晶闸管及晶闸管变流技术的发展而确立的。

然而,晶闸管属于半控型器件,通过对门极的控制,是只能使其导通而不能使其关断的器件,对晶闸管电路的控制方式主要是相位控制方式,简称相控方式。晶闸管的关断通常依靠电网电压等外部条件来实现,这使得晶闸管的应用受到了很大的限制。

20 世纪 70 年代后期,以门极可关断晶闸管(GTO)、电力晶体管(GTR,亦称电力双极型晶体管 BJT)和电力场效应晶体管(Power-MOSFET)为代表的全控型器件迅速发展。全控型器件的特点是通过对门极(基极、栅极)的控制既可使其开通又可使其关断。同时,这些器件的开关速度普遍高于晶闸管,可用于开关频率较高的电路。这些优越的特性使电力电子技术进入一个新的发展阶段。

在20世纪80年代后期，以绝缘栅极双极型晶体管(IGBT)为代表的复合型器件异军突起。IGBT属于全控型器件，是MOSFET和GTR的复合，它把MOSFET的驱动功率小、开关速度快的优点和GTR的通态压降小、载流能力大、可承受电压高的优点集于一身，性能十分优越，使之成为现代电力电子技术的主导器件。与IGBT相对应，MOS控制晶闸管(MCT)和集成门极换流晶闸管(IGCT)都是MOSFET和GTO的复合，它们也综合了MOSFET和GTO两种器件的优点，不仅有很高的开关频率，而且有更高的耐压性，大量应用于大功率、高频的电力电子电路中。

为使电力电子装置的结构紧凑、体积减小，常常把若干个电力电子器件及必要的辅助元件制成模块形式，这种模块形式，给应用带来了很大的方便。后来又把驱动、控制、保护电路和电力电子器件集成在一起，构成电力电子集成电路(PIC)。目前电力电子集成电路的功率都还较小，电压也较低，面临着电压隔离(主电路为高压，而控制电路为低压)、热隔离(主电路发热严重)、电磁干扰(开关器件通断高压大电流，它和控制电路处于同一芯片)等难题，如何解决这些问题，是电力电子技术发展的一个重要方向。

随着全控型电力电子器件的不断进步，电力电子电路的工作频率也不断提高，伴随着电力电子器件的开关损耗也随之增大。为了减小开关损耗，软开关技术便应运而生，如零电压开关(ZVS)和零电流开关(ZCS)等。理论上讲采用软开关技术可使开关损耗降为零，可以提高效率。另外，它也使得开关频率得以进一步提高，从而提高了电力电子装置的功率密度和效率，已逐步成为现代电力电子技术的一个重要手段。

1.3　电力电子技术的应用

电力电子技术在当代社会的各个领域均得到广泛的应用，典型的应用包括如下几个方面。

1. 电力传动

旋转电动机是电力市场的主要用户，其占有量大概为整个电力系统容量的70%左右，每年消耗约62%的电能，因此，电力传动是电力电子技术的一个重要的应用领域。

直流电动机有良好的调速性能，为其供电的可控整流电源或直流斩波电源都是电力电子装置。近年来，由于电力电子变频技术的迅速发展，使得交流电动机的调速性能可与直流电动机相媲美，交流变频调速技术得到广泛应用。交流变频调速技术的特点是节能、可控，我国的风机、泵类全面采用变频调速后，每年可节电数百亿度，其典型的应用举例如下：

(1) 风机、泵类的节能调速。传统的技术采用风挡、阀门调节风量与流量，而采用变频调速可节能30%左右。

(2) 精密调速与特种调速。数控机床的主轴传动和伺服传动、雷达和自动火炮的同步联动等场合，需要1∶10 000的调速范围和控制精度。

(3) 牵引传动。包括纯电动车、无轨电车、电梯、卷扬机等各类牵引系统。

(4) 电气化轨道交通。包括地铁、城市轻轨、高速铁路、磁悬浮交通等。

2. 电力系统

电力电子技术在电力系统中有着非常广泛的应用。据统计，发达国家在用户最终使用的电能中，有60%以上的电能至少经过一次以上电力电子变流装置的处理。电力电子技术是电力系统现代化进程中的关键技术之一，如果离开电力电子技术，电力系统的现代化建设将很难实现，其典型的应用举例如下：

(1) 高压直流输电技术(HVDC)。

(2) 大型发电机的静止励磁控制。

(3) 水力、风力发电机的变速恒频励磁控制。

(4) 无功补偿与谐波抑制。

(5) 未来的柔性交流输电(FACTS)与用户定制电力技术。

3. 电源

在目前各种电控装置及用电设备中使用的电源，大多采用了电力电子技术。由于各种设备对电源的要求千差万别，因此电源种类繁多，其典型的应用举例如下：

(1) 弧焊电源。采用高频逆变整流技术，与传统焊接电源相比，其体积与重量显著减小，既节能又便于使用。

(2) 电解、电镀电源。以这类应用为代表的低压大电流直流电源是现代电力电子技术的一个典型应用方向。

(3) 高性能不停电电源(UPS)。高性能不停电电源是通信中心、数据中心、指挥控制中心等一些重要的用电场合必备的设备。

(4) 恒频、恒压电源。广泛应用于航空、航天、军事装备等特殊应用领域。

(5) 直流开关电源。广泛应用于通信、办公自动化设备、计算机设备、电子仪器等场合。

(6) 充电电源。广泛应用于各种蓄电池应用的场合。

(7) 中频或高频感应加热电源。广泛应用于冶炼、铸造、锻压、模压、金属拉伸、金属弯管、焊接等冶金、机械领域。

(8) 大功率脉冲电源、激光电源。

4. 照明

我国的照明用电占总发电量的12%左右，新一代的稀土节能灯和电子镇流器的出现，开始了照明节能的前奏。各种新型的气体放电节能灯、新兴的发光二极管(LED)照明等都离不开驱动电源。因此，照明领域是电力电子又一个重要的应用领域。

5. 新能源开发和利用

传统发电方式是火力、水力发电以及后来兴起的核能发电。在能源供应日益紧缺的今天，环保节能和新能源开发利用成为时代发展的热点，无论是燃料电池、微汽轮机、风能、太阳能和潮汐能等发电得到的一次电能，都难以被标准的电气负载直接利用，都离不开电力电子技术进行高效的能量变换。

总之，电力电子技术的应用范围十分广泛，从人类对宇宙和大自然的探索，到国民经济的各个领域，再到我们的衣食住行，都离不开电力电子技术。

1.4　电力电子技术的学科特点

电力电子学在工程应用中通常称为电力电子技术，这一名称出现于 20 世纪 60 年代(比晶闸管的出现晚)。1974 年，美国学者 W.Newell 用倒三角形对电力电子学进行了描述，电力电子技术的描述示意图如图 1-2 所示。表明电力电子学是电气工程技术、电子科学与技术、控制理论三大学科的交叉学科。这一观点被学术界普遍接受。

电力电子技术和电子科学与技术的关系是显而易见的，电子科学与技术可分为电子器件和电子电路两大分支，这分别与电力电子器件和电力电路相对应。电力电子器件的制造技术和用于信息变换的电子器件制造技术理论基础相同，都是基于半导理论，其大多数工艺也是相同的。特别是现代电力电子器件的制造大都使用集成电路制造工艺，采用微电子制造技术，许多设备都和微电子器件制造设备通用，这说明两者同根同源。

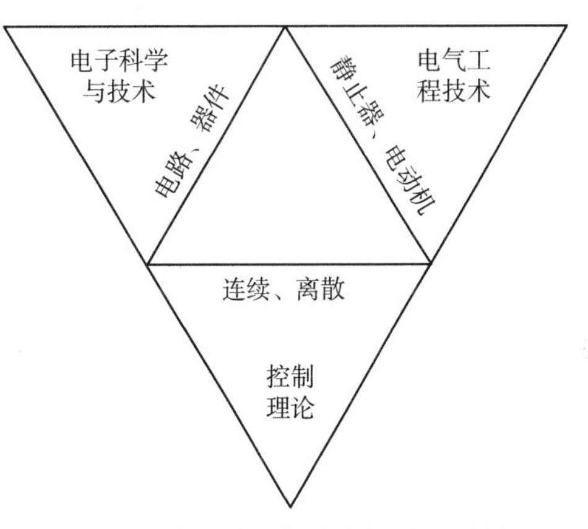

图 1-2　电力电子技术的描述示意图

电力电子电路和电子电路的许多分析方法也是一致的，只是两者应用目的不同。前者用于电力变换和控制，后者用于信息处理。广义而言，电子电路中的功率放大和功率输出部分也可算做电力电子电路。此外，电力电子电路广泛用于包括电视机、计算机在内的各种电子装置中，其电源部分都是电力电子电路。在信息电子技术中，半导体器件既可处于放大状态，也可处于开关状态。而在电力电子技术中，为避免功率损耗过大，电力电子器件总是工作在开关状态，这成为电力电子技术区别于信息电子技术的一个重要特征。

电力电子装置广泛应用于高压直流输电、静止无功补偿、电力机车牵引、交直流电力传动、电解、励磁、电加热、高性能交直流电源等之中，因此，无论是国内还是国外，通常把电力电子技术归属于电气工程学科。电力电子技术是电气工程学科中的一个最为活跃的分支。

在我国的学科分类中，电气工程是一个一级学科，它包含了 5 个二级学科，即电力系统及其自动化、电动机与电器、高电压与绝缘技术、电力电子与电力传动、电工理论与新技术。其中电力电子与电力传动是由电力电子技术和电力传动自动化 2 个二级学科合并而成的。

在电气工程的 5 个二级学科中，电力电子技术处于十分特殊的地位。电力电子技术和其他几个二级学科的关系都十分密切，甚至可以说，其他几个二级学科的发展都有赖于电力电子技术的发展。

控制理论广泛用于电力电子技术中。电力电子技术可以看成是弱电控制强电的技术，是弱电和强电之间的接口。而控制理论则是实现这种接口的一条强有力的纽带。另外，控制理论是自动化技术的理论基础，而电力电子装置则是自动化技术的基础元件和重要支撑技术，两者密不可分。

1.5 本书的主要内容

本书面向应用型本科院校教学,以了解电力电子技术基本技术体系,掌握基本理论分析方法,培养电力电子技术基本应用能力为目标,主要介绍典型电力电子器件应用技术、电力电子基本变换技术的原理与分析方法、现代电力电子技术的应用等内容。主要内容体系如下:

第1章 绪论。主要介绍电力电子技术的发展历史、现代电力电子技术概况、应用现状、研究的前沿领域、本书的主要授课内容。

第2章 电力电子器件及其应用。主要介绍功率二极管、晶闸管、功率晶体管、功率场效应晶体管、绝缘栅双极型晶体管的工作原理、工作特性、相关参数、定义等知识,是器件正确应用的基础。

第3章 直流-直流变换技术。主要介绍 Buck 电路、Boost 电路、Buck-Boost 电路、Cuk 电路、Zeta 电路、Spice 电路、正激变换电路、反激变换电路、桥式变换电路变换工作原理、运行分析方法等。

第4章 交流-直流变换技术。主要介绍单相、三相二极管整流电路的工作原理与工作特性;单相、三相相控整流电路电阻负载、大电感负载、反电动势负载的工作原理与工作特性分析;整流电路的谐波和功率因数分析等。

第5章 直流-交流变换技术。主要介绍电压型逆变电路、电流型逆变电路、有源逆变及 SPWM 逆变的控制方法与电路工作参数分析等。

第6章 交流-交流变换技术。主要介绍单相和三相相控调压、斩控调压电路的工作原理与工作特性等。

第7章 软开关技术。主要介绍软开关技术的基本原理,作为对现代电力电子新技术应用的一个了解。

第8章 电力电子技术的应用。主要介绍电力电子技术在典型软开关电路、变频调速系统、电源系统、静止无功补偿装置、新能源发电系统、电力储能系统、高压直流输电等技术中的应用,使读者对现代电力电子技术在电力行业中的应用有个初步了解。

第9章 电力电子技术实验。主要介绍电力电子技术中单结晶体管触发电路实验,常用器件的性能实验,降压斩波电路原理实验,单相半波、三相半波可控整流电路实验、单相桥式、三相桥式全控整流电路实验,单相交流调压电路实验等8个实验,通过实验验证,使读者进一步理解和深化相关学习内容。

“电力电子技术”是一门理论性、实践性很强的课程,为便于读者更好地学习,每章后均配有习题,用于检查本章的学习效果。

第2章　电力电子器件

电力电子器件是电力电子技术的基础，是构成电力电子技术的核心，因此必须掌握它的特性和使用方法。本章将在对电力电子器件的概念、特点、分类等问题作简要概述之后，主要介绍常用电力电子器件的结构、工作原理和主要参数等。

2.1　电力电子器件概述

2.1.1　电力电子器件定义及特征

1. 主电路

在电气设备或电力系统中，直接承担电能变换或控制任务的电路称为主电路。

2. 电力电子器件

电力电子器件指可直接用于处理电能的主电路中，实现电能变换或控制的电子器件。

电力电子器件往往专指电力半导体器件，与普通半导体器件一样，目前电力半导体器件所采用的主要材料仍然是硅。

3. 电力电子器件特征

由于电力电子器件直接用于处理电能的主电路中，因此同处理信息的电子器件相比，它一般具有如下特征：

(1) 电力电子器件处理电功率的能力，远大于处理信息的电子器件。电力电子器件所能处理电功率的大小，也就是其承受电压和电流的能力，是其最重要的参数，其处理电功率的能力可达兆瓦级。

(2) 电力电子器件一般都工作在开关状态。因电力电子器件处理的电功率较大，为了减小本身的损耗，提高效率，电力电子器件在电力电子技术中常作为开关元件使用，这就要求其具有开关速度快、承受电流和电压能力大、开关损耗小等特点。理想的电力电子器件应在断态时能承受高电压且漏电流很小，相当于断路，在通态时能通过大电流且压降非常低，相当于短路，且通断转换时间很短。

(3) 电力电子器件一般需要信息电子电路控制。在实际应用中,由于电力电子器件控制极的驱动功率较小,需要信息电子电路控制,强、弱系统之间通常需要电气隔离,不共地,消除相互影响,减少干扰,提高可靠性。

(4) 电力电子器件自身功率损耗远大于信息电子器件,需要安装散热器。电力电子器件尽管工作在开关状态,但是电力电子器件自身的功率损耗通常仍远大于信息电子器件。这是因为电力电子器件在导通或阻断状态下,并不是理想的短路或断路,导通时器件上有一定的通态压降,阻断时器件上有微小的断态漏电流流过,尽管其数值都很小,但分别与数值较大的通态电流或断态电压相作用,就形成了较大的电力电子器件通态损耗和断态损耗。因而为了保证不至于因损耗散发的热量导致器件温度过高而损坏,不仅在器件封装上考虑散热设计,而且在其工作时一般都还需要安装散热器。

2.1.2 电力电子器件分类

电力电子器件种类很多,发展非常迅速,通常按照电力电子器件控制信号的类型、被控制程度及内部导电机理对电力电子器件进行如下分类。

1. 按照器件被控制程度分类

(1) 不可控器件:不能用控制信号来控制其通断的电力电子器件,因此也就不需要驱动电路,如电力二极管。电力二极管只有两个端子,其基本特性与信息电子电路中的二极管一样,器件的导通和关断完全是由其在主电路中承受的电压和电流决定。

(2) 半控型器件:通过控制信号可以控制其导通但不能控制其关断的电力电子器件。如晶闸管及其大部分派生器件。器件关断完全由其在主电路中承受的电压和电流决定。

(3) 全控型器件:通过控制信号既可以控制其导通又可以控制其关断的电力电子器件。与半控型器件相比,可以由控制信号控制其关断,因此又称为自关断器件。这类器件品种很多,如:门极可关断晶闸管(GTO)、功率晶体管(GTR)、绝缘栅双极晶体管(IGBT)及电力场效应晶体管(Power MOSFET,简称为电力 MOSFET)等。

2. 按照器件驱动电路信号性质分类

(1) 电流驱动型:通过从控制端注入或者抽出电流来实现其导通或者关断的电力电子器件,如 SCR、GTO、GTR 等。

(2)电压驱动型:通过在控制端和公共端之间施加一定的电压信号来控制其导通或者关断的电力电子器件,如 MOSFET、IGBT 等。

3. 按照器件内部导电机理分类

(1) 单极型器件:只有一种类型载流子(多子)参与导电的半导体器件,如 MOSFET。

(2) 双极型器件:由两种类型载流子(自由电子与空穴)进行工作的器件,如 SCR、GTO、GTR。

(3) 复合型器件:两类或以上器件结合而成的复合器件,如 IGBT 等。

4. 按照器件驱动电路有效信号波形分类

(1) 脉冲触发型:通过在控制端施加一个电压或电流的脉冲信号,来控制器件的开通或者关断控制。一旦已进入导通或阻断状态且主电路条件不变的情况下,器件就能够维持其导通或阻断状态,而不必通过继续施加控制端信号来维持其状态,这类电力电子器件被称为脉冲触发型电力电子器件。

(2) 电平控制型:通过持续在控制端和公共端之间施加一个电平的电压或电流信号来使器件开通并维持在导通状态,或者关断并维持在阻断状态,这类电力电子器件则称为电平控制型电力电子器件。

以上各种分类方法,需要在具体电力电子器件学习时加深体会。

2.2 电力二极管

电力二极管,又称功率二极管。虽然是不可控器件,但其结构和原理简单、工作可靠,所以直到现在仍然在许多电气设备中使用。特别是开通和关断速度很快的快恢复二极管和肖特基二极管,在中、高频整流和逆变装置中,具有不可替代的地位。

2.2.1 电力二极管的基本结构

电力二极管的基本结构和原理与信息电子电路中的二极管相同,都是具有一个 PN 结的两端器件,不同的是电力二极管的 PN 结面积较大。

电力二极管的外形、结构和电气符号如图 2-1 所示。从外形上看,电力二极管可以有螺栓形、平板形等多种封装。A 为电力二极管的阳极,K 为电力二极管的阴极。一般电流 200 A 以下的电力二极管采用螺栓式,电流 200 A 以上采用平板式。电力二极管工作时要通过大电流,且 PN 结有一定的正向导通电阻,因此电力二极管会因损耗而发热,所以电力二极管工作时,必须加装散热片。

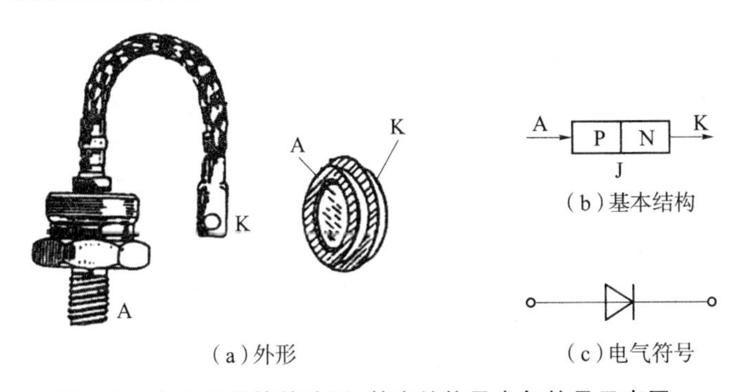

图 2-1 电力二极管的外形、基本结构及电气符号示意图

2.2.2 电力二极管的基本特性

1. 静态特性

电力二极管的静态特性主要指其伏安特性,电力二极管伏安特性曲线图如图 2-2 所示。第一象限为正向特性区,表现为正向导通状态。当功率二极管阳极 A 和阴极 K 间的电压大于门槛电压 U_{TO} 时,正向电流 I_F 明显增加,处于稳定导通状态,此时电力二极管两端电压 U_F 即为二极管的正向压降。随着正向电流的增加,曲线呈现与纵轴平行的趋势,二极管只承担一个很小的管压降,阳极电流的大小完全由外电路决定,二极管导通后流过的电流与产生的管压降形成通态损耗,表现为二极管的发热。

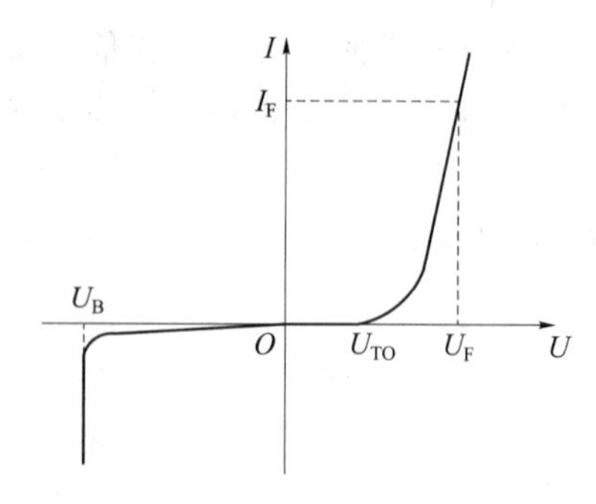

图 2-2　电力二极管伏安特性曲线图

第三象限为反向特性区。当功率二极管阳极 A 和阴极 K 间承受反向电压时，只有微小的反向漏电流，一旦反向电压超过反向击穿电压 U_B时，二极管发生雪崩击穿，漏电流开始急剧增加，因此必须对反向电流或电压加以限制，否则二极管将会因反向击穿而被损坏。

2. 动态特性

由于 PN 结电容的存在，电力二极管在零电压偏置、正向偏置和反向偏置这 3 种状态转换时，必然经历一个瞬时过程，用于 PN 结带电状态的调整，这个过程中的功率二极管电压、电流特性随时间变化，通常称为动态特性。电力二极管的动态特性，往往专指通态和断态之间转换过程的开关特性，这个概念虽然由电力二极管引出，但可以推广至其他各种电力电子器件。

（1）电力二极管的开通过程

电力二极管在开通初期呈现出明显的电感效应，无法立即响应正向电流的变化，表现为开通初期呈现较高的瞬态压降，过一段时间后才达到稳定且导通压降很小。功率二极管开通过程如图 2-3(a)所示。在正向恢复时间 t_{fr} 内，开通过程中电力二极管承受的正向峰值电压 U_{FP} 远高于稳态压降，有时甚至达几十伏，在经 t_{fr} 时间后才接近于稳态压降的某个值。功率二极管开通时呈现的电感效应与器件内部机理、引线长度、器件封装所采用的材料等有关。

（2）功率二极管的关断过程

功率二极管关断过程如图 2-3(b)所示。t_F时刻电力二极管外加电压反向，正向电流 I_F 开始下降，下降速率由反向电压大小和电路中电感决定。在 t_0时刻，I_F下降为零，这个时间段内由于 PN 结两端储存有大量载流子（少子），二极管仍维持正向偏置，其管压降变化不大。I_F继续反向增长抽取这些载流子，当 PN 结两端附近的载流子基本抽尽时，管压降变为负极性，开始抽取空间电荷区较远的载流子，空间电荷区迅速展宽，PN 结开始恢复阻断能力，在管压降变为负极性不久的 t_1时刻，反向电流达到其峰值 I_{RP}，之后 I_F开始逐步衰减。

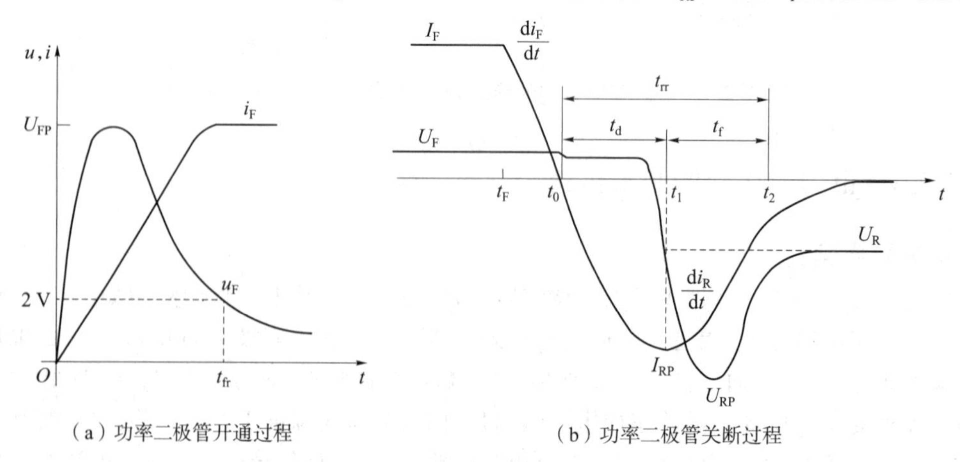

（a）功率二极管开通过程　　（b）功率二极管关断过程

图 2-3　功率二极管动态特性图

由于反向电流的迅速下降，在外电路电感的作用下，电力二极管两端产生比外加反向电压 U_R 大得多的反向电压过冲 U_{RP}，至 t_2 时刻，电力二极管恢复阻断。

图中 t_{rr} 为反向恢复时间，t_d 为关断延迟时间，t_f 为电流下降时间。t_f/t_d 称为恢复特性的软度，也称恢复系数，用 S_r 表示。S_r 越大表示恢复特性越软，即同样条件下的 U_{RP} 较小。

电荷变化的大小决定了反向恢复电流的峰值 I_{RP}，所以正向电流 I_F 越大，总的电荷变化越大，则 I_{RP} 越大。

器件的动态过程表现为电压、电流的变化过程，器件上这种变化过程将产生损耗。通常把电力电子器件一个开关周期内动态过程产生的平均损耗称为器件的动态损耗，又称开关损耗，它以热量形式散发。动态损耗分为开通损耗和关断损耗两部分，它与开关频率和器件开关时间成正比，高频应用时必须采用快速二极管以减小开关损耗。

2.2.3　电力二极管的主要参数

1. 正向平均电流 $I_{F(AV)}$

正向平均电流 $I_{F(AV)}$ 即组件标称的额定电流。指电力二极管长期运行时，在指定的管壳温度（简称壳温，用 T_C 表示）和散热条件下，其允许流过最大工频正弦半波电流的平均值。实际应用中一般以有效值相等的原则选取电力二极管额定电流并留有 2 倍以上的余量。

设正弦工频交流电电流为 $i=I_M\sin\omega t$ A，对于正弦半波电流，电流平均值为

$$I_{AV}=\frac{1}{2\pi}\int_0^{\pi}I_M\sin(\omega t)\mathrm{d}(\omega t)=\frac{I_M}{\pi} \tag{2-1}$$

正弦半波电流的有效值（方均根值）为

$$I_{rms}=\sqrt{\frac{1}{2\pi}\int_0^{\pi}[I_M\sin(\omega t)]^2\mathrm{d}(\omega t)}=\frac{I_M}{2} \tag{2-2}$$

正弦半波电流的波形系数 K_f（某电流波形的有效值与平均值之比）为

$$k_f=\frac{I_{rms}}{I_{AV}}=\frac{\pi}{2}=1.57 \tag{2-3}$$

在实际电路中，流过电力二极管的电流波形不一定是正弦波。对于周期性的电流波形一般都可以计算其有效值。设电路中电力二极管实际流过的最大电流有效值为 $I_{Drmsmax}$，依据有效值相等的原则，参考式(2-3)计算结果，电力二极管额定电流一般选择为

$$I_{F(AV)}=\frac{k_{sai}I_{Drmsmax}}{1.57} \tag{2-4}$$

式中，k_{sai} 是电流安全系数，通常取 $k_{sai}\geqslant 2$。

2. 正向压降 U_F

正向压降 U_F 指电力二极管在指定温度和散热条件下，流过某一指定的正向稳态电流时，电力二极管的正向电压降。

元件发热损耗与 U_F 有关，一般应选取管压降小的元件，以降低损耗。

3. 反向重复峰值电压 U_{RRM}

反向重复峰值电压 U_{RRM} 是电力二极管能重复施加的反向最高峰值电压，通常是其雪崩击穿电压 U_B 的 2/3。实际使用时，往往按照电路中电力二极管可能承受的反向最高峰值电压的两倍来选定此项参数。

4. 浪涌电流 I_{FSM}

浪涌电流 I_{FSM} 指电力二极管所能承受最大的一个或几个连续工频周期的过电流。

5. 反向恢复时间 t_{rr}

反向恢复时间 t_{rr} 指电力二极管施加反向偏置后，从正向电流降至零起到恢复反向阻断能力为止的时间，如图 2-3(b)所示。

6. 最高工作结温 T_{JM}

结温指管芯 PN 结的平均温度，用 T_J 表示。最高工作结温是指在 PN 结不致损坏的前提下，所能承受的最高平均温度，用 T_{JM} 表示。T_{JM} 通常在 125～175 ℃之间。

2.2.4 电力二极管的主要类型

1. 普通二极管

普通二极管又称为整流二极管，多用于开关频率不高(1 kHz 以下)的整流电路中，其反向恢复时间较长(一般在 5 μs 以上)，正向电流定额和反向电压定额可以达到很高，分别可达数千安和数千伏以上。

2. 快速恢复二极管

快速恢复二极管分为快速恢复和超快速恢复两个等级，前者反向恢复时间为数百纳秒或更长，后者则在 100 ns 以下，甚至达到 20～30 ns。

3. 肖特基势垒二极管

肖特基势垒二极管是以金属和半导体接触形成的势垒为基础的二极管，简称肖特基二极管。优点是反向恢复时间很短(10～40 ns)，正向恢复过程中无明显的电压过冲，在反向耐压较低的情况下，正向压降也很小(通常 0.5 V 左右)，其开关损耗和正向导通损耗都比快速恢复二极管小。缺点是反向耐压低，因此多用于 200 V 以下的低压场合。同时由于反向漏电流较大且对温度敏感，反向稳态损耗不可忽略，而且必须严格限制其工作温度。

2.3 晶闸管

晶闸管又称晶体闸流管(简称 SCR)，是一种既具有开关作用又具有整流作用的大功率半导体器件。由于其能承受的电压和电流容量在目前电力电子器件中最高，且工作可靠，因此在大容量应用场合仍具有重要地位。晶闸管包括普通晶闸管、双向晶闸管、逆导晶闸管、光控晶闸管等多种类型，但习惯上所称的晶闸管往往专指普通晶闸管。

2.3.1 晶闸管的结构

从外形上看，晶闸管主要有螺栓型和平板型两种，如图 2-4(a)所示。对于螺栓型封装的晶闸管，螺栓端为阳极(A)，制成螺栓状是为了更好的联结散热器，且安装方便，另一端较粗的端子为阴极(K)，较细的端子为门极(G)。

螺栓型结构散热较差,常用于 200 A 以下电路中。平板形封装的晶闸管可由两个散热器将其夹在中间,两个平面分别是阳极和阴极,引出的细长端子为门极。平板型封装的晶闸管散热效果较好,可用于 200 A 以上的电路中。

从内部结构上看,晶闸管具有 3 个 PN 结的 4 层结构,如图 2-4(b)所示。由最外的 P_1 层和 N_2 层引出两个电极,分别为阳极 A 和阴极 K,由中间的 P_2 层引出的电极是门极 G(也称控制极),3 个 PN 结称为 J_1、J_2、J_3。其电气符号如图 2-4(c)所示。

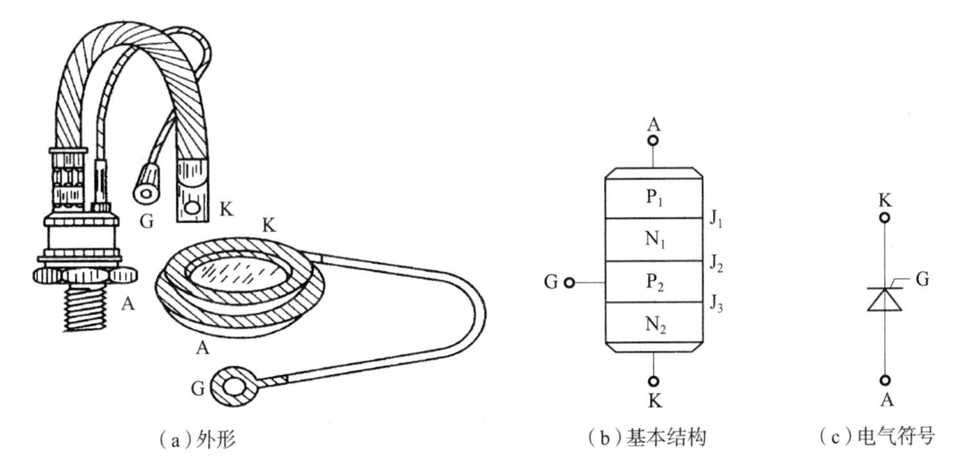

(a)外形　(b)基本结构　(c)电气符号

图 2-4　晶闸管的外形、基本结构及电气符号示意图

2.3.2　晶闸管的工作原理

晶闸管导通的工作原理可以用双晶体管模型来解释,晶闸管的双晶体管模型及其工作原理示意图如图 2-5 所示。在器件上取一倾斜的截面,则晶闸管可以看作由 $P_1N_1P_2$ 和 $N_1P_2N_2$ 构成的两个晶体管 VT_1、VT_2 组合而成。如果外电路向门极注入电流 I_G,也就是注入驱动电流,则 I_G 流入晶体管 VT_2 的基极,即产生集电极电流 I_{C2},它构成晶体管 VT_1 的基极电流,放大成集电极电流 I_{C1},又进一步增大 VT_2 的基极电流,形成强烈的正反馈,最后 VT_1 和 VT_2 进入完全饱和状态,晶闸管导通。晶闸管导通后管压降很小,电源电压几乎全部加在外围电路上,因此,流过晶闸管电流由外电路决定。

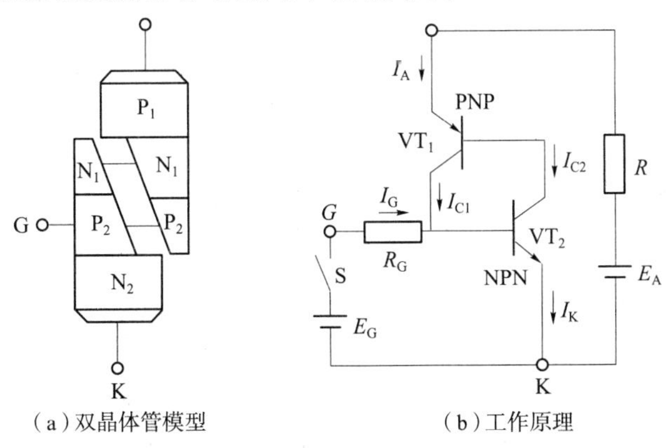

(a)双晶体管模型　(b)工作原理

图 2-5　晶闸管的双晶体管模型及其工作原理示意图

此时如果撤掉外电路注入门极的电流 I_G，晶闸管由于内部已形成了强烈的正反馈，仍然维持导通状态。若要使晶闸管关断，必须去掉阳极所加的正向电压，或者给阳极施加反压，或者设法使流过晶闸管的电流降低到接近于零的某一数值以下（使之不能维持正反馈），晶闸管才能关断。

所以，对晶闸管的驱动过程更多的是称为触发，产生注入门极触发电流 I_G的电路称为门极触发电路。也正是由于通过其门极只能控制其开通，不能控制其关断，晶闸管才被称为半控型器件。

晶闸管的触发导通方式分为以下几种情况：

① 门极触发，如上所述；

② 阳极电压升高至相当高的数值，造成雪崩效应，使 J_2结少子形成的浪涌电流倍增，在正反馈作用下导致晶闸管导通；

③ 阳极电压上升率 du/dt 过大，在中间结电容 C 中产生位移电流 Cdu/dt，将导致等效晶体管的射极电流增大，引发正反馈使晶闸管导通；

④ 结温较高使涌电流变大；

⑤ 光触发，即光直接照射硅片，载流子获得能量，在电场作用下产生触发作用。

这 5 种情况只有门极触发和光触发具有实用价值。门极触发是最精确、最迅速、最可靠的控制手段，光触发已有专门的光控晶闸管（LTT），它可以保证控制电路与主电路之间的良好绝缘（隔离），在高压电力设备中有不少的应用。升高阳极电压使 SCR 开通，不但会损坏器件（有局部过热和过压击穿的危险），而且也不便控制。du/dt 更难以控制，过大的电压变化率会使器件损坏，而且往往要采取保护措施来限制其 du/dt 变化。升温方式亦同样不可取。

2.3.3 晶闸管的基本特性

1. 晶闸管的静态特性

静态特性又称伏安特性，指器件端电压与电流的关系。

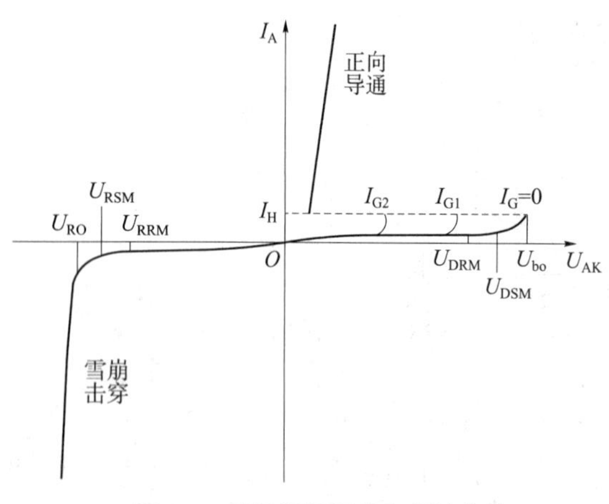

图 2-6 晶闸管阳极伏安特性曲线

（$I_{G2}>I_{G1}>I_G$）

（1）晶闸管阳极伏安特性

晶闸管阳极与阴极间的电压 U_{AK}和阳极电流 I_A的关系称为晶闸管阳极伏安特性。晶闸管的阳极伏安特性包括正向特性（第一象限）和反向特性（第三象限）两部分，如图 2-6 所示。

① 正向特性

当 $I_G=0$ 时，如果在器件两端施加较小的正向电压 U_{AK}，晶闸管处于正向阻断状态，只有很小的正向漏电流流过。如果正向电压超过临界极限即正向转折电压 U_{bo}，则漏电流急剧增大，器件开通。随着门极电流幅值的增大，正向转折电压降低。导通后的晶闸管特性和二极管的正向特性相仿。即使通过较大的阳极电流，晶闸管本身的压降也很小，在 1 V 左右。导通期间，如果门极电流为零，并且阳极电流降至接近于零的某一数值 I_H 以下，则晶闸管又回到正向阻断状态。I_H 称为维持电流。

② 反向特性

晶闸管施加反向电压时，其伏安特性类似于二极管的反向特性，晶闸管处于阻断状态，只有很小的反向漏电流。当反向电压达到反向击穿电压 U_{RO} 时，反向漏电流急剧增加，此时如无限制措施将造成晶闸管永久性损坏。

(2) 门极伏安特性

晶闸管的门极和阴极之间是一个 PN 结 J_3，门极伏安特性是指这个 PN 结上，正向门极电压 U_G 与门极电流 I_G 的关系。在晶闸管正常使用时，门极 PN 结不能承受过大的电压、过大的电流及过大的功率，这就是门极伏安特性区的上限，它分别用门极正向峰值电压 U_{FGM}、门极正向峰值电流 I_{FGM}、门极峰值功率 P_{GM} 来表征。为了可靠地触发晶闸管，正向门极电压必须大于门极触发电压 U_{GT}，正向门极电流必须大于门极触发电流 I_{GT}。晶闸管门极安全触发区示意图如图 2-7 阴影部分所示。

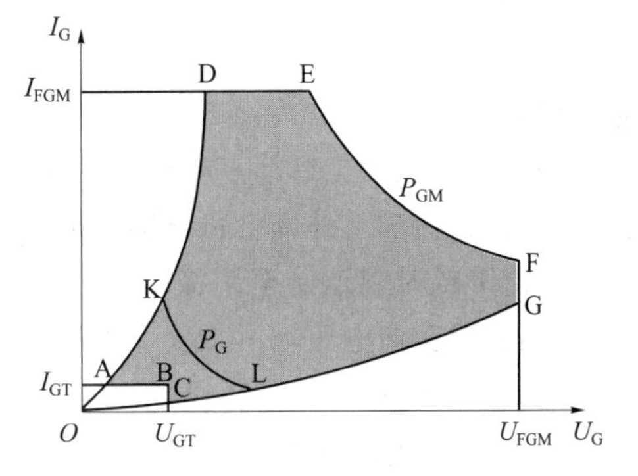

图 2-7　晶闸管门极安全触发区示意图

根据前面的介绍，晶闸管的基本工作特性可以归纳如下：

① 当 $U_{AK}<0$ 时(承受反向电压)，无论门极是否有触发电流，晶闸管都不导通。

② 晶闸管是一种单向导电器件，导通时，电流只能从阳极流向阴极。

③ 晶闸管导通条件。晶闸管承受正向电压($U_{AK}>0$)，同时门极有正向触发电流作用($I_G>0$)。只有在这两个条件同时具备的情况下，晶闸管才能开通。

④ 晶闸管维持导通的条件。晶闸管一旦导通，门极就失去控制作用，不论门极触发信号是否存在，只要流过晶闸管阳极的电流不低于维持电流 I_H，晶闸管就能维持导通。

⑤ 晶闸管关断的条件。若要使已导通的晶闸管关断，只能利用外加反偏电压($U_{AK}<0$)或外电路的作用使流过晶闸管的电流下降到接近于零的某一数值(维持电流 I_H)以下。

⑥ 晶闸管误导通条件。阳极正偏电压 U_{AK} 过高，阳极正偏电压变化率 du_{AK}/dt 过大，结温过高。

⑦ 晶闸管具有双向阻断作用，既具有正向电压阻断能力，又具有反向电压阻断能力。不是像二极管那样，仅具有反向电压阻断能力。

2. 晶闸管的动态特性

晶闸管开通与关断过程中的伏安特性变化关系称为晶闸管的动态特性。晶闸管开通与关断过程的物理机理比较复杂，在此仅作简要介绍。晶闸管开通与关断过程的波形如图 2-8 所示。

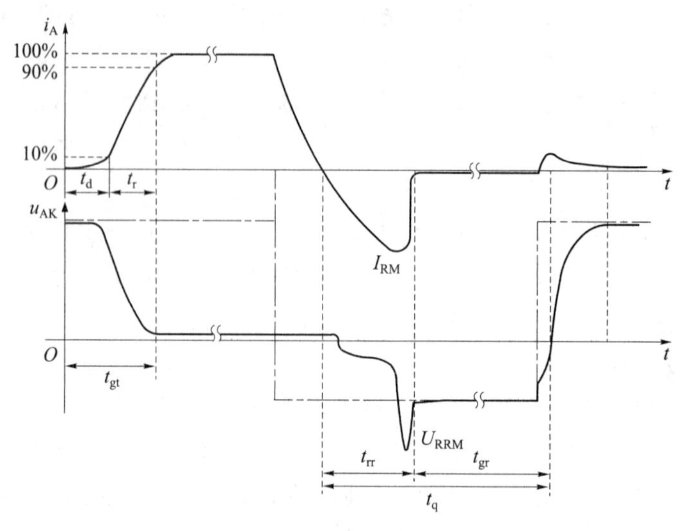

图 2-8　晶闸管开通和关断过程波形

(1) 开通过程

晶闸管门极在坐标原点时刻开始受到理想阶跃电流触发，由于晶闸管内部的正反馈过程需要时间，再加上外部电路电感的限制，晶闸管触发后，阳极电流增长需要一个过程。从门极电流阶跃时刻开始至阳极电流上升到稳定值的 10%，这段时间称为延迟时间 t_d。此时，晶闸管的正向电压基本不变。阳极电流从 10%上升到稳态值的 90%所需的时间称为上升时间 t_r，此时晶闸管的正向电压逐步减小。延迟时间和上升时间之和称为开通时间 t_{gt}，即 $t_{gt}=t_d+t_r$。普通晶闸管延迟时间一般为 0.5～1.5 μs，上升时间一般为 0.5～3 μs。晶闸管开通时间与触发电流、外电路状态均有关系，增加触发电流可以加快开通过程。

(2) 关断过程

对已导通的晶闸管，外电路所加电压在某一时刻突然改变极性，由于外电路电感的存在，其阳极电流的衰减也需要一个过程。与二极管反向恢复过程类似，晶闸管关断过程也会出现反向恢复电流，经过最大值 I_{RM} 后再反方向衰减。在恢复电流快速衰减时，由于外电路电感的作用，会在晶闸管两端引起反向尖峰电压 U_{RRM}。从正向电流降为零到反向恢复电流衰减至接近于零的时间称为反向阻断恢复时间 t_{rr}。反向恢复过程结束后，由于载流子复合过程比较慢，晶闸管要恢复其对正向电压阻断能力还需要一段时间，称为正向阻断恢复时间 t_{gr}。在正向阻断恢复时间内，如果重新对晶闸管施加正向电压，晶闸管会重新正向导通而不受门极控制。实际应用中，应对晶闸管施加足够长时间的反向电压，使晶闸管充分恢复其对正向电压的阻断能力，电路才能可靠地工作。反向阻断恢复时间与正向阻断恢复时间之和称为晶闸管的关断时间 t_q，即 $t_q=t_{rr}+t_{gr}$，普通晶闸管的关断时间通常为几百微秒。

(3) 动态损耗

晶闸管阳极电流 i_A 与阳极电压 u_{AK} 相乘即为动态损耗。通常在开通与关断过程中，开通损耗和关断损耗瞬时值较大但作用时间较短，低频工作时并非主要发热因素，但在高频运行时必须给予考虑。

2.3.4　晶闸管的主要参数

晶闸管与二极管不同，在正向工作时不但可以处于导通状态，也可以处于阻断状态，因此，晶闸管的参数中，断态与通态是区别正向工作时的两种状态。晶闸管的参数与结温关系密切，实际应用需参考器件参数和特性曲线的具体规定。

1. 电压参数

(1) 断态重复峰值电压 U_{DRM}

在门极断路和结温额定的条件下，允许重复加在晶闸管两端的正向峰值电压称为正向断态重复峰值电压。国标规定重复频率为 50 Hz，每次持续时间不超过 10 ms。一般规定此电压为正向转折电压 U_{bo} 的 80%，(或断态最大瞬时电压 U_{DSM} 的 90%)。

(2) 反向重复峰值电压 U_{RRM}

在门极断路和结温额定的条件下，允许重复加在晶闸管两端的反向峰值电压称为反向重复峰值电压 U_{RRM}。此电压取反向转折电压 U_{Ro} 的 80%，(或反向最大瞬态电压 U_{RSM} 的 90%)。

通常取晶闸管的 U_{DRM} 和 U_{RRM} 中较小的标值作为该器件的额定电压。选用时，额定电压要留有一定裕量，一般取晶闸管额定电压值为正常工作时晶闸管所承受峰值电压的 2～3 倍。

(3) 通态(峰值)电压 U_{TM}

通态(峰值)电压 U_{TM} 指晶闸管通以某一规定倍数的额定通态平均电流时的瞬态峰值电压。

2. 电流参数

(1) 通态平均电流 $I_{T(AV)}$

通态平均电流 $I_{T(AV)}$ 又称为额定电流或正向平均电流。指在环境温度为 40 ℃和标准散热及全导通的条件下，晶闸管所允许流过的最大工频正弦半波电流平均值。在晶闸管参数手册上给出的标称额定电流就是指其通态平均电流 $I_{T(AV)}$。

与二极管正向平均电流一样，晶闸管额定电流也是基于功耗发热而导致结温不超过允许值而限定的，实际应用中按照实际流过晶闸管电流波形有效值与晶闸管通态平均电流 $I_{T(AV)}$ 对应的正弦半波有效值相等原则来选择晶闸管额定电流，并留有一定余量。

(2) 维持电流 I_H

维持电流是指晶闸管处于通态时，断开门极电流情况下，维持晶闸管导通所必需的最小电流，一般为几十到几百毫安。I_H 与结温有关，结温越高，则 I_H 越小。

(3) 擎住电流 I_L

擎住电流是晶闸管刚从断态转入通态并移除门极触发信号后，能维持导通所需的最小电流。对同一晶闸管，通常 I_L 为 I_H 的 2～4 倍。

(4) 浪涌电流 I_{TSM}

浪涌电流 I_{TSM} 是指在规定的极短时间内，晶闸管所允许通过的冲击性电流值。它规定了电路异常时引起使结温超过额定结温的不重复性瞬间最大正向超载电流，这个参数可作为设计保护电路的参考数据。

3. 门极参数

(1) 门极触发电流 I_{GT} 与门极触发电压 U_{GT}

在规定的环境温度下,阳极与阴极之间施加一定正向电压(一般为 6 V),使晶闸管从阻断状态转变为导通状态所需的最小门极直流电流称为门极触发电流 I_{GT}。对应能够产生门极触发电流 I_{GT} 的最小门极直流电压称为门极触发电压 U_{GT}。

同一型号的晶闸管由于工艺离散性,其触发电流、电压差异很大,一般出厂的晶闸管都规定了最小和最大触发电流、电压范围,此范围中规定的最大触发电流、电压实际是指该型号所有晶闸管都能触发导通所需要的最小触发电流、电压,两者都为直流值。实际应用多为脉冲电流触发,触发电流通常是最大触发电流的 3~5 倍,并保持足够的脉冲宽度,以保证晶闸管可靠触发。

(2) 门极反向峰值电压 U_{RGM}

门极反向峰值电压 U_{RGM} 指门极所能承受的最大反向电压,一般不超过 10 V。

4. 动态参数

(1) 晶闸管的开通时间 t_{gt} 与关断时间 t_q

晶闸管在导通与阻断两种工作状态之间转换需要一定的时间。开通时间 t_{gt} 与关断时间 t_q 含义如图 2-8 所示,普通晶闸管的开通时间 t_{gt} 为几个微秒,关断时间 t_q 为几十至几百微秒。开通时间 t_{gt} 与门极触发电流脉冲的陡度、大小、结温以及主回路中的电感量等有关。关断时间 t_q 与组件结温、关断前阳极电流的大小以及所加反向电压的大小有关,适当加大反向电压可以缩短关断时间 t_q。

(2) 通态电流临界上升率 di/dt

通态电流临界上升率 di/dt 指在规定条件下晶闸管能够承受的最大通态电流上升率。门极流入触发电流后,晶闸管开始只在靠近门极附近的小区域内导通,随着时间的推移,导通区域逐渐扩大到 PN 结的全部面积。如果阳极电流上升过快,会导致门极附近的 PN 结因瞬间电流密度过大而烧毁,使晶闸管损坏。

(3) 断态电压临界上升率 du/dt

在额定结温、门极开路的条件下,不导致晶闸管从断态到通态转换的外加电压最大上升率称为断态电压临界上升率。

晶闸管的 J_2 结在阻断状态下相当于一个电容,若突然加一正向阳极电压,便会有一个充电电流(位移电流)流过 J_2 结,该充电电流流经靠近阴极的 J_3 结时,产生相当于触发电流的作用,如果这个电流过大,将会使组件误导通。

2.3.5 晶闸管的派生器件

1. 快速晶闸管

快速晶闸管(FST)是专为快速开通和关断应用而设计的晶闸管,有快速晶闸管和高频晶闸管两种。快速晶闸管的结构和符号与普通晶闸管相同,区别在于管芯结构和制造工艺进行了改进,开关时间以及 du/dt 和 di/dt 明显改善。普通晶闸管关断时间为数百微秒,快速晶闸管为数十微秒,高频晶闸管为 10 μs 左右,高频晶闸管的电压和电流定额都不宜做高,由于工作频率较高,选择通态平均电流时不能忽略其开关损耗的发热效应。

2. 双向晶闸管

双向晶闸管(TRIAC)可认为是一对反并联连接的普通晶闸管集成,其电气符号与伏安特性曲线如图 2-9 所示,它有两个主电极 T_1 和 T_2,一个门极 G。触发信号加在门极 G 和主电极 T_2 之间,门极正、负脉冲电流均可触发导通双向晶闸管,所以双向晶闸管在第一象限和第三象限有对称的伏安特性曲线。双向晶闸管与一对反并联晶闸管相比是经济的,且控制电路简单,在交流调压电路、固态继电器(SSR)和交流电动机调压调速等领域应用较多。由于双向晶闸管通常应用于交流电路中,因此,不用平均值而用有效值来表示其额定电流值。

3. 逆导晶闸管

逆导晶闸管(RCT)是将晶闸管反并联一个二极管制作在同一管芯上的功率集成器件,这种器件不具有承受反向电压的能力,其电气符号和伏安特性曲线如图 2-10 所示。逆导晶闸管常应用于不需要反向阻断能力的各类逆变器和斩波器的应用中。逆导晶闸管的额定电流有两个,一个是晶闸管电流,另一个是反并联二极管的电流。

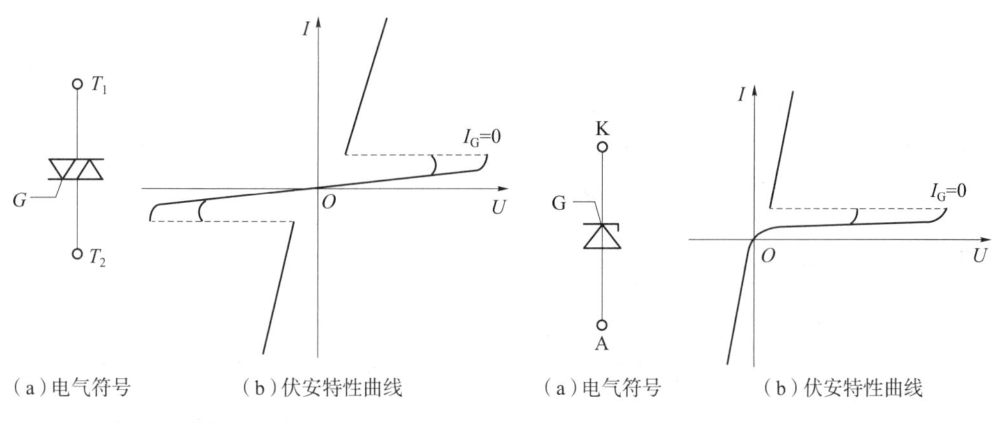

(a)电气符号　(b)伏安特性曲线

图 2-9　双向晶闸管的电气符号及伏安特性曲线

(a)电气符号　(b)伏安特性曲线

图 2-10　逆导晶闸管的电气符号及伏安特性曲线

4. 光控晶闸管

光控晶闸管(LTT)又称光触发晶闸管,是利用一定波长的光照信号触发导通的晶闸管,其电气图形符号和伏安特性曲线如图 2-11 所示。小功率光控晶闸管只有阳极和阴极两个端子,大功率光控晶闸管则还带有光缆,光缆上装有作为触发光源的发光二极管或半导体激光器。光触发使主电路与控制电路之间的绝缘得到了保证,并且可避免电磁干扰的影响,目前广泛应用于高压直流输电和高压核聚变装置等高压大功率场合。

5. 门极可关断晶闸管

门极可关断晶闸管(GTO)虽然也是晶闸管的一种派生器件,但门极可关断晶闸管具有门极电流控制开通、控制关断的能力,是一种典型的全控型器件,门极可关断晶闸管电气符号如图 2-12 所示。当门极可关断晶闸管的阳极和阴极之间承受正向电压($U_{AK}>0$),门极与阴极之间流过正向触发电流($I_{GK}>0$)时触发导通。当在门极施加负的脉冲电流($I_{GK}<0$)时关断。门极可关断晶闸管的电压、电流大小与普通晶闸管接近,在大功率场合应用较多。

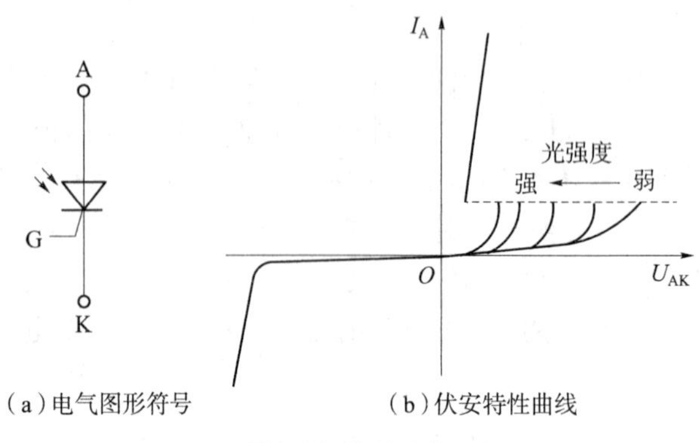

（a）电气图形符号　（b）伏安特性曲线

图 2-11　光控晶闸管的电气图形符号和伏安特性曲线

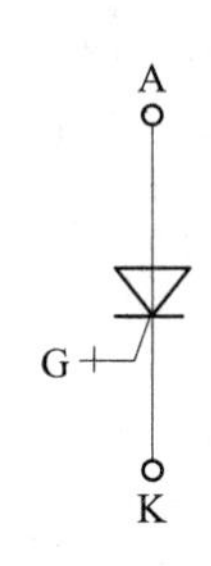

图 2-12　门极可关断晶闸管(GTO)电气符号

2.4　电力晶体管

电力晶体管(GTR),又称功率晶体管,是一种耐高电压、大电流的双极结型晶体管,图形符号与普通晶体管相同,它具有自关断能力,控制方便,20 世纪 80 年代以来,在中、小功率范围内已取代晶闸管,但目前又大多被 IGBT 和功率 MOSFET 取代。

2.4.1　电力晶体管的结构和工作原理

电力晶体管的工作原理与普通晶体管类似,两者仅在工作特性的侧重面上有较大差别。普通晶体管注重的特性参数为电流放大倍数、线性度、频率响应、噪声、温漂等。电力晶体管注重的特性参数是击穿电压、最大允许功耗、开关速度等。大功率晶体管不仅尺寸随容量的增加而加大,而且内部结构、外形也有相应的变化。通常采用至少由两个晶体管按达林顿接法组成的单元结构,采用集成电路工艺将许多这种单元并联而成,分为 NPN 和 PNP 两种结构。PNP 结构耐压低,工程中,电力晶体管一般为 NPN 结构。电力晶体管的结构及电气符号如图 2-13 所示。

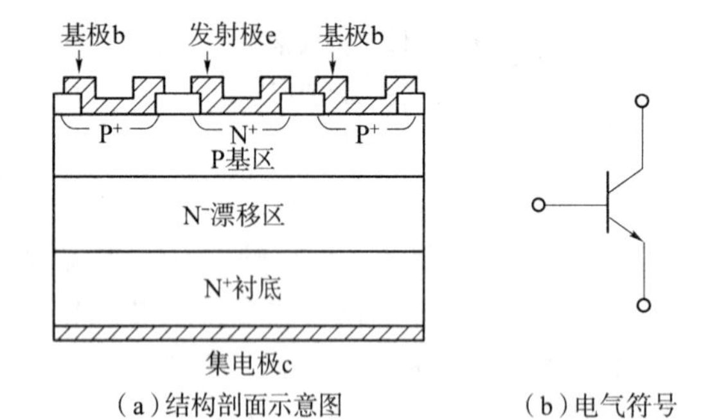

（a）结构剖面示意图　（b）电气符号

图 2-13　电力晶体管内部结构及电气符号

2.4.2　电力晶体管的基本工作特性

1. 静态工作特性

电力晶体管一般采用共发射极接法,如图 2-14 所示。电力晶体管的稳定工作区可分为截止区、有源区和饱和区。在电力电子电路中主要利用截止区和饱和区,即利用其开关特性。

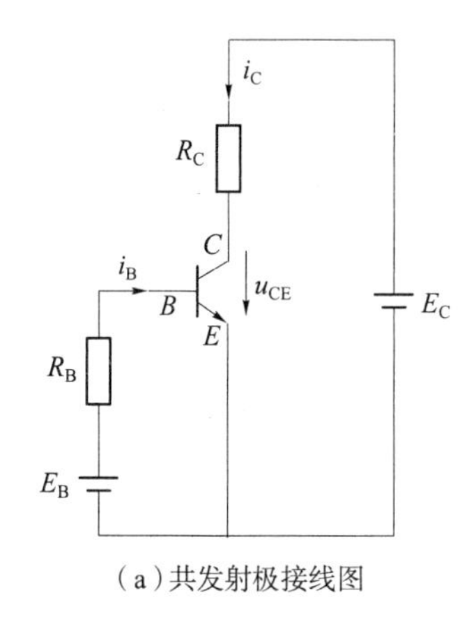

（a）共发射极接线图

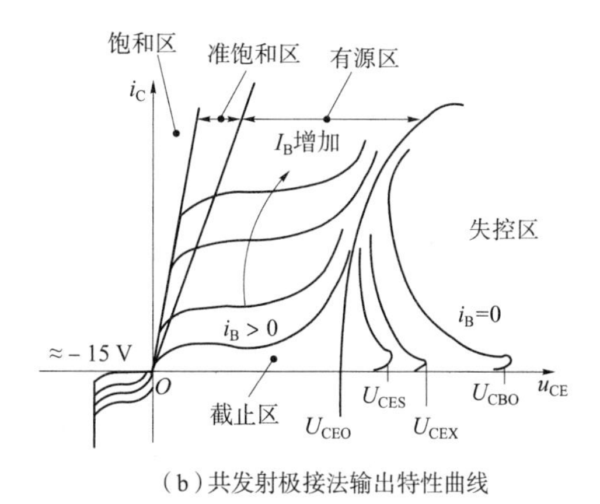

（b）共发射极接法输出特性曲线

图 2-14　电力晶体管静态工作特性

（1）截止区

截止区又称阻断区，此时 $i_B=0$，开关处于断态（$i_C\approx0$），电力晶体管承受高电压而仅有极小的漏电流存在。集电结反偏（$u_{BC}<0$），发射结反偏或零偏置（$u_{BE}\leqslant0$）。

（2）有源区

有源区又称为放大区或线性区，此时 i_C 与 i_B 之间呈线性关系，特性曲线近似平直，集电结反偏（$u_{BC}<0$），发射结正偏（$u_{BE}>0$）。

（3）饱和区

在饱和区，电力晶体管处于饱和导通状态，i_B 变化时，i_C 不再随之变化，导通电压和电流增益均很小，此时有 $u_{BC}\geqslant0$，$u_{BE}>0$。

（4）准饱和区

准饱和区指有源区与饱和区之间的一段区域，即特性曲线明显弯曲的部分。随 i_B 增加，电流增益开始下降，i_C 与 i_B 之间不再呈线性关系，此时有 $u_{BC}<0$，$u_{BE}>0$。

（5）失控区

当 u_{BC} 超过一定值时，i_C 会急剧上升，出现非线性，晶体管进入失控区，u_{CE} 再进一步增加，会导致雪崩击穿。在图 2-14 中，U_{CEO} 为基极开路时，集、射极之间的击穿电压；U_{CES} 为基极和发射极短接时，集、射极之间的击穿电压；U_{CEX} 为发射极反偏时，集、射极之间的击穿电压，U_{CBO} 为发射极开路时，集电极与基极之间的击穿电压。

2. 动态工作特性

在电力电子电路中，电力晶体管主要工作在截止区及饱和区，开关过程中快速通过放大区，开关时间一般在几微秒以内，这一过程反映了电力晶体管的动态特性。

（1）开通过程

电力晶体管开关过程中，基极电流和集电极电流的关系如图 2-15 所示。开通需经过延迟时间 t_d 和上升时间 t_r，两者之和为开通时间 t_{on}。t_d 主要是由发射结势垒电容和集电结势垒电容充电产生的，增大 I_{B1} 的幅值并增大 di_B/dt，可缩短延迟时间，同时可缩短上升时间，从而加快开通过程。

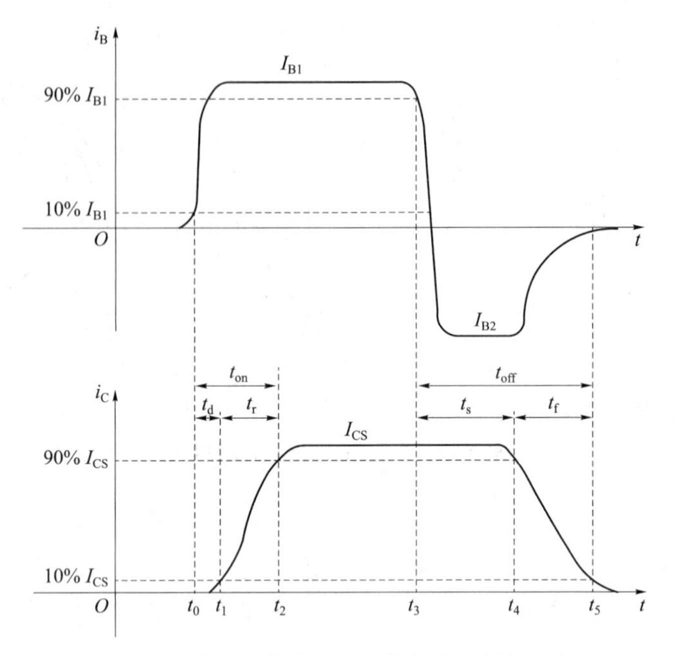

图 2-15 电力晶体管开通和关断过程电流波形

（2）关断过程

电力晶体管关断过程包括储存时间 t_s 和下降时间 t_f，两者之和为关断时间 t_{off}。t_S 主要用于去除饱和导通时储存在基区的载流子，是关断时间的主要部分，减小导通时的饱和深度可以减少储存的载流子。增大反向基极电流 I_{B2} 的幅值和负偏压，可缩短储存时间，从而加快关断速度。减小导通时的饱和深度会增加集电极和发射极间的饱和导通压降 U_{CESat}，增加通态损耗，实际应用中一般使电力晶体管处于浅饱和状态。

2.4.3 电力晶体管的主要参数

电力晶体管的主要参数除了已经熟悉的电流放大倍数 β、直流电流增益 h_{FE}、集射极间漏电流 I_{CEO}、集射极间饱和压降 U_{CESat} 以及开通时间 t_{on} 和关断时间 t_{off} 等之外，还有如下主要参数。

1. 最高工作电压 U_{CEM}

电力晶体管上电压超过规定值时会发生击穿，击穿电压与晶体管本身特性和外电路接法有关，如图 2-14 所示，有 $U_{CBO}>U_{CEX}>U_{CES}>U_{CEO}$。实际使用时，最高工作电压 U_{CEM} 要比 U_{CEO} 低得多。

2. 集电极最大允许电流 I_{CM}

通常规定 h_{FE} 下降到规定值的 1/3～1/2 时所对应的 I_C 为集电极最大允许电流 I_{CM}。实际使用时要留有裕量，一般只能用到 I_{CM} 的一半或稍多一点。

3. 集电极最大耗散功率 P_{CM}

集电极最大耗散功率 P_{CM} 指在最高工作温度下允许的耗散功率。产品说明书中在给出 P_{CM} 的同时总是给出壳温 T_C，间接表示了最高工作温度。

4. 最高结温 T_{JM}

电力晶体管最高结温与半导体材料的性质、器件制造工艺、封装质量有关。一般情况下，塑封硅管的 T_{JM} 为 125～150 ℃，金封硅管的 T_{JM} 为 150～170 ℃，高可靠平面管的 T_{JM} 为 175～200 ℃。

2.4.4　电力晶体管的二次击穿现象与安全工作区

1. 电力晶体管的二次击穿现象

当电力晶体管的集电极电压升高至击穿电压时，I_C 迅速增大，出现雪崩击穿，又称为一次击穿。此时，只要 I_C 不超过最大允许耗散功率的限度，电力晶体管一般不会损坏。在实际应用中，常发现当一次击穿发生时，I_C 增大到某个临界点时会突然急剧上升，并伴随电压的陡然下降，同时导致器件永久损坏或工作特性明显衰变，这种现象称为二次击穿。二次击穿是电力晶体管特有的现象，其他的电力电子器件一般没有二次击穿现象，二次击穿现象持续时间很短，一般在纳秒至微秒范围，对电力晶体管危害极大，必须避免。

2. 电力晶体管的安全工作区

把不同基极电流下二次击穿临界点连接起来，构成一条二次击穿临界线，临界线各点反映了二次击穿功率 P_{SB}。由集电极最大允许电流 I_{CM}、集电极允许最大耗散功率 P_{CM}、集电极最高电压 U_{CEM}、二次击穿临界线 P_{SB} 围成的区域称为电力晶体管的安全工作区。电力晶体管的安全工作区示意图如图 2-16 所示。

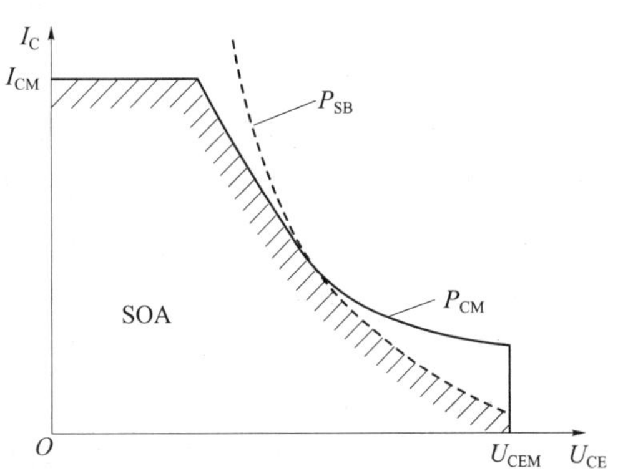

图 2-16　电力晶体管的安全工作区

电力电子器件都有安全工作区，通常由最大工作电流、最大耗散功率、最高工作电压构成。电力电子器件实际运行时必须工作于安全工作区内，这样才能保证其长时间可靠地工作。

2.5　电力场效应晶体管

电力场效应晶体管（Power MOSFET）又称功率场效应晶体管。是一种单极型的电压控制器件，不但有自关断能力，而且有驱动功率小、开关速度高、无二次击穿、安全工作区宽等特点。由于其易于驱动和开关频率高（高达 500 kHz）的特点，特别适于高频电力电子装置。如应用于 DC/DC 变换、开关电源、便携式电子设备、航空航天以及汽车等电子电器设备中。但因为其电流小、热容量小，耐压低，一般只适用于小功率电力电子装置。

2.5.1　电力场效应晶体管的结构和工作原理

电力场效应晶体管种类和结构有许多种，按导电沟道可分为 P 沟道和 N 沟道，同时又有耗尽型和增强型之分。在电力电子装置中，主要是应用 N 沟道增强型电力场效应晶体管。

电力场效应晶体管导电机理与小功率绝缘栅 MOS 管相同,但结构有很大区别。小功率绝缘栅 MOS 管是一次扩散形成的器件,导电沟道平行于芯片表面,横向导电。电力场效应晶体管大多采用垂直导电结构,又称为 VMOSFET,提高了器件的耐电压和耐电流的能力。

电力场效应晶体管采用多单元集成结构,一个器件由成千上万个小的 MOSFET 组成。N 沟道增强型电力场效应晶体管一个单元的剖面图及电气符号如图 2-17 所示。

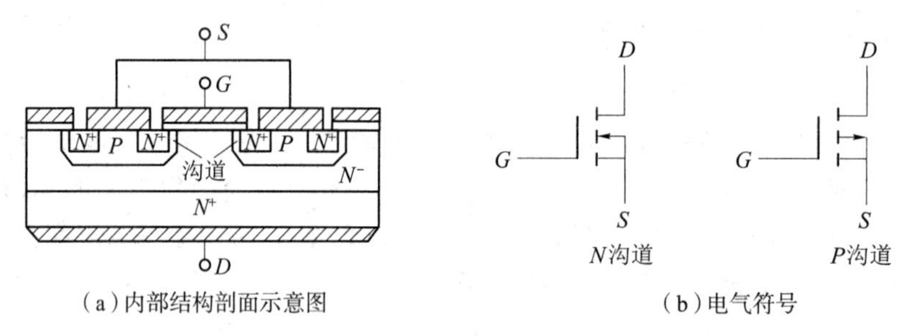

(a)内部结构剖面示意图　　(b)电气符号

图 2-17　电力场效应晶体管结构及电气符号

与信息电子电路中的场效应晶体管相比,电力场效应晶体管多了一个 N^- 漂移区(低掺杂 N 区),用来承受高电压的。不过,电力场效应晶体是多子导电器件,栅极和 P 区之间是绝缘的,无法像电力二极管和电力晶体管那样,在导通时靠从 P 区向 N^- 漂移区注入大量的少子形成的电导调制效应来减小通态电压和损耗。因此电力场效应晶体管虽然可以通过增加 N^- 漂移区的厚度来提高承受电压能力,但由此带来的通态电阻增大和损耗增加确非常明显,所以目前一般电力场效应晶体产品设计的耐压能力都在 1000 V 以下。

电力场效应晶体管有 3 个端子,分别为漏极 D、源极 S 和栅极 G。当漏极接电源正端、源极接电源负端、栅极和源极间电压为零时,基区 P 与漂移区 N 之间形成的 PN 结 J_1 反偏,漏、源极之间无电流流过。

如果在栅极和源极之间加一正电压 U_{GS},由于栅极是绝缘的,所以并不会有栅极电流流过。但栅极的正电压却会将其下面 P 区中的多子(空穴)推开,而将 P 区中的少子(电子)吸引到栅极下面的 P 区表面。当 U_{GS} 大于某一电压值 U_T 时,栅极下 P 区表面的电子浓度将超过空穴浓度,从而使 P 型半导体反型而成 N 型半导体,成为反型层。该反型层形成 N 沟道而使 PN 结 J_1 消失,漏极和源极导电。电压 U_T 称为开启电压(或阈值电压),U_{GS} 超过 U_T 越多,导电能力越强,漏极电流 I_D 越大。

2.5.2　电力场效应晶体管的基本工作特性

1. 静态工作特性

(1) 输出特性

电力场效应晶体管输出特性即是漏极的伏安特性,如图 2-18(a)所示。分为可调电阻区Ⅰ、饱和区Ⅱ、击穿区Ⅲ三个区。在可调电阻区Ⅰ内,固定栅源极电压 U_{GS},漏源电压 U_{DS} 与漏极电流 i_D 从零开始首先成线性增长,表现为与栅源极电压 U_{GS} 相关的可调电阻特性。在接近饱和区时,i_D 变化减缓并逐步进入饱和。达到饱和区Ⅱ后,漏极电流 i_D 与栅源极电压

U_{GS}相关而与漏源电压U_{DS}无关，在同一栅源极电压U_{GS}下，漏极电流i_D基本恒定。在同样的漏源电压U_{DS}下，U_{GS}越高，漏极电流i_D也越大，表现出压控恒流特性。当漏源电压U_{DS}过大时，组件会出现击穿现象，进入击穿区Ⅲ。

(2) 转移特性

栅源极电压U_{GS}和漏极输出电流i_D的关系称为转移特性，如图 2-18(b)所示。当i_D较大时，该特性基本为线性，曲线的斜率$g_m=\Delta i_D/\Delta U_{GS}$称为跨导，表示电力场效应晶体管栅源电压对漏极电流的控制能力。图中U_T为开启电压，只有当$U_{GS}=U_T$时，才会出现导电沟道，产生漏极电流i_D。

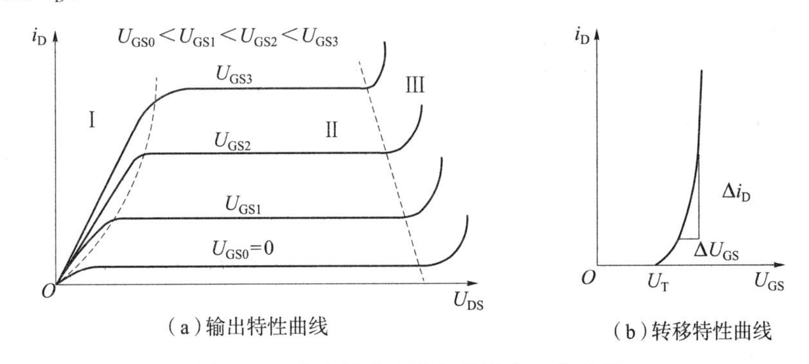

(a) 输出特性曲线　　(b) 转移特性曲线

图 2-18　电力场效应晶体管静态工作特性

2. 动态工作特性

电力场效应晶体管是多数载流子器件，不存在少子储存效应，因此开关时间很短，影响开关速度的主要是器件的极间电容。电力场效应晶体管极间电容的等效电路如图 2-19(a)所示。器件输入电容为$C_{in}\approx C_{GS}+C_{GD}$。测试电路如图 2-19(b)所示，开关过程如图 2-19(c)所示。其中，u_P为驱动电源信号，u_{GS}为栅源极电压，i_D为漏极电流。

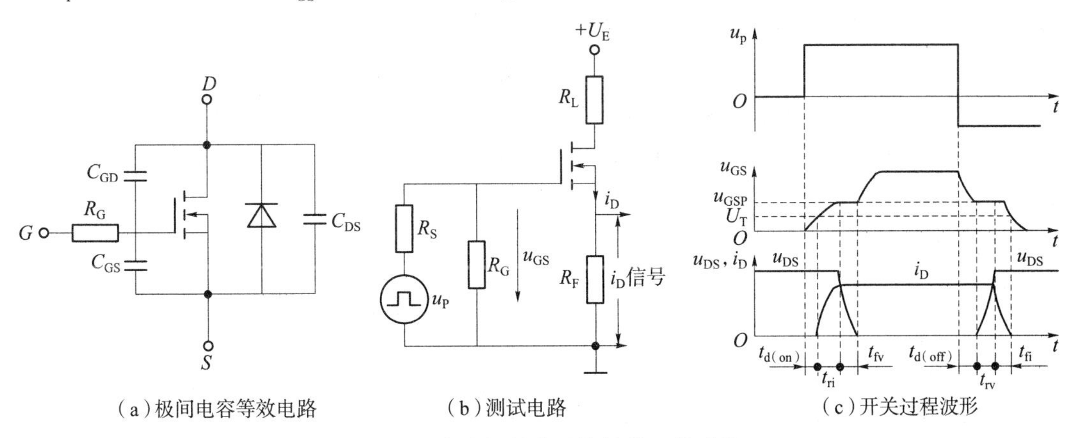

(a) 极间电容等效电路　　(b) 测试电路　　(c) 开关过程波形

图 2-19　电力场效应晶体管的开关过程

(1) 开通过程

当u_P信号到来时，输入电容C_{in}开始充电，栅源极电压u_{GS}按指数规律上升，当u_{GS}达到开启电压U_T时，形成导电沟道，出现漏极电流i_D，这段时间$t_{d(on)}$，称为开通延迟时间。此后i_D随u_{GS}上升，直至接近饱和区，漏极电流从零上升至饱和值所需时间t_{ri}称为上升时间。漏极电流达到饱和值时，栅源极电压 u_{GS}上升到 u_{GSP}，此时漏源极电压 u_{DS}开始下降，下降过程的时间 t_{fv}称为电压下降时间，在电压下降时间段内 u_{GS}维持在 u_{GSP}形成一个平台（又称密勒平台），其间栅极信号源给栅漏极间电容（又称密勒电容）反向充电，使 u_{DS}下降而 u_{GS}维持在 u_{GSP}。开通延迟时间、电流上升时间和电压下降时间之和称为电力场效应晶体管的开通时间，即 $t_{on}=t_{d(on)}+t_{ri}+t_{fv}$。

（2）关断过程

当脉冲电压 u_P下降到零时，输入电容 C_{in}开始通过栅极电阻 R_G和信号源内阻 R_S放电（$R_S \ll R_G$），栅源极电压 u_{GS}按指数规律下降。当电压下降到 u_{GSP}时，漏源极电压 u_{DS}开始上升，这段时间 $t_{d(off)}$称为关断延时。此后经过电压上升时间 t_{rv}和电流下降时间 t_{fi}，直到 $u_{GS}<U_T$ 沟道消失，i_D下降到零。关断延时、电压上升时间和电流下降时间之和，称为电力场效应晶体管的关断时间，即 $t_{off}=t_{d(off)}+t_{rv}+t_{fi}$。

电力场效应晶体管开通和关断过程与电容 C_{in}有密切关系，使用者无法降低输入电容值，但可以降低驱动电路的内阻 R_S，缩短充放电时间常数，加快开关速度。虽然电力场效应晶体管栅源之间直流阻抗很大，但动态时为了快速开通、关断，充放电电流需要一定强度，以加快电容充放电速度，故动态驱动仍需一定的栅极驱动功率。

2.5.3 电力场效应晶体管的主要参数

除前面已涉及的跨导 g_m、开启电压 U_T，以及开关过程中的各时间参数之外，电力场效应晶体管还有以下主要参数。

1. 漏源击穿电压 $U_{(BR)DS}$

漏源击穿电压为漏源之间能够承受的最大电压。该值随结温的升高而升高，这点正好与电力晶体管和门极可关断晶闸管相反。

2. 漏极连续直流电流 I_D和可重复漏极电流幅值 I_{DM}

漏极连续直流电流 I_D指在最大导通压降 $U_{DS(on)}$和占空比为 100%（即直流）时，产生的功率损耗使功率场效应晶体管结点温度上升到最大值 150 ℃（外壳温度为 100 ℃）时的漏极电流。可重复漏极电流幅值 I_{DM}是脉冲运行状态下功率场效应晶体管漏极最大允许峰值电流。

3. 栅源电压 U_{GS}

栅源之间的绝缘层很薄，当 $|U_{GS}|>20$ V 时，将导致绝缘层击穿。

2.6 绝缘栅双极型晶体管

绝缘栅双极型晶体管（IGBT）是 MOSFET 和 GTR 结合而成的复合器件，集两者优点于一体，既具有输入阻抗高、开关速度快、热稳定性好和驱动电路简单的特点，又具有通态压降低、耐压高和承受电流大等优点。自投产以来发展迅速，正在逐步取代 MOSFET、GTR，并向取代 GTO 方向发展，成为中、大功率电力电子设备的主导器件。

2.6.1　绝缘栅双极型晶体管的结构和工作原理

绝缘栅双极型晶体管的基本结构、简化等效电路和电气符号如图 2-20 所示。其也是三端器件，有栅极 G、集电极 C 和发射极 E 三个端子。

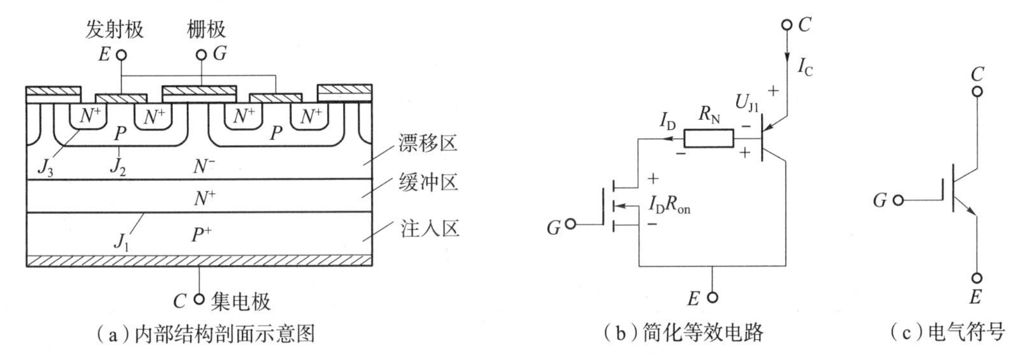

(a)内部结构剖面示意图　(b)简化等效电路　(c)电气符号

图 2-20　绝缘栅双极型晶体管的结构剖面示意图、简化等效电路及电气符号

由结构剖面图可知，它相当于用一个场效应晶体管驱动的厚基区 PNP 晶体管，从简化的等效电路图可以看出，绝缘栅双极型晶体管等效为一个 N 沟道场效应晶体管和一个 PNP 型晶体管构成的复合管，导电以晶体管为主。图中 R_N 是晶体管厚基区内的调制电阻。

绝缘栅双极型晶体管的开通和关断由栅极和发射极的电压 u_{GE} 控制。当 u_{GE} 为正向电压时，场效应管内部形成沟道导通，并为 PNP 晶体管提供基极电流，此时，从 P^+ 注入至 N 区的少数载流子(空穴)对 N 区进行电导调制(当 PN 结上流过的正向电流较小时，低掺杂 N 区的欧姆电阻较高，当 PN 结上流过较大正向电流时，注入并积累在低掺杂 N 区的少子(空穴)浓度将很大。为了维持半导体电中性条件，其多子浓度也相应大幅度增加，从而使其电阻率明显下降，也就是电导率大幅增加，这就是电导调制效应)，减小该区电阻 R_N，使绝缘栅双极型晶体管从高阻断态转入低阻通态。

当 u_{GE} 为反向电压或电压为零时，绝缘栅双极型晶体管中的导电沟道消除，PNP 型晶体管的基极电流被切断，绝缘栅双极型晶体管关断。

2.6.2　绝缘栅双极型晶体管的基本工作特性

1. 静态工作特性

(1) 转移特性

绝缘栅双极型晶体管的转移特性如图 2-21(a)所示。栅极电压 U_{GE} 对集电极电流 I_C 的控制关系称为绝缘栅双极型晶体管的转移特性。在大部分范围内，I_C 与 U_{GE} 基本呈线性关系。只有当 U_{GE} 接近开启电压 $U_{GE(th)}$ 时才呈非线性关系，I_C 变得很小。当 $U_{GE}<U_{GE(th)}$ 时，$I_C\approx0$，绝缘栅双极型晶体管处于关断状态。

(2) 输出特性

绝缘栅双极型晶体管的输出特性如图 2-21(b)所示。集电极电流 I_C 与集射极间电压 U_{CE} 之间的关系称为输出特性。分为正向阻断区、饱和区、有源区(又称放大区)及击穿区。

绝缘栅双极型晶体管的饱和导通管压降比电力场效应晶体管低得多。输出特性表示集电极电流 I_C受栅极和发射极间电压 U_{CE}控制，U_{CE}越大 I_C越大。在反向集射极电压作用下，器件呈反向阻断特性，一般只流过微小的反向漏电流。

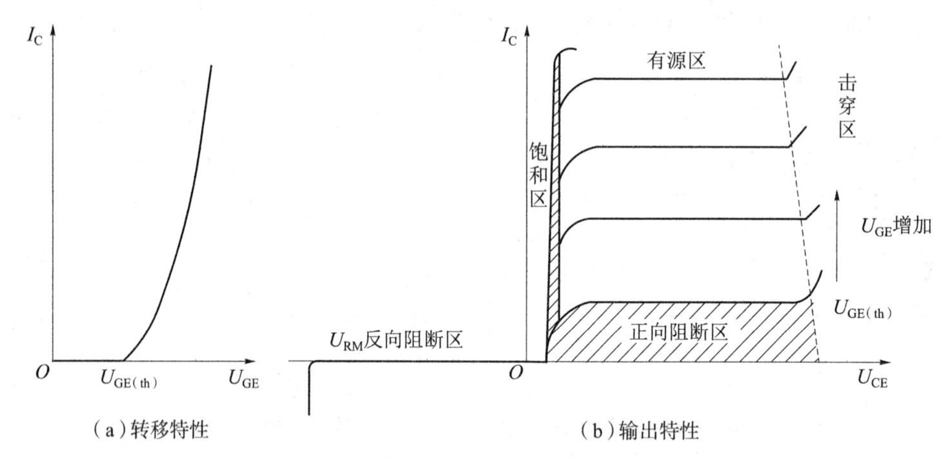

图 2-21　绝缘栅双极型晶体管转移特性和输出特性

2. 动态工作特性

(1) 开通过程

绝缘栅双极型晶体管开关过程波形如图 2-22 所示。绝缘栅双极型晶体管的开通过程与电力场效应晶体管相似，因为在开通过程中绝缘栅双极型晶体管大部分时间作为电力场效应晶体管运行。从控制电压波形 u_{GE}升至其幅值的 10%开始，到集电极电流 i_C上升至稳定值 I_{CM}的 10%这段时间 $t_{d(on)}$，称为开通延迟时间。集电极电流 i_C从 10% I_{CM}上升至 90% I_{CM}所需时间称为电流上升时间 t_{ri}。u_{CE}的下降过程分为 t_{fv1}和 t_{fv2}两段，t_{fv1}为绝缘栅双极型晶体管中场效应管单独工作的电压下降时间，此时 u_{GE}处于密勒平台维持不变，t_{fv2}为场效应管和 PNP 晶体管同时工作的电压下降时间。开通延迟时间、电流上升时间和电压下降时间之和称为绝缘栅双极型晶体管的开通时间 t_{on}，即 $t_{on}=t_{d(on)}+t_{ri}+t_{fv1}+t_{fv2}$。

(2) 关断过程

绝缘栅双极型晶体管关断过程也包括几个阶段，从 u_{GE}后沿下降到其幅值 90%的时刻起，到集射极电压 u_{CE}上升至幅度的 10%这段时间 $t_{d(off)}$，称为关断延迟时间。其后是 u_{CE}上升时间 t_{rv}，此时 u_{GE}处于密勒平台维持不变，i_C从 90% I_{CM}下降至 10% I_{CM}的时间 t_{fi}，称为电流下降时间。电流下降又可分为 t_{fi1}和 t_{fi2}两段，t_{fi1}是绝缘栅双极型晶体管内部的场效应管的关断时间，i_C下降较快。t_{fi2}是绝缘栅双极型晶体管内部的 PNP 晶体管关断时间，i_C下降较慢。此时对应的电流又称为拖尾电流。加速此段时间的办法是减轻绝缘栅双极型晶体管的饱和深度，关断延迟时间、电压上升时间和电流下降时间之和称为绝缘栅双极型晶体管关断时间 t_{off}，即 $t_{off}=t_{d(off)}+t_{rv}+t_{fi1}+t_{fi2}$。

绝缘栅双极型晶体管中，由于双极型 PNP 晶体管的存在，带来了电导调制效应使导通电阻下降，但也引入了少子储存现象，因而绝缘栅双极型晶体管的开关速度低于电力场效应晶体管。此外，绝缘栅双极型晶体管的击穿电压、通态压降和关断时间也是需要折中的参数，工艺结构决定了高压器件必然会导致通态压降的增大和关断时间延长。同时，与电力场效应晶体管类似，绝缘栅双极型晶体管的开关速度与驱动波形密切相关，受驱动电路内阻的影响。

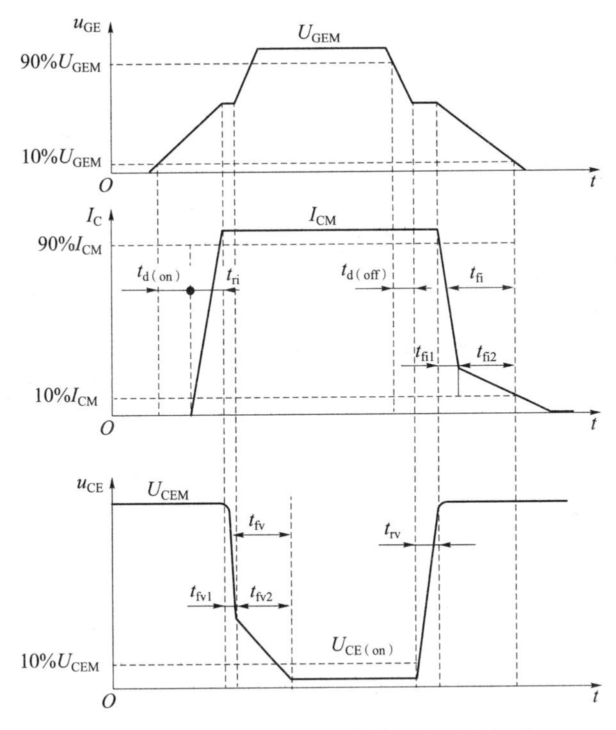

图 2-22 绝缘栅双极型晶体管开关过程波形

2.6.3 绝缘栅双极型晶体管的主要参数

除了前面介绍的开关时间、开启电压等参数之外，还包括以下几项参数。

1. 最大集射极间电压

最大集射极间电压包括：栅射极短路时，最大集射极间直流电压 U_{CES}，栅射极开路时，最大集射极间直流电压 U_{CEO}，栅射极反偏压时，最大集射极间直流电压 U_{CEX}。

通常 $U_{CEX}>U_{CEO}>U_{CES}$，由内部 PNP 晶体管的击穿电压决定。与电力晶体管不同的是三者差别较小，一般有 $U_{CEX}\approx U_{CEO}\approx U_{CES}$。

2. 最大集电极电流

最大集电极电流即为额定电流，表征绝缘栅双极型晶体管的电流容量，主要受结温的限制。为了避免锁定现象，规定了绝缘栅双极型晶体管的最大集电极电流峰值 I_{CM}，通常为额定电流 I_C 的 2 倍左右。由于绝缘栅双极型晶体管工作于开关状态，可工作在额定电流与峰值电流之间的范围，因此 I_{CM} 更具实际意义。

3. 最大集电极功耗

最大集电极功耗指正常工作温度下允许的最大功耗 P_{CM}。

4. 最大栅极电压

栅射极之间电压由栅极氧化膜厚度和特性所决定，一般限制在 20 V 以内，即 $|U_{GE}|<$ 20 V，其最佳值一般取 15 V 左右。

2.7 其他新型电力电子器件

1. MOS 控制晶闸管(MCT)

MCT 是将场效应晶体管和晶闸管组合而成的复合型器件，它结合了场效应晶体管高输入阻抗、低驱动功率、快速开关的特性，以及晶闸管高电压大电流、低导通压降的特性，具有高电压、大电流、高载流密度、低通态压降的特点。20 世纪 80 年代以来曾一度被认为是一种最有发展前途的电力电子器件成为研究热点。但经过多年的努力，关键技术问题没有大的突破，电压和电流容量都远未达到预期的数值，未能投入实际应用。由于绝缘栅双极型晶体管的快速发展，目前对 MOS 控制晶闸管的研究不是很多。

2. 静电感应晶体管(SIT)

SIT 诞生于 1970 年，其实际上是一种结型场效应晶体管。将小功率结型场效应晶体管器件的横向导电结构改为垂直导电结构，即可制成大功率的静电感应晶体管。其工作频率与电力场效应晶体管相当，功率容量更大，适用于高频大功率场合，在雷达通信设备、超声波功率放大、脉冲功率放大和高频感应加热等领域得到应用。

静电感应晶体管的缺点是栅极不加信号时导通，加负偏压时关断，使用不太方便。同时由于通态电阻较大，使得通态损耗也大，因而还未在电力电子设备中得到广泛应用。

3. 静电感应晶闸管(SITH)

SITH 诞生于 1972 年，是在静电感应晶体管的漏极层上附加一层与漏极层导电类型不同的发射极层而得到，可以看成是静电感应晶体管与门极可关断晶闸管的复合。是两种载流子导电的双极型器件，具有电导调制效应，因而通态压降低、通流能力强，是大容量的快速器件。但由于其制造工艺较复杂，且电流关断增益较小，因而其应用范围还有待拓展。

4. 集成门极换流晶闸管(IGCT)

IGCT 也称 GCT，出现于 20 世纪 90 年代后期，结合了绝缘栅双极型晶体管与门极可关断晶闸管的优点，容量与门极可关断晶闸管相当，但开关速度比门极可关断晶闸管快 10 倍，且可省去门极可关断晶闸管庞大而复杂的缓冲电路，只不过所需的驱动功率仍很大。目前正在与绝缘栅双极型晶体管等新型器件激烈竞争。

5. 脉冲功率闭合开关晶闸管(PPCST)

PPCST 特别适用于传送极强的峰值功率(数 MW)、极短的待续时间(数 ns)的放电开关应用场合，如激光器、高强度照明、放电点火、电磁发射器和雷达调制器等。该器件能在数千伏的高压下快速开通，不需要放电电极，具有寿命长、体积小、价格低等特点，可望取代目前尚在应用的高压离子闸流管、引燃管、火花间隙开关或真空开关等。

6. 功率模块与功率集成电路

(1) 功率模块

功率模块是指依据典型电力电子电路的拓扑结构，将多个相同或多个不同但相互配合使用的电力电子器件封装在一起的器件集成。模块化可缩小电力电子装置的体积，降低成本并提高可靠性。对工作频率高的电路，可大大减小电路电感，简化对保护和缓冲电路的要求。

(2) 功率集成电路(PIC)

利用模块化技术，将器件与逻辑、控制、保护、传感、检测、自诊断等信息电子电路制作在同一芯片上，这样的模块称为功率集成电路。主要分为高压集成电路和智能功率集成电路两类。高压集成电路(HVIC)一般指横向高压器件与逻辑或模拟控制电路的单片集成。智能功率集成电路(SPIC)一般指功率器件与逻辑或模拟控制电路的单片集成。

功率集成电路主要技术难点在于高低压电路之间的绝缘问题以及温升和散热处理，它实现了电能和信息的集成，成为机电一体化的理想接口，具有广阔的应用前景。

本章习题

1. 与信息电子电路中的二极管相比，电力二极管具有怎样的结构特点？

2. 晶闸管正常导通的条件是什么？

3. 晶闸管非正常导通方式有哪些？如何防止晶闸管非正常导通？

4. 维持晶闸管导通的条件是什么？怎样才能使晶闸管由导通变为关断？

5. 与信息电子电路中的场效应晶体管相比，电力场效应晶体管具有怎样的结构特点？

6. 试列举你所知道的电力电子器件，并从不同的角度对这些电力电子器件进行分类。目前常用的全控型电力电子器件有哪些？

7. 通过计算说明，一个额定电流为 10 A 的晶闸管，能否长时间通过 15 A 的直流电流？

8. 绝缘栅双极型晶体管和电力场效应晶体管在内部结构和开关特性上有哪些相似和不同之处？

第3章　直流-直流变换电路

直流-直流(DC-DC)变换电路又称直流-直流变换器(或斩波器),是将一个电压固定的直流电变换成另一个电压固定或电压可调的直流电的变换电路,是电力电子技术四大基本变换电路之一。本章将在对直流-直流变换电路的分类、用途、工作原理等问题进行阐述的基础上,对基本的直流-直流变换电路的结构、工作波形、工作参数进行详细分析。

3.1　直流-直流变换电路的分类及用途

1. 分类

(1) 按有无变压器隔离分类。直流-直流变换电路可分为无变压器隔离的非隔离直流-直流变换电路和有变压器隔离的隔离直流-直流变换电路两大类。

非隔离直流-直流变换电路。主要包括:降压式变换电路、升压式变换电路、升降压式变换电路、Cuk 变换电路、Sepic 变换电路、Zeta 变换电路等。降压式变换电路和升压式变换电路是最基本的非隔离直流-直流变换电路,其余 4 种直流变换电路是由这两种基本电路派生而来的。

隔离直流-直流变换电路。主要包括:正激式变换电路、反激式变换电路、半桥式变换电路、推挽变换电路和全桥变换电路等。

(2) 按主功率开关管个数分类。直流-直流变换电路可分为单管、双管和四管这 3 种类型。

降压式变换电路、升压式变换电路、升降压式变换电路、Cuk 变换电路、Sepic 变换电路、Zeta 变换电路属于单管非隔离的直流-直流变换电路;正激式变换电路和反激式变换电路属于单管隔离的直流-直流变换电路;半桥式变换电路和推挽式变换电路属于双管隔离直流-直流变换电路;全桥变换电路属于四管隔离的直流-直流变换电路。

2. 用途

直流-直流变换技术曾广泛应用于直流电动机调速,如地铁列车、无轨电车及蓄电池供电的电动车辆等。由于调速技术的发展,直流-直流变换技术目前主要应用于开关电源、通信、计算机、自动化设备、仪器仪表、军事、航天等领域。

3.2　直流-直流变换电路分析依据

3.2.1　基本工作原理

直流-直流变换电路的基本工作原理是通过调节电路中开关元件接通(或断开)时间,在负载 R 上得到所需的输出电压。直流-直流变换电路原理图如图 3-1 所示。设开关接通时间为 t_{on},开关周期为 T,则负载 R 上的平均电压为

$$U_{oav}=\frac{t_{on}}{T}U_d \tag{3-1}$$

开关接通的时间 t_{on} 和开关周期 T 之比称为开关接通的占空比,用 D 表示,即

$$D=\frac{t_{on}}{T} \tag{3-2}$$

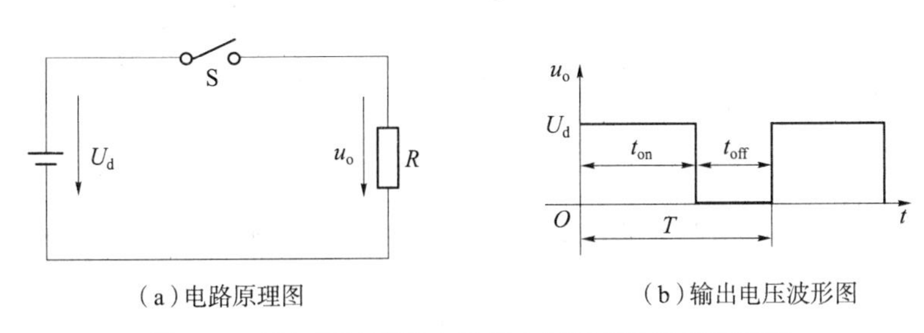

(a)电路原理图　　(b)输出电压波形图

图 3-1　直流-直流变换电路基本原理与输出电压波形

占空比是开关变换电路中的一个重要参数,通过调节占空比可以调节输出平均电压。常用的占空比调节方法有两种:脉冲宽度调制(PWM)方法和脉冲频率调制(PFM)方法。

脉冲宽度调制方法:指在整个工作过程中开关频率不变(T 不变),而开关接通时间按照要求变化(t_{on}变化)的占空比调节的方法。

脉冲频率调制方法:指在整个工作过程中开关接通的时间不变(t_{on}不变),而开关频率按照要求变化(T 变化)的占空比调节的方法。

两种方法都可以改变开关接通的占空比,从而调节输出电压。相比而言,脉冲宽度调制的方法更常用。

3.2.2　理论依据

1. 理想电路模型

为简化分析,设变换电路是理想电路。即:功率器件的接通和关断时间、通态电压、断态漏电流均为 0;输入电压保持不变;电感和电容均为理想储能元件,且电感感抗足够大;电路线路阻抗为 0。

2. 小纹波近似原理

滤波电容输出电压(u_o)由一个较大的直流电压(U_o)和一个很小的因电容充放电引起的纹波电压(u_{ripple})组成。由于电容容量一般很大,开关工作频率很高,电容充放电的时间非常

短，因此电容上电荷的变化量 ΔQ 很小，在滤波电容输出电压中该纹波电压很小，可忽略不计，即滤波电容输出电压为直流电压平均值 U_o 保持不变，这就是开关电路稳态分析中的小纹波近似原理。小纹波近似原理是开关电路稳态运行分析的一个重要的理论依据。

3. 电容充放电平衡原则

一个开关周期内，电容包含充电和放电两个阶段。在电路稳态工作时，电路达到稳定平衡，电容上平均电压维持不变，即一个开关周期内电容上电荷充放电维持平衡，这是开关电路稳态工作时的另一个重要理论依据。

4. 电感伏秒平衡原则

一个开关周期内，当功率开关器件导通时，电感电流增加，电感储能，电感磁链增量为 $\Delta\psi_1 = u_{L1}(\Delta t_1) = L(\Delta i_1) > 0$；当功率开关器件关断时，电感电流减小，电感释能，电感磁链增量为 $\Delta\psi_2 = u_{L2}(\Delta t_2) = L(\Delta i_2) < 0$。当电路稳态工作时，一个开关周期内电感平均磁链维持不变，电流平均增量为零($\Delta i_1 + \Delta i_2 = 0$)，磁链平均增量为零($u_{L1}(\Delta t_1) + u_{L2}(\Delta t_2) = 0$)，这种现象称为电感伏秒平衡。电感伏秒平衡是开关电路稳态运行分析的又一个重要的理论依据。

电路稳态工作时的电容充放电平衡、电感伏秒平衡、小纹波近似原理是直流-直流变换电路分析的 3 个重要理论依据。

3.3 基本的非隔离直流-直流变换电路

3.3.1 降压式变换电路

1. 降压式变换电路的基本结构

降压式变换电路(Buck)是一种输出电压小于或等于输入电压的单管非隔离直流-直流变换电路，降压式变换电路的原理图如图 3-2 所示。由一个功率开关器件 VT、一个续流二极管 VD、一个输出滤波电感 L 和一个输出滤波电容 C 构成。输入和输出直流电压分别为 U_d 和 U_o，负载电阻 R。

直流-直流变换电路主要用于电子电路的供电电源，也可拖动直流电动机或带蓄电池负载等。在实际电路中，功率开关器件 VT 常采用全控型电力电子器件，如 GTR、MOSFET、IGBT 等。

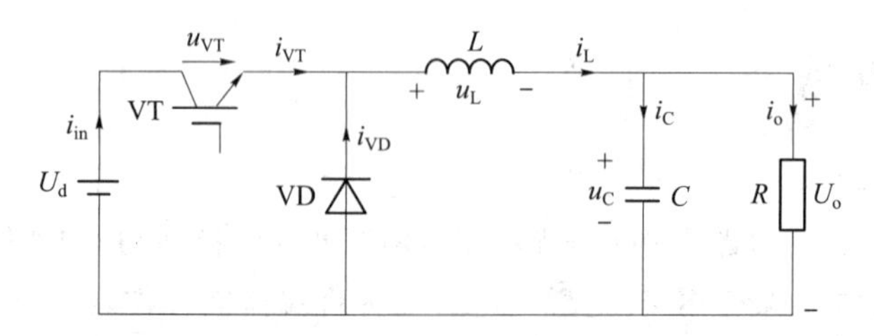

图 3-2　降压式变换电路原理图

2. 降压式变换电路稳态工作过程分析

设开关工作频率为 f，对应的周期为 T，开关接通的占空比为 D。

(1) 电感电流连续模式(CCM)下工作波形分析

CCM 模式下降压式变换电路主要电压和电流波形如图 3-3 所示,在 $0 \leqslant t \leqslant t_1$ 时段,VT 触发导通。根据电路原理图 3-2,VD 承受反向电压(电源电压 U_d)截止,流过 VT 的电流为滤波电感电流 i_L。滤波电容 C 释放能量,为负载 R 供电。这个时段,加在滤波电感 L 上的电压为 $u_L = U_d - U_o > 0$,这个电压差使电感电流 i_L 线性上升,于是有

$$u_L = L\ \frac{di_L}{dt} = U_d - U_o \tag{3-3}$$

根据基尔霍夫电流定律有

$$i_C = i_L - i_o = i_L - \frac{U_o}{R} \tag{3-4}$$

由于 $i_o = U_o/R$ 基本恒定,因此 i_C 与 i_L 斜率相同,考虑到一个开关周期电容充放电平衡,电容电流由负值开始增长。因电感电流连续,电路稳态工作时,一个开关周期内电感电流始终大于零,该时段波形如图 3-3 中 $0 \sim t_1$ 段所示。

在 $t_1 \leqslant t \leqslant t_2$ 时段,VT 关断,由于电感 L 的续流作用,二极管 VD 导通,有

$$u_L = L\ \frac{di_L}{dt} = -U_o \tag{3-5}$$

同理,由于 U_o 视为恒定值,则电感电流线性减小。此时,i_C 表达式同式(3-4),由于 i_o 基本恒定,因此 i_C 与 i_L 斜率相同,根据电路稳态工作,一个周期电感伏秒平衡,该时段波形如图 3-3 中 $t_1 \sim t_2$ 段所示。至此完成一个周期的波形分析,其他各周期波形与此相同。

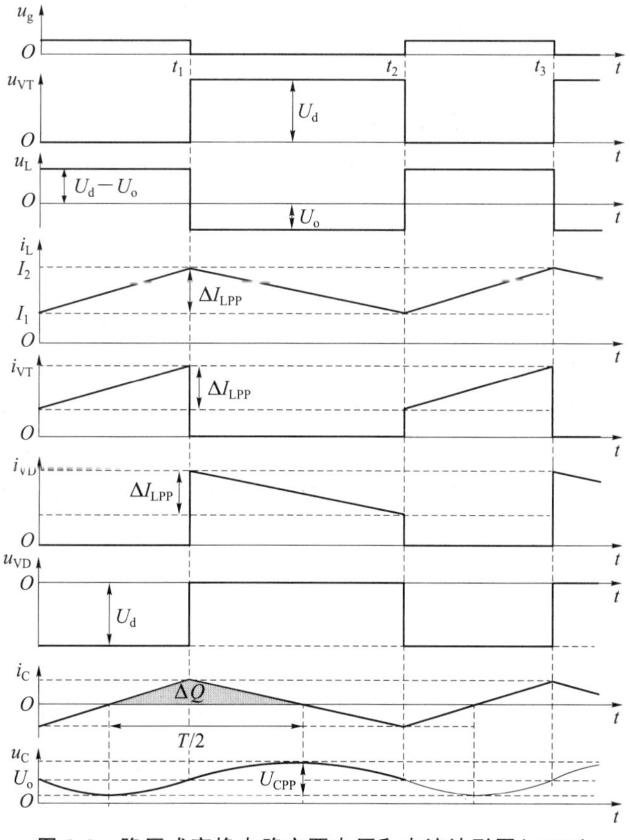

图 3-3 降压式变换电路主要电压和电流波形图(CCM)

(2) 电感电流连续模式(CCM)下基本工作参数分析

① 输入电压(U_d)与输出电压(U_o)的关系

根据电感伏秒平衡原则,由图 3-3 中 U_L 波形得

$$(U_d - U_o)t_1 = U_o(t_2 - t_1)$$

即
$$U_o = DU_d \tag{3-6}$$

② 输入电流(I_{in})与输出电流(I_o)的关系

忽略电路工作产生的损耗,输入、输出能量守恒,则有

$$U_d I_{in} = U_o I_o$$

即
$$I_{in} = DI_o \tag{3-7}$$

③ 电感电流脉动峰峰值(ΔI_{LPP})

根据电感伏秒平衡原则,电感充放电过程电流波动值相等,依据式(3-3)电感电流脉动峰峰值可以表示为

$$L\frac{\Delta I_{L1}}{\Delta t_1} = L\frac{\Delta I_{LPP}}{t_1} = L\frac{\Delta I_{LPP}}{DT} = U_d - U_o$$

即
$$\Delta I_{LPP} = \frac{(U_d - U_o)DT}{L} = \frac{(U_d - U_o)D}{Lf} = \frac{(1-D)DU_d}{Lf} \tag{3-8}$$

④ 电容的充电电荷(ΔQ)

由图 3-3 中 i_C 波形得,电容的充电时间为 $T/2$。根据小纹波近似原理 $\Delta I_o \approx 0$,$\Delta i_L \approx \Delta i_C$,根据电容充放电平衡原理,电容充电电荷为

$$\Delta Q = \frac{1}{2} \times \frac{1}{2}\Delta I_{LPP} \times T = \frac{\Delta I_{LPP}}{8f} \tag{3-9}$$

⑤ 电容电压纹波的峰峰值(ΔU_{CPP})

电容电压纹波峰峰值,亦为输出电压(ΔU_{oPP})纹波峰峰值,即电容上的电压最高点与最低点的差值,如图 3-3 中 u_C 波形所示。常用来作 LC 滤波器参数设计的约束条件之一。

$$\Delta U_{CPP} = \Delta U_{oPP} = \frac{\Delta Q}{C} = \frac{\Delta I_{LPP}}{8fC} = \frac{D(1-D)U_d}{8LCf^2} \tag{3-10}$$

前面分析了降压式变换器电感电流连续的工作状态,这种状态的特点是电感电流始终大于零。随着电感电流的减小,一个工作周期内电感电流的起始点和终点可能正好处于零位,这种状态称为电感电流临界连续,电感电流临界连续状态波形如图 3-4 所示。如果继续减小电感电流,则电感电流将出现断续,即在一个开关周期结束之前,电感电流就已经下降到零,这种状态称为电感电流断续模式(DCM),电感电流断续状态波形图如图 3-5 所示。电感电流临界连续状态的运行规律与前面所述 CCM 状态相同,电感电流断续模式(DCM)的运行规律有自己的特点。

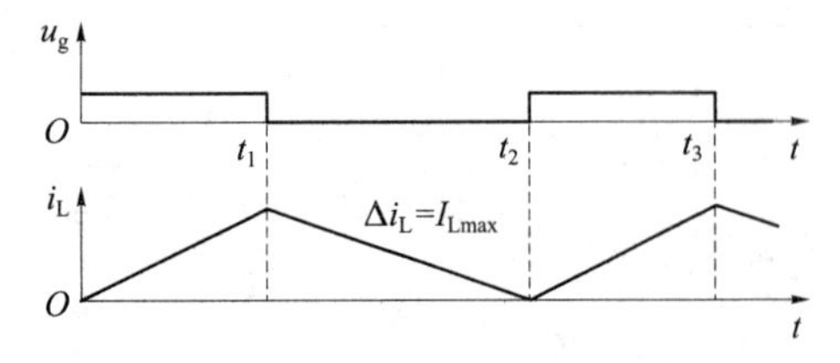

图 3-4　电感电流临界连续状态波形图

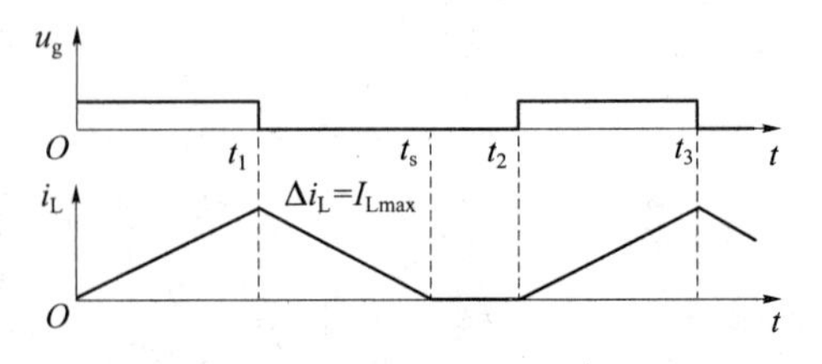

图 3-5　电感电流断续状态波形图

(3) 电感电流断续模式(DCM)下工作波形分析

在电感电流断续模式下,VT 导通前电感电流已经衰减到零,VT 导通时,电感电流从零开始增长,电路工作波形如图 3-6 所示。

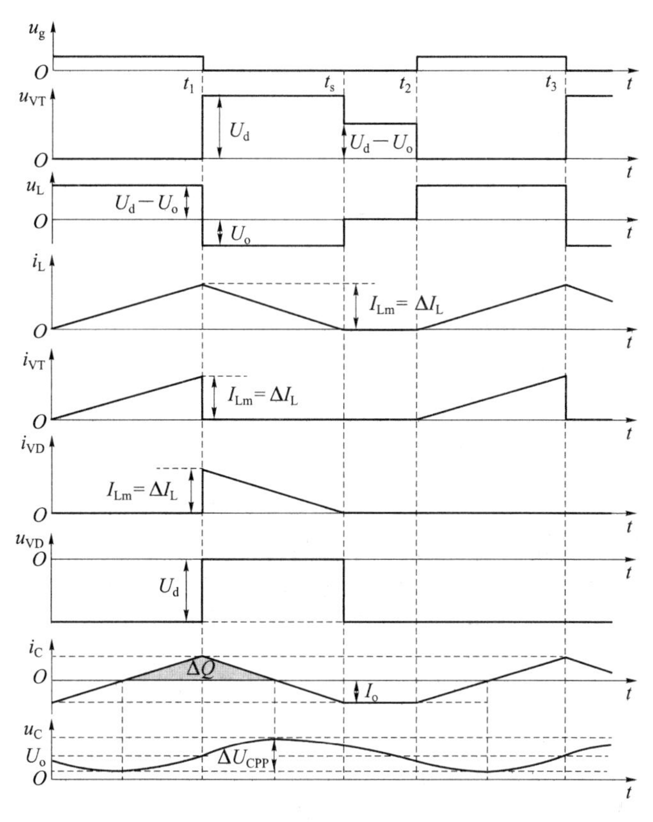

图 3-6 降压式变换电路主要电压和电流波形图(DCM)

在 $0 \leqslant t \leqslant t_1$ 时段,VT 导通,VD 承受反向电压截止,其电感电压方程与式(3-3)一致,但电感电流从零开始线性增长。

在 $t_1 \leqslant t \leqslant t_s$ 时段,VT 关断,由于电感 L 的续流作用,二极管 VD 导通,其电感电压方程与式(3-5)一致,电感电流线性减小,在 t_s 时刻衰减到零,VD 截止。

在 $t_s \leqslant t \leqslant t_2$ 时段,VT、VD 均关断,电感电压为零,开关管两端电压降为输入电压和输出电压之差,此时负载电流来自电容放电。自此完成一个周期的工作,在 t_2 后波形再次重复。

(4) 电感电流断续模式(DCM)下基本工作参数分析

① 输入电压(U_d)与输出电压(U_o)的关系

根据电感伏秒平衡原则,由图 3-6 中 u_L 波形可到:

$$(U_d-U_o)t_1=U_o(t_s-t_1)$$

令 $D'=\dfrac{t_s-t_1}{T}$,有

$$U_o=\frac{D}{D+D'}U_d \tag{3-11}$$

根据输出的直流电流 I_o 就是电感电流的平均值有

$$\frac{U_o}{R}=\frac{1}{2}\Delta I_L(D+D') \tag{3-12}$$

根据 $0\leqslant t\leqslant t_1$ 时段波形及式(3-3)有

$$\Delta I_L=\frac{(U_d-U_o)}{L}DT \tag{3-13}$$

由式(3-11)、式(3-12)、式(3-13)解得

$$U_o=\frac{2}{1+\sqrt{1+4K}}U_d \tag{3-14}$$

式中，$K=\dfrac{2L}{D^2TR}$。

② 输入电流(I_{in})与输出电流(I_o)的关系

忽略电路工作产生的损耗，输入、输出能量守恒，则有

$$I_{in}U_d=U_oI_o$$

即

$$I_{in}=\frac{U_o}{U_d}I_o=\frac{2}{1+\sqrt{1+4K}}I_o \tag{3-15}$$

(5) 降压式变换电路电感电流连续的临界条件

由图 3-4 可知，电感电流临界连续时，每个周期电感电流都从零开始增长，一个周期结束时，电感电流恰好为零。电感电流临界连续状态时，负载的电流 I_o 恰好为电感电流在一个周期内平均值。即

$$I_o=\frac{U_o}{R}=\frac{\frac{1}{2}\Delta I_L T}{T}=\frac{1}{2}\Delta I_L=\frac{1}{2}\ \frac{(1-D)TU_o}{L} \tag{3-16}$$

若使电感电流连续，则需 $I_o\geqslant\frac{1}{2}\Delta I_L$，即 $\frac{U_o}{R}\geqslant\frac{1}{2}\ \frac{(1-D)TU_o}{L}$。

得

$$L\geqslant\frac{1}{2}(1-D)RT \tag{3-17}$$

此条件常用作 LC 滤波器设计的另一个约束条件。

3.3.2 升压式变换电路

1. 升压式变换电路的基本结构

升压式变换电路(Boost)是一种输出电压大于或等于输入电压的单管非隔离直流-直流变换电路。它所用的电路元件和降压式变换电路完全相同，仅电路拓扑不同，升压式变换电路原理图如图 3-7 所示。升压式变换电路的滤波电感 L 在输入侧，一般称为升压电感。

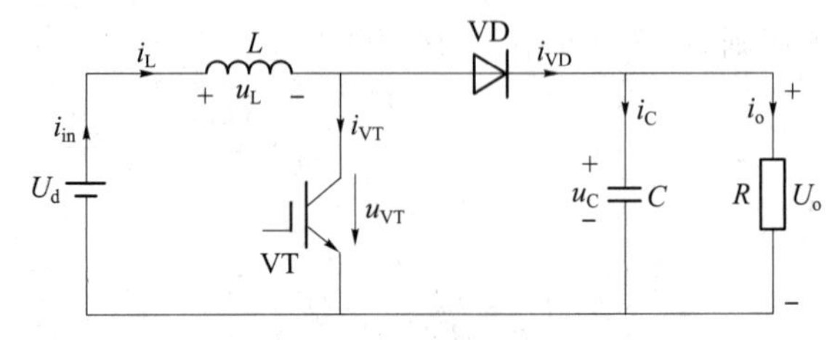

图 3-7 升压式变换电路原理图

2. 升压式变换电路稳态工作过程分析

设开关工作频率为 f，对应的周期为 T，开关接通的占空比为 D。

(1) 电感电流连续模式(CCM)下工作波形分析

CCM 模式下升压式变换电路主要电压和电流波形图如图 3-8 所示，在 $0 \leqslant t \leqslant t_1$ 时段，VT 触发导通。根据电路原理图 3-7，VD 承受反向电压(电容电压 u_c)截止，$i_{VD}=0$，流过 VT 的电流为滤波电感电流 i_L。滤波电容 C 释放能量，为负载 R 供电。这个时段，直流电压 U_d 通过开关 VT 全部加在升压电感 L 上，即 $u_L=U_d>0$，这个电压使电感电流 i_L 线性上升，于是有

$$u_L = L\frac{di_L}{dt} = U_d \tag{3-18}$$

根据基尔霍夫电流定律有

$$i_C = -i_o = -\frac{U_o}{R} \tag{3-19}$$

由于 $i_o = U_o/R$ 基本恒定，电容恒流放电。在电感电流连续模式下，电路稳态工作时，一个开关周期内电感电流始终大于零，该时段波形如图 3-8 中 $0 \sim t_1$ 段所示。

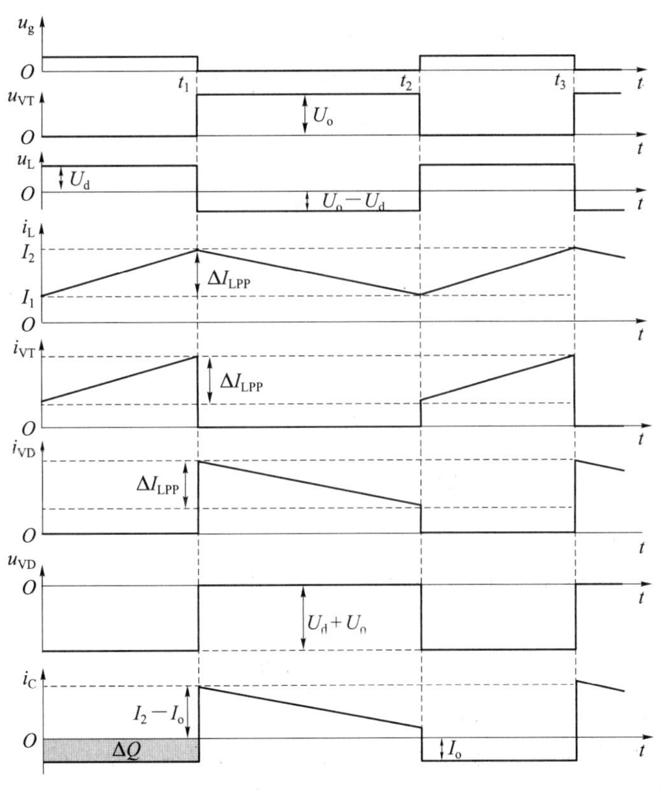

图 3-8　升压式变换电路主要电压和电流波形图(CCM)

在 $t_1 \leqslant t \leqslant t_2$ 时段，VT 关断，由于电感 L 的续流作用，二极管 VD 导通，这一时段，升压电感电流 i_L 通过二极管 VD 流向输出侧，直流电源 U_d 输入能量和升压电感 L 在 $t_0 \sim t_1$ 时段的储能通过二极管 VD 向负载 R 和输出滤波电容 C 移动，为负载 R 供电，为滤波电容 C 充电。此阶段，加在升压电感上的电压为 $U_d - U_0 < 0$，升压电感 L 的电流 i_L 线性减小。有

$$u_L = L\frac{di_L}{dt} = U_d - U_o \tag{3-20}$$

根据基尔霍夫电流定律有

$$i_C = i_L - i_o = i_L - \frac{U_o}{R} \tag{3-21}$$

同理，由于U_o视为恒定值，则i_o基本恒定，因此i_C与i_L斜率相同，由于电路稳态工作，一个周期电感伏秒平衡，此时电感电流线性减小，且电感电流变化率的绝对值与前一时段相等，该时段波形如图 3-8 中$t_1 \sim t_2$段所示。至此完成一个周期的波形分析，其他各周期波形与此相同。

(2) 电感电流连续模式(CCM)下基本工作参数分析

① 输入电压(U_d)与输出电压(U_o)的关系

根据电感伏秒平衡原则，由图 3-8 中U_L波形得

$$U_d t_1 = (U_o - U_d)(t_2 - t_1)$$

即

$$U_o = \frac{1}{1-D}U_d \tag{3-22}$$

② 输入电流(I_{in})与输出电流(I_o)的关系

忽略电路工作产生的损耗，输入、输出能量守恒，则有

$$I_{in}U_d = U_o I_o$$

即

$$I_{in} = \frac{1}{1-D}I_o \tag{3-23}$$

③ 电感电流脉动峰峰值(ΔI_{LPP})

根据电感伏秒平衡的特点，电感充放电过程电流波动值相等，依据式(3-18)电感电流脉动峰峰值可以表示为

$$L\frac{\Delta I_{L1}}{\Delta t_1} = L\frac{\Delta I_{LPP}}{t_1} = L\frac{\Delta I_{LPP}}{DT} = U_d$$

即

$$\Delta I_{LPP} = \frac{DTU_d}{L} = \frac{DU_d}{Lf} \tag{3-24}$$

④ 电容的充电电荷(ΔQ)

由图 3-8 中i_C波形得，电容的放电时间为t_1。根据小纹波近似原理及电容充放电平衡原理，电容充电电荷为

$$\Delta Q = I_o t_1 = DTI_o \tag{3-25}$$

⑤ 电容电压纹波的峰峰值(ΔU_{CPP})

电容电压纹波峰峰值，亦为输出电压(ΔU_{oPP})纹波峰峰值。即电容上的电压最高点与最低点的差值。常用作LC滤波器参数设计的约束条件之一。

$$\Delta U_{CPP} = \Delta U_{oPP} = \frac{\Delta Q}{C} = \frac{DTI_o}{C} = \frac{DI_o}{Cf} \tag{3-26}$$

(3) 电感电流断续模式(DCM)下工作波形分析

在电感电流断续模式下，VT 导通前电感电流已经衰减到零，VT 导通时，电感电流从零开始增长，DCM 模式升压式变换电路主要电压和电流波形图如图 3-9 所示。

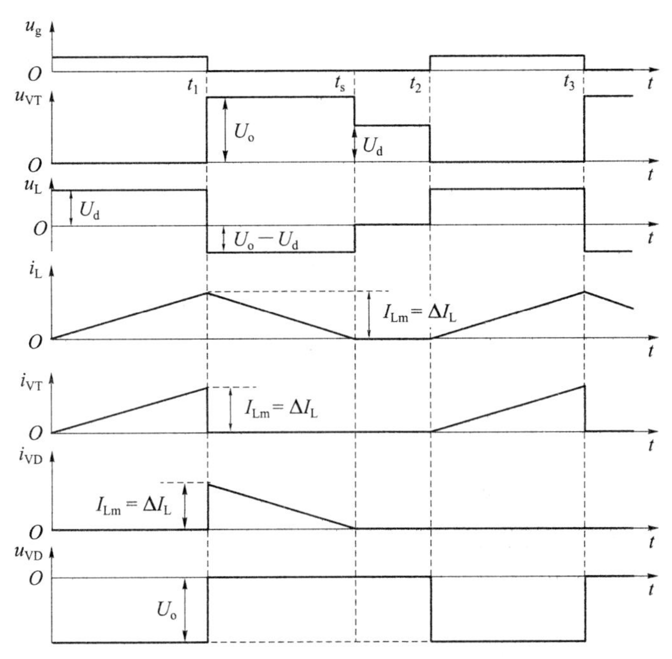

图 3-9　升压式变换电路主要电压和电流波形图(DCM)

在 $0\leqslant t\leqslant t_1$ 时段，VT 导通，VD 承受反向电压截止，其电感电压方程与式(3-18)一致，但电感电流从零开始线性增长。

在 $t_1\leqslant t\leqslant t_s$ 时段，VT 关断，由于电感 L 的续流作用，二极管 VD 导通，其电感电压方程与式(3-20)一致，电感电流线性减小，在 t_s 时刻衰减到零，VD 截止。

在 $t_s\leqslant t\leqslant t_2$ 时段，VT、VD 均关断，电感电压为零，开关管两端压降为输入电压，此时负载电流来自电容放电。自此完成一个周期的工作，在 t_2 后波形再次重复。

(4) 电感电流断续模式(DCM)下基本工作参数分析

① 输入电压(U_d)与输出电压(U_o)的关系

根据电感伏秒平衡原则，由图 3-9 中 u_L 波形可到

$$U_d t_1=(U_o-U_d)(t_s-t_1)$$

令，$D'=\dfrac{t_s-t_1}{T}$ 有

$$U_o=\frac{D+D'}{D'}U_d \tag{3-27}$$

根据输出的直流电流 I_o 就是二极管 VD 电流 i_{VD} 的平均值有

$$\frac{U_o}{R}=\frac{1}{2}\Delta I_L D' \tag{3-28}$$

根据 $0\leqslant t\leqslant t_1$ 时段波形及式(3-18)有

$$\Delta I_L=\frac{U_d}{L}DT \tag{3-29}$$

由式(3-27)、式(3-28)、式(3-29)解得

$$U_o=\frac{1+\sqrt{1+\frac{4}{K}}}{2}U_d \tag{3-30}$$

式中，$K=\dfrac{2L}{D^2TR}$。

② 输入电流(I_{in})与输出电流(I_o)的关系

忽略电路工作产生的损耗，输入、输出能量守恒，则有

$$I_{in}=\frac{U_o}{U_d}I_o=\frac{1+\sqrt{1+\frac{4}{K}}}{2}I_o \tag{3-31}$$

(5) 升压式变换器电感电流连续的临界条件

由图 3-9 可知，电感电流临界连续时，每个周期电感电流都从零开始增长，一个周期结束时，电感电流恰好为零。电感电流临界连续状态时，负载的电流 I_o恰好为电感电流在一个周期内放电电流(即流过二极管的电流)的平均值。即

$$I_o=\frac{U_o}{R}=\frac{\frac{1}{2}\Delta I_L(T-t_1)}{T}=\frac{1}{2}\Delta I_L(1-D)=\frac{D(1-D)^2TU_o}{2L} \tag{3-32}$$

若使电感电流连续，则需，$I_o\geqslant\dfrac{1}{2}\Delta I_L(1-D)$即$\dfrac{U_o}{R}\geqslant\dfrac{D(1-D)^2TU_o}{2L}$。

得

$$L\geqslant\frac{1}{2}(1-D)^2DRT \tag{3-33}$$

此条件常用作 LC 滤波器设计的另一个约束条件。

3.3.3 升降压式变换电路

1. 升降压式变换电路的基本结构

升降压式变换电路(Buck-Boost)是一种通过改变占空比，即可实现输出电压大于、小于或等于输入电压的单管非隔离直流-直流变换电路。它所用的电路元件与 Buck 型或 Boost 型电路完全相同，仅电路拓扑不同，升降压式变换电路原理图如图 3-10 所示。与降压式变换电路或升压式变化电路不同的是，其输出电压的极性和输入电压的极性相反。

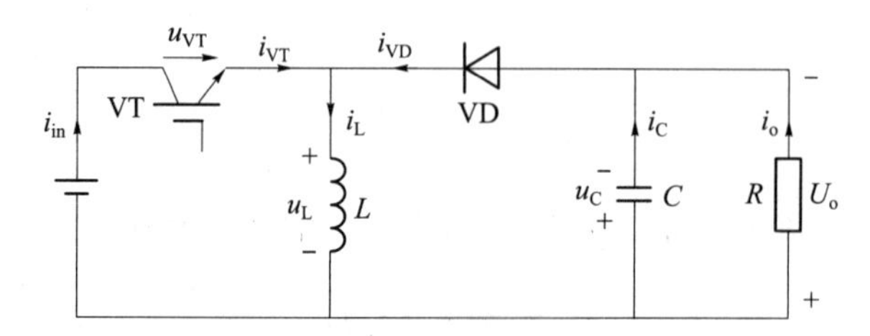

图 3-10　升降压式变换电路原理图

2. 升降压式变换电路稳态工作过程分析

设开关工作频率为 f，对应的周期为 T，开关接通的占空比为 D。

（1）电感电流连续模式（CCM）下工作波形分析

CCM 模式下升降压式变换电路主要电压和电流波形图如图 3-11 所示，在 $0 \leqslant t \leqslant t_1$ 时段，VT 触发导通。根据图 3-10，VD 承受反向电压（$U_d + U_o$）截止，$i_{VD}=0$，流过 VT 的电流为滤波电感电流 i_L。滤波电容 C 释放能量，为负载 R 供电。这个时段，直流电压 U_d 通过开关 VT 全部加在滤波电感 L 上，即 $u_L = U_d > 0$，这个电压使电感电流 i_L 线性上升，于是有

$$u_L = L\frac{di_L}{dt} = U_d \tag{3-34}$$

根据基尔霍夫电流定律有

$$i_C = -i_o = -\frac{U_o}{R} \tag{3-35}$$

由于 $i_o = U_o/R$ 基本恒定，电容恒流放电。在电感电流连续模式下，电路稳态工作时，一个开关周期内电感电流始终大于零，该时段波形如图 3-11 中 $0 \sim t_1$ 段所示。

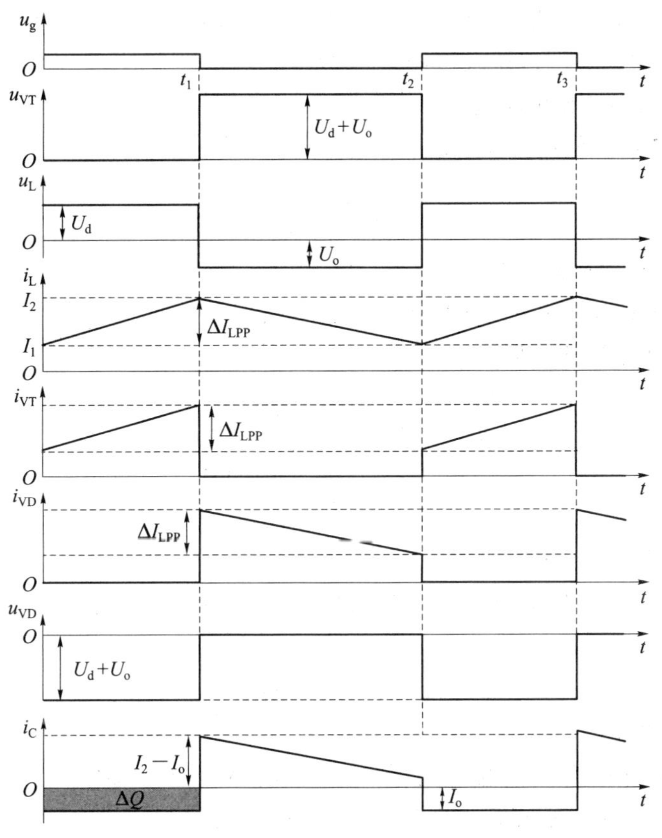

图 3-11　升降压式变换电路主要电压和电流波形图（CCM）

在 $t_1 \leqslant t \leqslant t_2$ 时段，VT 关断，由于电感 L 的续流作用，二极管 VD 导通，这一时段，滤波电感电流 i_L 通过二极管 VD 流向输出侧，滤波电感 L 在 $t_0 \sim t_1$ 时段的储能通过二极管 VD 向负载 R 和输出滤波电容 C 移动，为负载 R 供电，为滤波电容 C 充电。此阶段，加在升压电感上的电压为 $-U_0 < 0$，升压电感 L 的电流 i_L 线性减小。有

$$u_L = L\frac{di_L}{dt} = -U_o \tag{3-36}$$

根据基尔霍夫电流定律有

$$i_C = i_L - i_o = i_L - \frac{U_o}{R} \tag{3-37}$$

同理，由于U_o视为恒定值，则i_o基本恒定，因此i_C与i_L斜率相同，由于电路稳态工作，一个周期电感伏秒平衡，此时电感电流线性减小，且电感电流变化率的绝对值与前一时段相等，该时段波形如图3-11中$t_1 \sim t_2$段所示。至此完成一个周期的波形分析，其他各周期波形与此相同。

(2) 电感电流连续模式(CCM)下基本工作参数分析

① 输入电压(U_d)与输出电压(U_o)的关系

根据电感伏秒平衡原则，由图3-11中U_L波形得

$$U_d t_1 = U_o(t_2 - t_1)$$

即

$$U_o = \frac{D}{1-D} U_d \tag{3-38}$$

当$0 < D < 0.5$时，$U_o < U_d$，该电路为降压变换电路；当$0.5 < D < 1$时，$U_o > U_d$，该电路为升压变换电路；当$D = 0.5$时，输入、输出电压相等。

② 输入电流(I_{in})与输出电流(I_o)的关系

忽略电路工作产生的损耗，输入、输出能量守恒，则有

$$I_{in} = \frac{U_o}{U_d} I_o = \frac{D}{1-D} I_o \tag{3-39}$$

③ 电感电流脉动峰峰值(ΔI_{LPP})

根据稳态工作时电感伏秒平衡原则，电感充放电过程电流波动值相等，依据式(3-34)电感电流脉动峰峰值可以表示为

$$L\frac{\Delta I_{L1}}{\Delta t_1} = L\frac{\Delta I_{LPP}}{t_1} = L\frac{\Delta I_{LPP}}{DT} = U_d$$

即

$$\Delta I_{LPP} = \frac{DTU_d}{L} = \frac{DU_d}{Lf} \tag{3-40}$$

④ 电容的充电电荷(ΔQ)

由图3-11中i_C波形得，电容的放电时间为t_1。根据小纹波近似原理及电容充放电平衡原理，电容充电电荷为

$$\Delta Q = I_o t_1 = DTI_o \tag{3-41}$$

⑤ 电容电压纹波的峰峰值(ΔU_{CPP})

电容电压纹波峰峰值，亦为输出电压(ΔU_{oPP})纹波峰峰值。即电容上的电压最高点与最低点的差值。常用作LC滤波器参数设计的约束条件之一。

$$\Delta U_{CPP} = \Delta U_{oPP} = \frac{\Delta Q}{C} = \frac{DTI_o}{C} = \frac{DI_o}{Cf} \tag{3-42}$$

(3) 电感电流断续模式(DCM)下工作波形分析

在电感电流断续模式下，VT导通前电感电流已经衰减到零，VT导通时，电感电流从零开始增长，DCM模式下升降压式变换电路主要电压和电流波形图如图3-12所示。

在$0 \leqslant t \leqslant t_1$时段，VT导通，VD承受反向电压截止，其电感电压方程与式(3-34)一致，但电感电流从零开始线性增长。

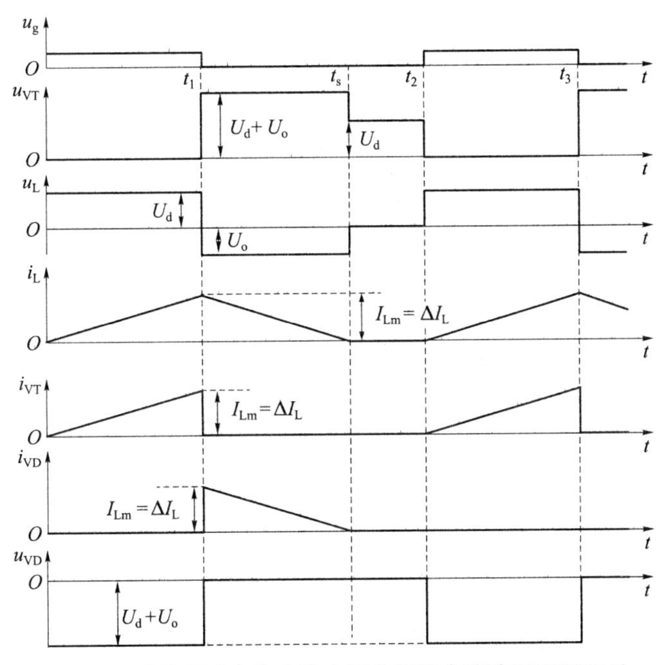

图 3-12 升降压式变换电路主要电压和电流波形图(DCM)

在 $t_1 \leqslant t \leqslant t_s$ 时段，VT 关断，由于电感 L 的续流作用，二极管 VD 导通，其电感电压方程与式(3-36)一致，电感电流线性减小，在 t_s 时刻衰减到零，VD 截止。

在 $t_s \leqslant t \leqslant t_2$ 时段，VT、VD 均关断，电感电压为零，开关管两端压降为输入电压，此时负载电流来自电容放电。自此完成一个周期的工作，在 t_2 后波形再次重复。

(4) 电感电流断续模式(DCM)下基本工作参数分析

① 输入电压(U_d)与输出电压(U_o)的关系

根据电感伏秒平衡原则，由图 3-12 中 u_L 波形可到

$$U_d t_1 = U_o (t_s - t_1)$$

令，$D' = \dfrac{t_s - t_1}{T}$ 有

$$U_o = \frac{D}{D'} U_d \tag{3-43}$$

根据输出的直流电流 I_o 就是二极管 VD 电流 i_{VD} 的平均值有

$$\frac{U_o}{R} = \frac{1}{2} \Delta I_L D' \tag{3-44}$$

根据 $0 \leqslant t \leqslant t_1$ 时段波形及式(3-34)有

$$\Delta I_L = \frac{U_d}{L} DT \tag{3-45}$$

由式(3-43)、式(3-44)、式(3-45)解得

$$U_o = \sqrt{\frac{1}{K}} U_d \tag{3-46}$$

式中，$K = \dfrac{2L}{D^2 TR}$。

② 输入电流(I_{in})与输出电流(I_o)的关系

忽略电路工作产生的损耗,输入、输出能量守恒,则有

$$I_{in}=\frac{U_o}{U_d}I_o=\sqrt{\frac{1}{K}}I_o \tag{3-47}$$

(5) 升降压式变换电路电感电流连续的临界条件

由图 3-12 可知,电感电流临界连续时,每个周期电感电流都从零开始增长,一个周期结束时,电感电流恰好为零。电感电流临界连续状态时,负载的电流 I_o恰好为电感电流在一个周期内放电电流(即流过二极管的电流)的平均值。即

$$I_o=\frac{U_o}{R}=\frac{\frac{1}{2}\Delta I_L(T-t_1)}{T}=\frac{1}{2}\Delta I_L(1-D)=\frac{(1-D)^2TU_o}{2L} \tag{3-48}$$

若使电感电流连续,则需,$I_o\geqslant\frac{1}{2}\Delta I_L(1-D)$即$\frac{U_o}{R}\geqslant\frac{(1-D)^2TU_o}{2L}$。

得
$$L\geqslant\frac{1}{2}(1-D)^2RT \tag{3-49}$$

此条件常用作 LC 滤波器设计的另一个约束条件。

3.4 其他典型的非隔离直流-直流变换电路

设开关工作频率为 f,对应的周期为 T,开关接通的占空比为 D。在实际工程设计时,电感应足够大,以保证电感中的电流连续,升压比表达式恒定,便于控制。与前面分析的基本的直流变换电路一样,其稳态工作时,也有电感电流连续和断续两种工作模式,下面各典型的非隔离直流-直流变换电路,只对电感电流连续模式进行分析。

3.4.1 库克变换电路

1. 库克变换电路的基本结构

库克(Cuk)变换电路也是一种通过改变占空比,即可实现输出电压大于、等于或小于输入电压的单管非隔离直流-直流变换电路,其输出电压的极性和输入电压的极性也是相反的。与升降压式变换电路型电路不同的是,库克变换电路有两个电感(输入电感 L_1和输出电感 L_2),增加一个电容 C_1。库克变换电路原理图如图 3-13 所示。

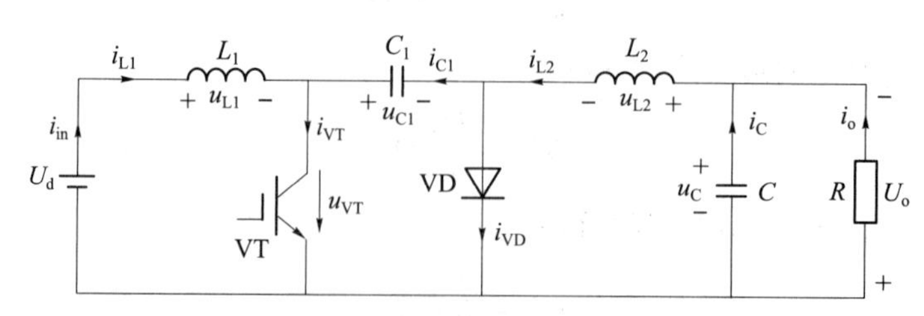

图 3-13 库克变换电路原理图

2. 库克变换电路稳态工作过程分析

(1) 电感电流连续模式(CCM)下工作波形分析

CCM 模式下库克变换电路主要电压和电流波形图如图 3-14 所示，在 $0 \leqslant t \leqslant t_1$ 时段，VT 触发导通。根据图 3-13，VD 承受反向电压(U_{C1})截止，$i_{VD}=0$，流过 VT 的电流 $i_{VT}=i_{L1}+i_{L2}$。电感 L_2 通过开关 VT 给电容 C 充电，给负载 R 供电。这个时段，直流电压 U_d 通过开关 VT 全部加在电感 L_1 上，即 $u_L=U_d>0$，这个电压使电感电流 i_{L1} 线性上升，于是有

$$u_{L1}=L_1\frac{di_{L1}}{dt}=U_d \tag{3-50}$$

同理，对于电感 L_2，有

$$u_{L2}=L_2\frac{di_{L2}}{dt}=U_{C1}-U_o \tag{3-51}$$

根据基尔霍夫电流定律有

$$i_C=i_{L2}-i_o=i_{L2}-\frac{U_o}{R} \tag{3-52}$$

由于 $i_o=U_o/R$ 基本恒定，因此，电容 C 上的电流波形斜率与 i_{L2} 相同，考虑到一个开关周期电容充放电平衡，电容电流由负值开始增长。因电感电流连续，电路稳态工作时，一个开关周期内电感电流始终大于零，该时段波形如图 3-14 中 $0 \sim t_1$ 段所示。

在 $t_1 \leqslant t \leqslant t_2$ 时段，VT 关断，由于电感 L_2 的续流作用，二极管 VD 导通，与前面分析类似，对于电感 L_1 有

$$u_{L1}=L_1\frac{di_{L1}}{dt}=U_d-U_{C1} \tag{3-53}$$

对于电感 L_2，有

$$u_{L2}=L_2\frac{di_{L2}}{dt}=-U_o \tag{3-54}$$

电容 C 的电流表达式与式(3-52)一致，波形斜率与 i_{L2} 相同。由于电路稳态工作，一个周期电感伏秒平衡，电感电流增量为零，该时段波形如图 3-14 中 $t_1 \sim t_2$ 段所示。至此完成一个周期的波形分析，其他各周期波形与此相同。

(2) 电感电流连续模式(CCM)下基本工作参数分析

① 输入电压(U_d)与输出电压(U_o)的关系

根据电感伏秒平衡原则，由图 3-14 中 u_{L1}、u_{L2} 波形得

$$\begin{cases} U_d DT=(U_{C1}-U_d)(1-D)T \\ (U_{C1}-U_o)DT=U_o(1-D)T \end{cases}$$

解得

$$U_o=\frac{D}{1-D}U_d \tag{3-55}$$

$$U_{C1}=\frac{1}{D}U_o=\frac{1}{1-D}U_d \tag{3-56}$$

当 $0<D<0.5$ 时，$U_o<U_d$，该电路为降压变换电路；当 $0.5<D<1$ 时，$U_o>U_d$，该电路为升压变换电路；当 $D=0.5$ 时，输入、输出电压相等。

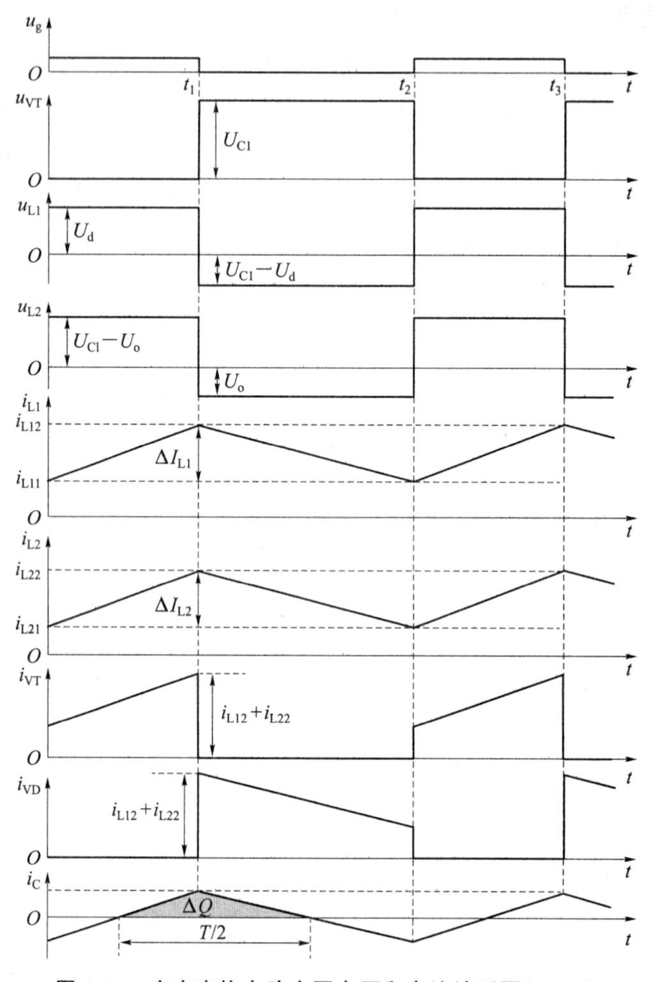

图 3-14　库克变换电路主要电压和电流波形图(CCM)

② 输入电流(I_{in})与输出电流(I_o)的关系

忽略电路工作产生的损耗,输入、输出能量守恒,则有

$$I_{in}=\frac{U_o}{U_d}I_o=\frac{D}{1-D}I_o \tag{3-57}$$

③ 电容的充电电荷(ΔQ)

根据图 3-13 有 $i_{L2}=i_C+i_o$。根据图 3-14 中 i_C波形及小纹波近似原理和电容充放电平衡原则,电容上充电电荷为

$$\Delta Q=\frac{1}{2}\times\frac{\Delta I_{L2}}{2}\times\frac{T}{2}=\frac{\Delta I_{L2}T}{8}=\frac{U_dD}{8f^2L_2} \tag{3-58}$$

④ 电容电压纹波的峰峰值(ΔU_{CPP})

电容电压纹波峰峰值,亦为输出电压(ΔU_{oPP})纹波峰峰值。即电容上的电压最高点与最低点的差值。

$$\Delta U_{CPP}=\Delta U_{oPP}=\frac{\Delta Q}{C}=\frac{U_dD}{8f^2L_2C} \tag{3-59}$$

3.4.2　Zeta 变换电路

1. Zeta 变换电路的基本结构

Zeta 变换电路也是一种通过改变占空比，即可实现输出电压大于、等于或小于输入电压的单管非隔离直流-直流变换电路。与库克变换电路相似，也有两个电感 L_1 和 L_2，一个能量存储和传输用的电容 C_1。不同的是 Zeta 变换电路的输出电压极性和输入电压的极性相同。Zeta 变换电路的原理图如图 3-15 所示。

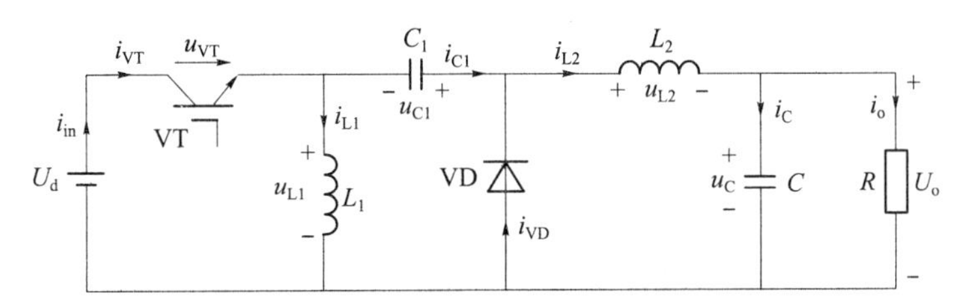

图 3-15　Zeta 变换电路原理图

2. Zeta 变换电路稳态工作过程分析

(1) 电感电流连续模式(CCM)下工作波形分析

CCM 模式下 Zeta 变换电路主要电压和电流波形图如图 3-16 所示，在 $0\leqslant t\leqslant t_1$ 时段，VT 触发导通。根据图 3-15，VD 承受反向电压(U_{C1})截止，$i_{VD}=0$，直流电压 U_d 通过开关 VT 全部加在电感 L_1 上，即 $u_{L1}=U_d>0$，这个电压使电感电流 i_{L1} 线性上升。同时，输入电压 U_d 和电容电压 U_{C1} 作用于电感 L_2 和负载 R 上，$u_{L2}=U_d+U_{C1}-U_o>0$，这个电压使电感电流 i_{L2} 线性上升。电感电流 i_{L1} 和 i_{L2} 全部流经开关 VT，即 $i_{VT}=i_{L1}+i_{L2}$。于是有

$$u_{L1}=L_1\frac{di_{L1}}{dt}=U_d \tag{3-60}$$

同理，对于电感 L_2，有

$$u_{L2}=L_2\frac{di_{L2}}{dt}=U_d+U_{C1}-U_o \tag{3-61}$$

根据基尔霍夫电流定律有

$$i_C=i_{L2}-i_o=i_{L2}-\frac{U_o}{R} \tag{3-62}$$

由于 $i_o=U_o/R$ 基本恒定，因此，电容 C 上的电流波形斜率与 i_{L2} 相同，根据一个开关周期电容充放电平衡原则，电容电流由负值开始增长。因电感电流连续，电路稳态工作时，一个开关周期内电感电流始终大于零，该时段波形如图 3-16 中 $0\sim t_1$ 段所示。

在 $t_1\leqslant t\leqslant t_2$ 时段，VT 关断，i_{L1} 和 i_{L2} 通过二极管 VD 续流，形成 2 个续流回路。一个续流回路由电感 L_1、二极管 VD 和电容 C_1 构成，电感 L_1 的储能向电容 C_1 转移，$u_{L1}=-U_{C1}<0$，电感电流 i_{L1} 减小，电容 C_1 充电，由于电容 C_1 的容量较大，可认为 U_{C1} 恒定。另一续流由电感 L_2、二极管 VD 和电容 C_2 构成，电感 L_2 的储能向电容 C_2 和负载 R 转移，$u_{L2}=-U_o<0$，电感电流 i_{L1} 减小。电感电流 i_{L1} 和 i_{L2} 全部流经二极管 VD，即 $i_{VD}=i_{L1}+i_{L2}$，与前面分析类似，对于电感 L_1 有

$$u_{L1}=L_1\frac{di_{L1}}{dt}=-U_{C1} \tag{3-63}$$

对于电感 L_2，有

$$u_{L2}=L_2\frac{di_{L2}}{dt}=-U_o \tag{3-64}$$

电容 C 的电流表达式与式(3-62)一致，波形斜率与 i_{L2} 相同。由于电路稳态工作，一个周期电感伏秒平衡，电感电流增量为零。该时段波形如图 3-16 中 $t_1 \sim t_2$ 段所示。至此完成一个周期的波形分析，其他各周期波形与此相同。

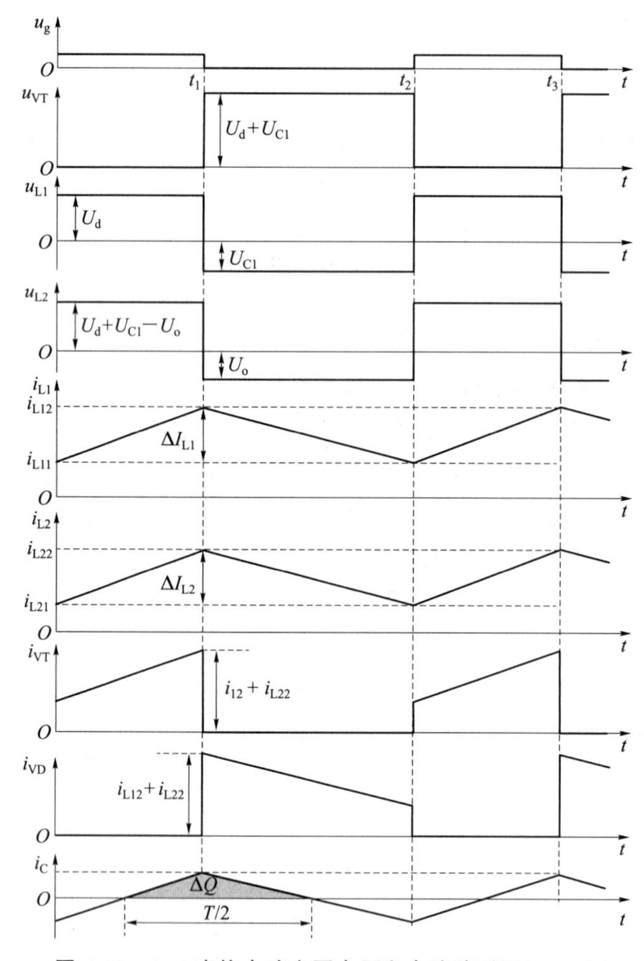

图 3-16　Zeta 变换电路主要电压和电流波形图(CCM)

(2) 电感电流连续模式(CCM)下基本工作参数分析

① 输入电压(U_d)与输出电压(U_o)的关系

根据电感伏秒平衡原则，由图 3-16 中 u_{L1}、u_{L2} 波形得

$$\begin{cases} U_d DT=U_{C1}(1-D)T \\ (U_d+U_{C1}-U_o)DT=U_o(1-D)T \end{cases}$$

解得

$$U_o=\frac{D}{1-D}U_d \tag{3-65}$$

$$U_{C1}=U_o \tag{3-66}$$

当 $0<D<0.5$ 时，$U_o<U_d$，该电路为降压变换电路；当 $0.5<D<1$ 时，$U_o>U_d$，该电路为升压变换电路；当 $D=0.5$ 时，输入、输出电压相等。

② 输入电流(I_{in})与输出电流(I_o)的关系

忽略电路工作产生的损耗，输入、输出能量守恒，则有

$$I_{in}=\frac{U_o}{U_d}I_o=\frac{D}{1-D}I_o \tag{3-67}$$

③ 电容的充电电荷(ΔQ)

根据图3-15有 $i_{L2}=i_C+i_o$。根据3-16中 i_C 波形及小纹波近似原理和电容充放电平衡原则，电容上充电电荷为

$$\Delta Q=\frac{1}{2}\times\frac{\Delta I_{L2}}{2}\times\frac{T}{2}=\frac{\Delta I_{L2}T}{8}=\frac{U_dD}{8f^2L_2} \tag{3-68}$$

④ 电容电压纹波的峰峰值(ΔU_{CPP})

电容电压纹波峰峰值，亦为输出电压(ΔU_{oPP})纹波峰峰值。即电容上的电压最高点与最低点的差值。

$$\Delta U_{CPP}=\Delta U_{oPP}=\frac{\Delta Q}{C}=\frac{U_dD}{8f^2L_2C} \tag{3-69}$$

3.4.3 Spice 变换电路

1. Spice 变换电路的基本结构

Spice 变换电路也是一种通过改变占空比，即可实现输出电压大于、等于或小于输入电压的单管非隔离直流-直流变换电路。与 Zeta 变换电路相似，也有两个电感 L_1 和 L_2，一个能量存储和传输用的电容 C_1，输出电压极性和输入电压的极性相同，与 Zeta 变换电路不同的是开关 VT 与电感 L_1 的位置对调，将电感 L_2 与二极管 VD 的位置对调。Spice 变换电路原理图如图3-17所示。

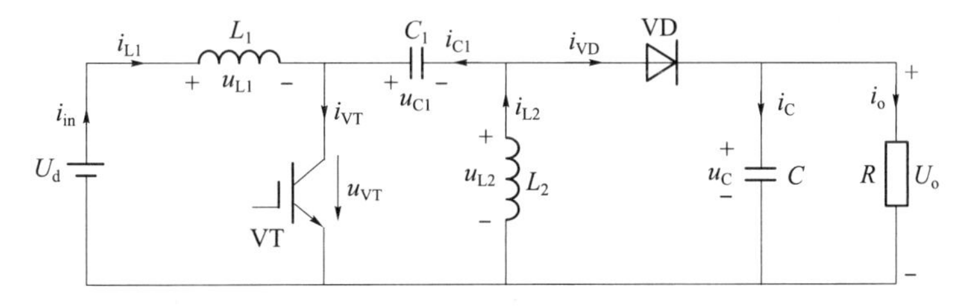

图3-17　Spice 变换电路原理图

2. Spice 变化电路稳态工作过程分析

(1) 电感电流连续模式(CCM)下工作波形分析

CCM 模式下 Spice 变换电路主要电压和电流波形图如图3-18所示，在 $0\leqslant t\leqslant t_1$ 时段，VT 触发导通。根据图3-17，VD 承受反向电压($U_{C1}+U_{C2}$)截止，$i_{VD}=0$，直流电压 U_d 通过开关 VT 全部加在电感 L_1 上，即 $u_{L1}=U_d>0$，这个电压使电感电流 i_{L1} 线性上升。同时电容电压 U_{C1} 作用于电感 L_2 上，$u_{L2}=U_{C1}>0$，这个电压使电感电流 i_{L2} 线性上升。电感电流 i_{L1} 和 i_{L2} 全部流经开关 VT，即 $i_{VT}=i_{L1}+i_{L2}$。于是有

$$u_{L1}=L_1\frac{di_{L1}}{dt}=U_d \tag{3-70}$$

同理，对于电感 L_2，有

$$u_{L2}=L_2\frac{di_{L2}}{dt}=U_{C1} \tag{3-71}$$

根据基尔霍夫电流定律有

$$i_C=-i_o=-\frac{U_o}{R} \tag{3-72}$$

由于 $i_o=U_o/R$ 基本恒定，电容恒流放电。在电感电流连续模式下，电路稳态工作时，一个开关周期内电感电流始终大于零，该时段波形如图 3-18 中 $0\sim t_1$ 段所示。

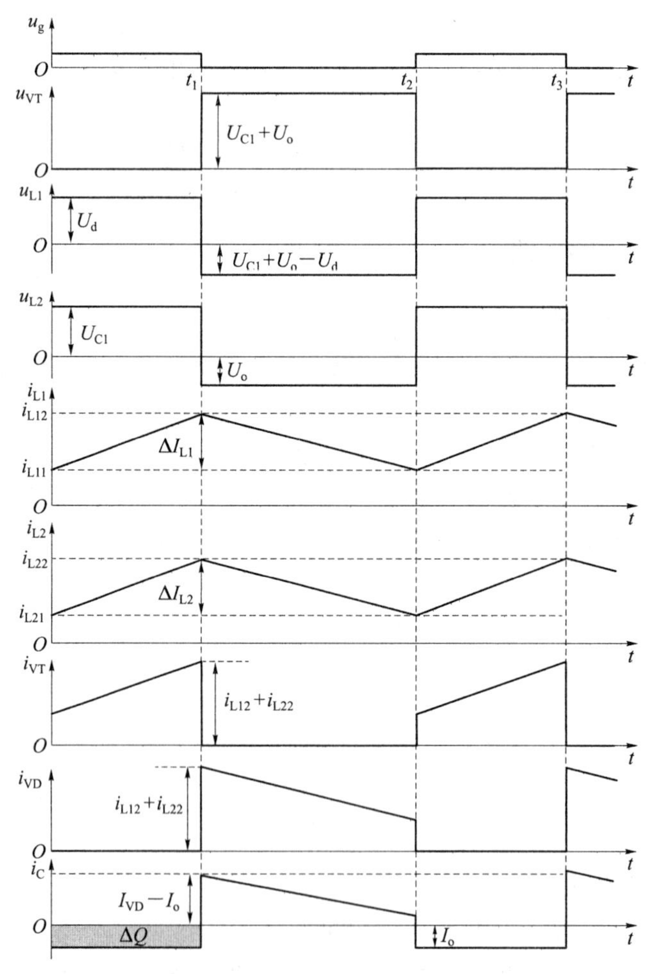

图 3-18 Spice 变换电路主要电压和电流波形图(CCM)

在 $t_1\leqslant t\leqslant t_2$ 时段，VT 关断，i_{L1} 和 i_{L2} 通过二极管 VD 续流，形成两个续流回路。一个续流回路由电源 U_d、电感 L_1、电容 C_1 和二极管 VD 构成，电源 U_d 和电感 L_1 的储能同时向电容 C_1 和负载 R 转移，$u_{L1}=-(U_{C1}+U_o-U_d)<0$，电感电流 i_{L1} 减小，电容 C_1 充电，由于电容 C_1

的容量较大，可认为U_{C1}恒定。另一续流由电感L_2、二极管 VD 和电容C_2构成，电感L_2的储能向电容C_2和负载R转移，$u_{L2}=-U_o<0$，电感电流i_{L1}减小。电感电流i_{L1}和i_{L2}全部流经二极管 VD，即$i_{VD}=i_{L1}+i_{L2}$，与前面分析类似，对于电感L_1有

$$u_{L1}=L_1\frac{di_{L1}}{dt}=U_d-U_{C1}-U_o \tag{3-73}$$

对于电感L_2，有

$$u_{L2}=L_2\frac{di_{L2}}{dt}=-U_o \tag{3-74}$$

根据基尔霍夫电流定律有

$$i_C=i_{VD}-i_o=i_{VD}-\frac{U_o}{R} \tag{3-75}$$

同理，由于U_o视为恒定值，则i_0基本恒定，因此i_C与i_{VD}斜率相同，由于电路稳态工作，一个周期电感伏秒平衡，该时段波形如图 3-18 中$t_1\sim t_2$段所示。至此完成一个周期的波形分析，其他各周期波形与此相同。

(2) 电感电流连续模式(CCM)下基本工作参数分析

① 输入电压(U_d)与输出电压(U_o)的关系

根据电感伏秒平衡原则，由图 3-18 中u_L波形得

$$\begin{cases}U_dDT=(U_{C1}+U_o-U_d)(1-D)T\\U_{C1}DT=U_o(1-D)T\end{cases}$$

解得

$$U_o=\frac{D}{1-D}U_d \tag{3-76}$$

$$U_{C1}=U_d \tag{3-77}$$

当$0<D<0.5$时，$U_o<U_d$，该电路为降压变换电路；当$0.5<D<1$时，$U_o>U_d$，该电路为升压变换电路；当$D=0.5$时，输入、输出电压相等。

② 输入电流(I_{in})与输出电流(I_o)的关系

忽略电路工作产生的损耗，输入、输出能量守恒，则有

$$I_{in}=\frac{U_o}{U_d}I_o=\frac{D}{1-D}I_o \tag{3-78}$$

③ 电容C的充电电荷(ΔQ)

根据图 3-17 有$i_{VD}=i_C+i_o$，根据 3-18 中i_C波形及小纹波近似原理和电容充放电平衡原则，电容上充电电荷为

$$\Delta Q=I_ot_1=I_oDT=\frac{I_oD}{f} \tag{3-79}$$

④ 电容电压纹波的峰峰值(ΔU_{CPP})

电容电压纹波峰峰值，亦为输出电压(ΔU_{oPP})纹波峰峰值。即电容上的电压最高点与最低点的差值。

$$\Delta U_{CPP}=\Delta U_{oPP}=\frac{\Delta Q}{C}=\frac{I_oD}{fC} \tag{3-80}$$

3.5 基本的隔离直流-直流变换电路

3.5.1 正激式变换电路

1. 正激式变换电路的基本结构

正激式变换电路是一种典型的隔离型 DC-DC 变换电路，由于输入、输出经过高频变压器隔离，具有良好的电气隔离性能，广泛应用于各种电子电路的控制电源和功率电源。正激式变换电路原理图如图 3-19 所示，开关 VT 采用全控半导体元件，VD_1 是输出整流二极管，VD_2 是续流二极管，L 是输出滤波电感，C 是输出滤波电容。隔离变压器有 3 个绕组，原边绕组 W_1、副边绕组 W_2、复位绕组 W_3，匝数分别为 N_1、N_2、N_3。VD_3 是复位绕组的串联二极管。

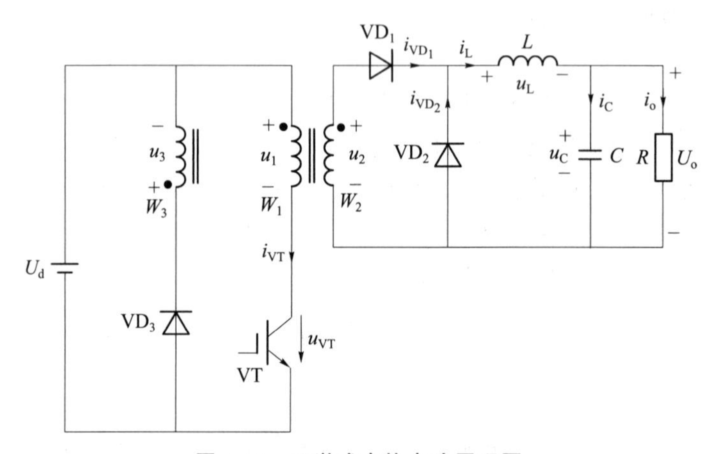

图 3-19 正激式变换电路原理图

2. 正激式变换电路稳态工作过程

设开关工作频率为 f，对应的周期为 T，开关接通的占空比为 D。与其他直流斩波电路一样，其稳态工作时，也有电感电流连续和断续两种工作模式，下面分别进行分析。

(1) 电感电流连续模式(CCM)下工作波形分析

CCM 模式下正激式变换电路主要电压和电流波形图如图 3-20 所示。在 $0 \leqslant t \leqslant t_1$ 时段，VT 触发导通。根据图 3-19，变压器励磁，原边绕组 W_1 的电压 u_1 为上正下负，其大小为 $u_1 = U_d$，此时，激磁电流在 U_d 作用下线性增长，导致变压器磁通密度 B_{Tr} 线性增长；与其耦合的副边绕组 W_2 的电压 u_2 也是上正下负，其大小为 $u_2 = (N_2/N_1)U_d$，输出整流二极管 VD_1 导通，续流二极管 VD_2 截止，输出滤波电感 L 产生左正右负的感应电动势，其大小为 $u_L = u_2 - U_o > 0$，同时给输出滤波电容 C 充电，给负载 R 供电，输出滤波电感 L 电流 i_L 逐渐增长；W_3 绕组产生下正上负感应电动势，VD_3 承受反向电压 $(U_d + u_3)$ 关断。于是有

$$u_L = L\frac{di_L}{dt} = u_2 - U_o = \frac{N_2}{N_1}U_d - U_o \tag{3-81}$$

因电感电流连续，电路稳态工作时，一个开关周期内电感电流始终大于零，该时段波形如图 3-20 中 0～t_1段所示。

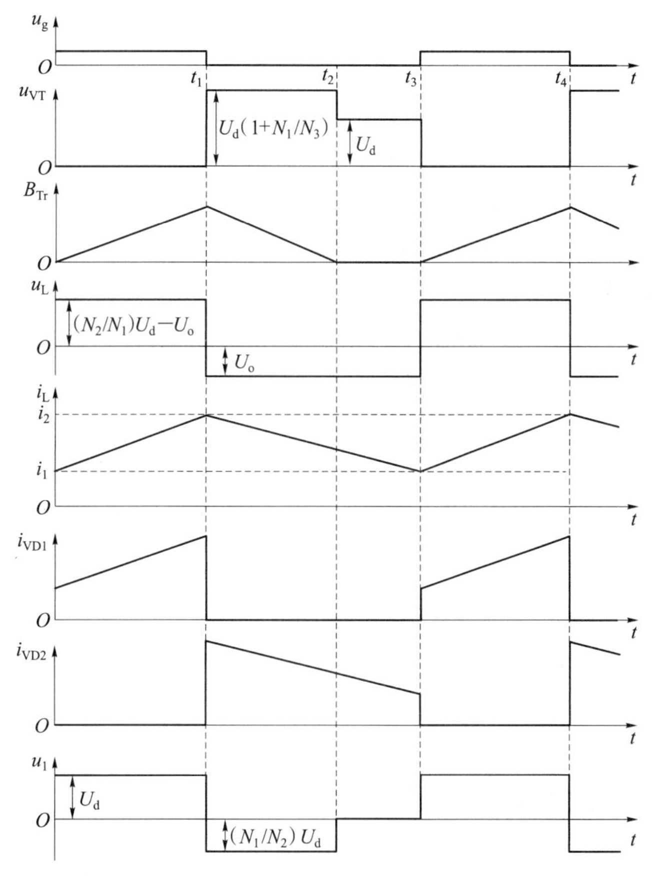

图 3-20　正激式变换电路主要电压和电流波形图(CCM)

在 $t_1 \leqslant t \leqslant t_3$时段，VT 关断，$W_1$中的激磁电流转移到绕组 W_3中续流，VD_3导通，W_3绕组电压为 U_d；由于同名端的关系，W_3绕组的电压具有反向去磁作用，形成磁复位；此时 W_2绕组感应电压导致 VD_1关断，电感 L 续流使 VD_2导通，电感两端电压为$-U_o$。与前面分析类似，对于电感 L 有

$$u_L = L\frac{di_L}{dt} = -U_o \tag{3-82}$$

在 $t_1 \leqslant t \leqslant t_2$时段，绕组 N_1产生下正上负的感应电动势，VT 承受的电压为 $U_d + u_1$，励磁电流在 W_3绕组续流，在 U_d作用下线性减小，导致变压器磁通密度 B_{Tr}线性递减，至 t_2时刻，激磁电流降至零，B_{Tr}也下降为零，磁路复位，VD_3关断，此时全部绕组均无电流，$U_{VT} = U_d$。

由于电路稳态工作，一个周期电感伏秒平衡，电感电流增量为零。该时段波形如图 3-20 中 t_1～t_3段所示。至此完成一个周期的波形分析，其他各周期波形与此相同。

(2) 电感电流连续模式(CCM)下基本工作参数分析

① 输入电压(U_d)与输出电压(U_o)的关系

根据电感伏秒平衡原则，由图 3-20 中 u_L波形得

$$\left(\frac{N_2}{N_1}U_d-U_o\right)DT=U_o(1-D)T$$

解得
$$U_o=D\ \frac{N_2}{N_1}U_d \tag{3-83}$$

式(3-83)表明，正激式变化器输出电压的平均值和降压变换电路一样与 D 成正比，不同的是正激式变化器输出电压的平均值还与匝数比有关。由于匝数比的预调节作用，正激式变化器可以比较方便地应用于输入、输出电压差较大的场合，而不会出现因为输入、输出电压差较大而引起占空比调节范围过小的情况。

② 占空比(D)与变压器各绕组匝数的关系

为避免变压器磁路饱和，每个工作周期内磁路必须复位(即变压器磁链回到初始值)，因此，$0\leqslant t\leqslant t_1$ 时段磁链增量不能大于 $t_1\leqslant t\leqslant t_3$ 阶段磁链最大衰减量。

对于变压器 W_1 绕组，$0\leqslant t\leqslant t_1$ 时段的磁链净增量为
$$\Delta\psi_1=U_dDT \tag{3-84}$$

$t_1\leqslant t\leqslant t_3$ 时段，励磁电感储能经 W_3 绕组释放，变压器开始磁复位，t_3 时刻 W_3 绕组续流恰好结束(t_2 与 t_3 重合)，则此阶段变压器磁链净增量将达到最大，在这种情况下 W_1 绕组磁链最大净增量为

$$\Delta\psi_2=-\frac{N_1}{N_3}U_d(1-D)T \tag{3-85}$$

为了确保磁路复位，必须满足 $\Delta\psi_1+\Delta\psi_2\leqslant 0$，有
$$D\leqslant\frac{N_1}{N_1+N_3} \tag{3-86}$$

这是正激变换电路一个重要的约束条件。

(3) 电感电流断续模式(DCM)下工作波形分析

在电感电流断续模式下，VT 导通前电感电流已经衰减到零，VT 导通时，电感电流从零开始增长。DCM 模式下正激式变换电路主要电压和电流波形图如图 3-21 所示。

在 $0\leqslant t\leqslant t_1$ 时段，VT 导通，二次绕组 W_2 感应正电压导致 VD_1 导通、VD_2 截止，电感电流从零开始线性增长，二次绕组 W_3 感应电压与 U_d 叠加，使 VD_3 截止。

在 $t_1\leqslant t\leqslant t_s$ 时段，VT 关断，绕组 W_1 中的激磁电流转移到绕组 W_3 中续流，VD_3 导通形成磁复位，在 t_2 时刻完成复位；此时 W_2 绕组感应电压使 VD_1 关断，电感 L 续流使 VD_2 导通。

在 $t_s\leqslant t\leqslant t_3$ 时段，VT、VD_1、VD_2、VD_3 截止，电感电流为零，VT 两端压降为输入电压，此时负载电流来自电容放电。自此完成一个周期的工作，在 t_3 后波形再次重复。

(4) 电感电流断续模式(DCM)下基本工作参数分析

根据电感伏秒平衡原则，由图 3-21 中 u_L 波形得
$$\left(\frac{N_2}{N_1}U_d-U_o\right)DT=U_o(t_s-t_1) \tag{3-87}$$

令，$D'=\dfrac{t_s-t_1}{T}$有

$$U_o=\frac{N_2}{N_1}\ \frac{D}{(D'+D)}U_d \tag{3-88}$$

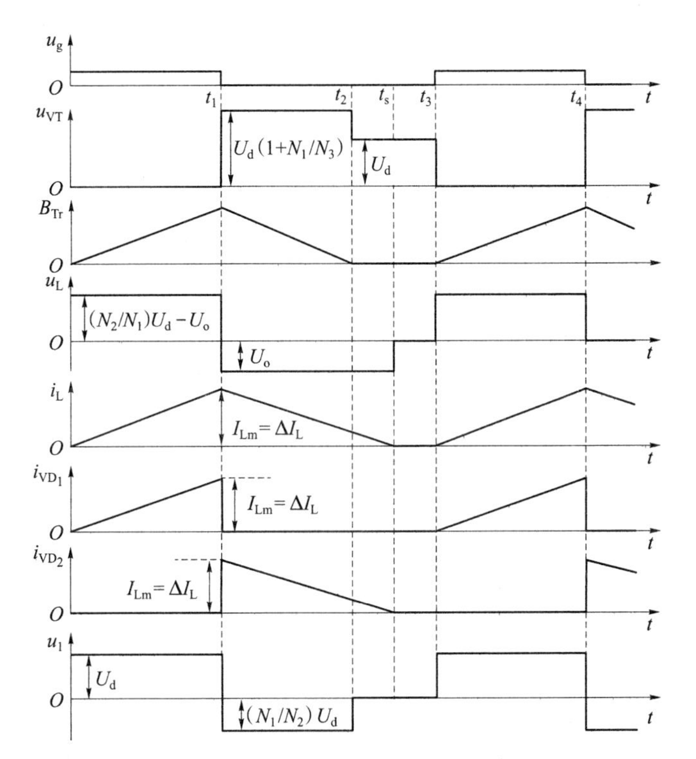

图 3-21　正激式变换电路主要电压和电流波形图(DCM)

根据输出的直流电流 I_o就是电感电流 i_L的平均值有

$$\frac{U_o}{R}=\frac{1}{2}\Delta I_L(D+D') \tag{3-89}$$

根据 $0\leqslant t\leqslant t_1$时段波形及式(3-81)有

$$\Delta I_L=\frac{1}{L}\left(\frac{N_2}{N_1}U_d-U_o\right)DT \tag{3-90}$$

由式(3-88)、式(3-89)、式(3-90)解得

$$U_o=\frac{N_2}{N_1}\ \frac{\sqrt{1+4K}-1}{2K}U_d \tag{3-91}$$

式中，$K-\dfrac{2L}{D^2TR}$。

(5) 正激式变换器电感电流连续临界条件

由图 3-21 可知，电感电流临界连续时，每个周期电感电流都从零开始增长，一个周期结束时，电感电流恰好为零。电感电流临界连续状态时，负载电流 I_o恰好为电感电流 i_L在一个周期内放电电流的平均值，即

$$I_o=\frac{U_o}{R}=\frac{\frac{1}{2}\Delta I_L T}{T}=\frac{1}{2}\Delta I_L=\frac{1}{2}\ \frac{(1-D)TU_o}{L} \tag{3-92}$$

若使电感电流连续，则需 $I_o\geqslant\frac{1}{2}\Delta I_L$，即$\dfrac{U_o}{R}\geqslant\dfrac{1}{2}\ \dfrac{(1-D)TU_o}{L}$。

得
$$L \geqslant \frac{1}{2}(1-D)RT \tag{3-93}$$

3.5.2 反激式变换电路

1. 反激式变化电路基本结构

反激式变换器由开关器件 VT、输出整流二极管 VD、输出滤波电容 C 和高频隔离变压器构成，反激式变换器的电路原理图如图 3-22 所示。由于输入、输出经过高频变压器隔离，具有良好的电气隔离性能。反激式变换器可以看成是将升降压变换电路中的电感换成变压器组 W_1 和 W_2 相互耦合的电感而成，因此，反激式变换电路中的变压器在工作中总是经历着储能—放电过程，这一点与正激式变换器以及后面要介绍的几种隔离型变换器不同。

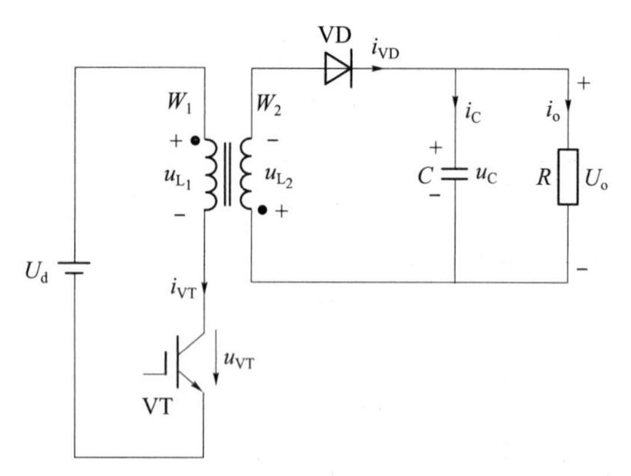

图 3-22 反激式变换器的电路原理图

2. 反激式变换电路的稳态工作过程

设开关工作频率为 f，对应的周期为 T，开关接通的占空比为 D，绕组 W_1 的电感为 L_1，绕组 W_2 的电感为 L_2。与其他直流斩波电路一样，其稳态工作时，也有电感电流连续和断续两种工作模式，下面分别进行分析。

(1) 电感电流连续模式(CCM)下工作波形分析

CCM 模式下反激式变换电路主要电压和电流波形图如图 3-23 所示，在 $0 \leqslant t \leqslant t_1$ 时段，VT 触发导通。根据图 3-22，原边绕组 W_1 的电压 u_{L1} 为上正下负，其大小为 $u_{L1}=U_d$，此时，激磁电流 $i_{L1}(i_{L1}=i_{VT})$ 在 U_d 的作用下线性增长。VD 承受反向电压($u_{L2}+U_o$)截止，滤波电容 C 给负载 R 供电。于是有

$$u_{L_1}=L_1\frac{di_{L_1}}{dt}=U_d \tag{3-94}$$

$$u_{L_2}=L_2\frac{di_{L_2}}{dt}=\frac{N_2}{N_1}U_d \tag{3-95}$$

因电感电流连续，电路稳态工作时，一个开关周期内电感电流始终大于零，该时段波形如图 3-23 中 $0\sim t_1$ 段所示。

在 $t_1 \leqslant t \leqslant t_2$ 时段，VT 关断，W_1 中的激磁电流转移到绕组 W_2 中续流($i_{L_2}=i_{VD}$)，VD 导通，W_1 转移能量到 W_2 中，通过二极管 VD 为电容 C 充电，为负载 R 供电。对于绕组 W_1 和 W_2 有

$$u_{L_2}=L_2\frac{di_{L_2}}{dt}=-U_o \tag{3-96}$$

$$u_{L_1}=\frac{N_1}{N_2}u_{L_2}=-\frac{N_1}{N_2}U_o \tag{3-97}$$

开关 VT 承受的电压为
$$u_{VT}=U_d+\frac{N_1}{N_2}U_o \tag{3-98}$$

由于电路稳态工作，一个周期电感伏秒平衡，电感电流增量为零。该时段波形如图 3-23 中 $t_1 \sim t_2$段所示。至此完成一个周期的波形分析，其他各周期波形与此相同。

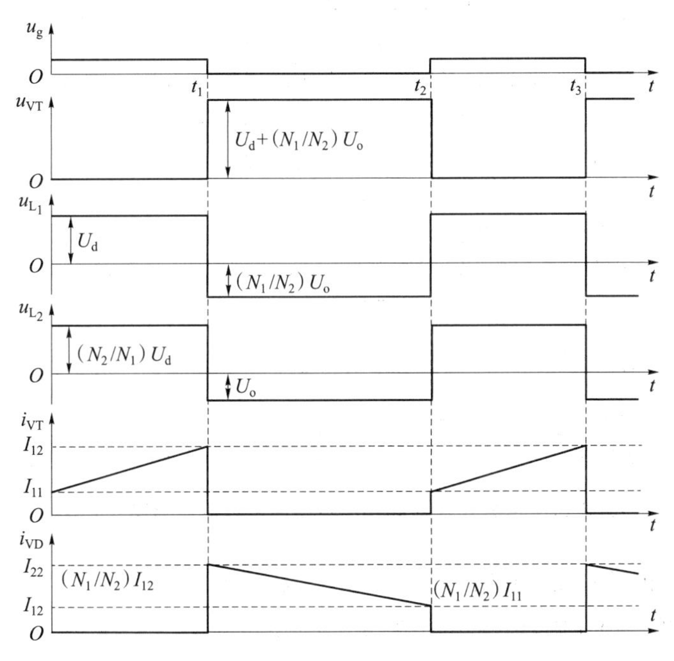

图 3-23　反激式变换电路主要电压和电流波形图(CCM)

(2) 电感电流连续模式(CCM)下基本工作参数分析

根据电感伏秒平衡原则，由图 3-23 中 u_{L_2} 波形得

$$\frac{N_2}{N_1}U_d DT = U_o(1-D)T$$

解得

$$U_o = \frac{N_2}{N_1}\frac{D}{1-D}U_d \tag{3-99}$$

式(3-99)表明反激式变换电路的输入、输出关系和升降压变换电路相似，不同的是还与匝数比有关。与正激式变换电路一样，由于匝数比的预调节作用，该电路可以比较方便地应用于输入、输出电压差比较大的场合。从电路工作过程可以看出，反激式变换电路的电源变压器一方面耦合传递能量，另一方面也作为电感起到滤波的作用。与正激变换电路相比少一个滤波电感，简化了电路结构、减小了电源体积，这是反激式变换电路的一个特点。

(3) 电感电流断续模式(DCM)下工作波形分析

在电感电流断续模式下，VT 导通前电感电流已经衰减到零，VT 导通时，电感电流从零开始增长，DCM 模式下反激式变换电路主要电压和电流波形图如图 3-24 所示。

在 $0 \leqslant t \leqslant t_1$ 时段，VT 导通，VD 截止，一次绕组 W_1 作为电感，电流从零开始线性增长。

在 $t_1 \leqslant t \leqslant t_s$ 时段，VT 关断，绕组 W_1 中的激磁电流转移到绕组 W_2 中续流，VD 导通，电感电流衰减，在 t_s 时刻降为 0。

在 $t_s \leqslant t \leqslant t_2$ 时段，VT、VD 均截止，电感电流为零，VT 两端压降为输入电压，此时负载电流来自电容放电。自此完成一个周期的工作，在 t_2 后波形再次重复。

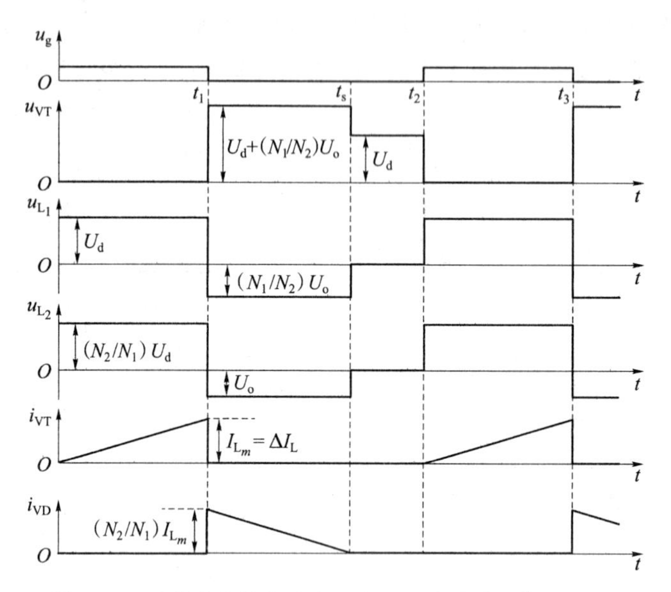

图 3-24　反激式变换电路主要电压和电流波形图(DCM)

(4) 电感电流断续模式(DCM)下基本工作参数分析

根据电感伏秒平衡原则，由图 3-24 中 u_{L_2} 波形得

$$\frac{N_2}{N_1}U_d DT=U_o(t_s-t_1) \tag{3-100}$$

令，$D'=\dfrac{t_s-t_1}{T}$有

$$U_o=\frac{N_2}{N_1}\ \frac{D}{D'}U_d \tag{3-101}$$

根据输出的直流电流 I_o就是电感 L_2电流 i_{L_2}(或二极管电流 i_{VD})的平均值有

$$\frac{U_o}{R}=\frac{1}{2}\ \frac{N_1}{N_2}\Delta I_L D' \tag{3-102}$$

根据 $0\leqslant t\leqslant t_1$时段波形及式(3-94)有

$$\Delta I_L=\frac{1}{L_1}U_d DT=\left(\frac{N_2}{N_1}\right)^2\ \frac{DT}{L_2}U_d \tag{3-103}$$

由式(3-101)、式(3-102)、式(3-103)解得

$$U_o=\frac{N_2}{N_1}\sqrt{\frac{1}{K}}U_d \tag{3-104}$$

式中，$K=\dfrac{2L}{D^2TR}$。

(5) 反激式变换器电感电流连续的临界条件

由图 3-24 可知，电感电流临界连续时，每个周期电感电流都从零开始增长，一个周期结束时，电感电流恰好为零。电感电流临界连续状态时，负载的电流 I_o恰好为二极管电流平均值 I_{VDAV}(电感电流 i_{L2}的平均值)，即

$$I_o=\frac{U_o}{R}=\frac{\frac{1}{2}\Delta I_{L_2}(T-t_1)}{T}=\frac{1}{2}\Delta I_{L_2}(1-D)=\frac{1}{2}\ \frac{(1-D)^2TU_o}{L_2} \tag{3-105}$$

若使电感电流连续，则需 $I_o\geqslant\frac{1}{2}\Delta I_L(1-D)$，即$\frac{U_o}{R}\geqslant\frac{1}{2}\ \frac{(1-D)^2TU_o}{L_2}$。

解得

$$L_2\geqslant\frac{1}{2}(1-D)^2RT \tag{3-106}$$

3.6 其他典型的隔离直流-直流变换电路

设开关工作频率为 f，对应的周期为 T，每个开关接通的占空比为 D。其他典型的隔离直流-直流变换电路也存在电感电流连续和电感电流断续两种工作模式，下面只对其他典型的隔离直流-直流变换电路电感电流连续模式进行分析。

3.6.1 半桥变换电路

1. 半桥变换电路的基本结构

半桥变换电路原理图如图 3-25 所示。变压器为具有中间抽头的高频变压器，原边绕组 W_1 的匝数为 N_1，副边绕组 W_{21} 和 W_{22} 匝数相等，均为 N_2，绕组的同名端如图 3-25 所示。2 个相等的电容 C_1 和 C_2 构成一个桥臂，由于电容 C_1 和 C_2 的容量大，故 $U_{C1}=U_{C2}=U_d/2$。开关 VT_1 和 VT_2 构成另一个桥臂，且交替导通。变压器右侧的整流电路采用由二极管 VD_1 和 VD_2 构成的全波整流电路，L 为输出滤波电感，C 为输出滤波电容。

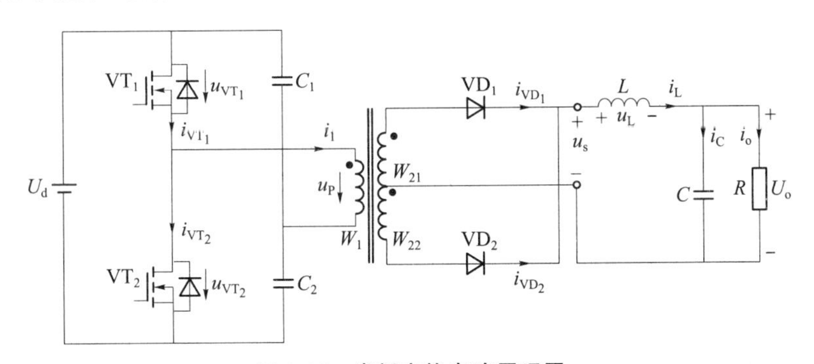

图 3-25　半桥变换电路原理图

2. 半桥变换电路稳态工作过程分析

(1) 电感电流连续模式(CCM)下工作波形分析

半桥变换电路工作在电感电流连续模式时，在一个开关周期内电路经历开关 VT_1 导通、开关全部关断、开关 VT_2 导通、开关全部关断 4 个开关状态。分别对应 $0\sim t_1$，$t_1\sim t_2$，$t_2\sim t_3$，$t_3\sim t_4$ 这 4 个时段。CCM 模式下半桥变换电路主要电压和电流波形图如图 3-26 所示。

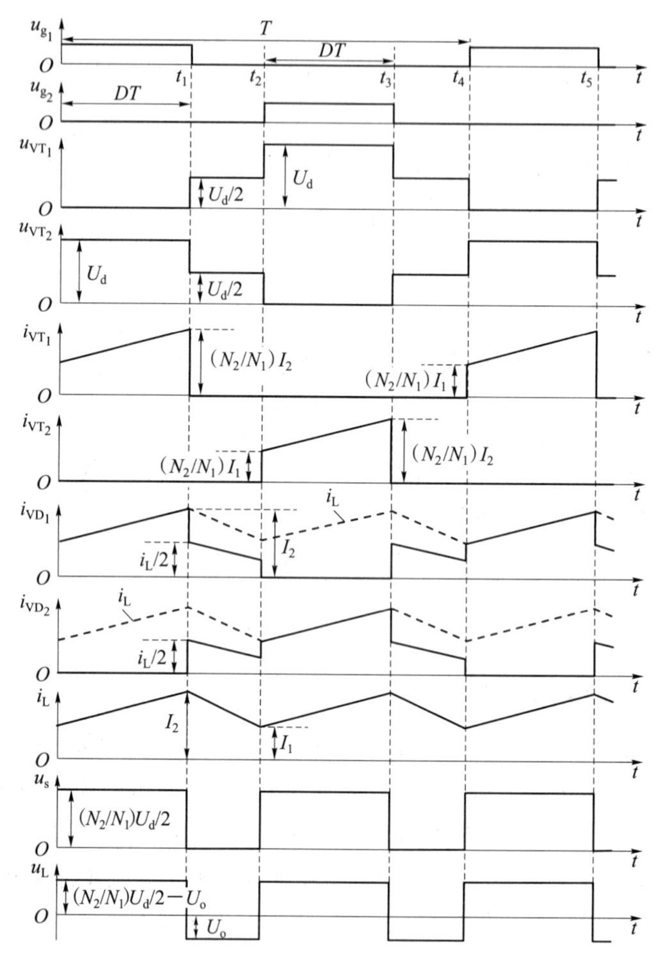

图 3-26　半桥变换电路主要电压和电流波形图(CCM)

$0 \leqslant t \leqslant t_1$时段，开关 VT_1导通，VT_2关断。根据图 3-25，电容 C_1电压$(U_d/2)$加到原边绕组 W_1两端，根据绕组间同名端关系，二极管 VD_1正向偏置导通，二极管 VD_2反向偏置截止，电感 L 电流 i_L流经副边绕组 W_{21}、二极管 VD_1、输出滤波电容 C 及负载 R，为滤波电感 L 和滤波电容 C 充电储能，为负载 R 供电，电感电流 i_L线性上升。有

$$u_L = L\frac{di_L}{dt} = \frac{N_2}{N_1}\frac{U_d}{2} - U_o \tag{3-107}$$

因电感电流连续，电路稳态工作时，一个开关周期内电感电流始终大于零，该时段波形如图 3-26 中 $0 \sim t_1$段所示。

$t_1 \leqslant t \leqslant t_2$时段，开关 VT_1和 VT_2均关断，原边绕组 W_1中的电流为 0，电感 L 通过二极管 VD_1和 VD_2续流，每个二极管流过电感电流的 1/2，即 $i_{VD_1} = i_{VD_2} = i_L/2$。电感 L 电流 i_L线性下降。有

$$u_L = L\frac{di_L}{dt} = -U_o \tag{3-108}$$

$t_2 \leqslant t \leqslant t_3$时段，开关 VT_2导通，开关 VT_1关断，电容 C_2电压$(U_d/2)$加到原边绕组 W_1两端，根据绕组间同名端关系，二极管 VD_2为正向偏置导通，二极管 VD_1反向偏置截止，电感

L 电流 i_L 流经副边绕组 W_{22}、二极管 VD_2、输出滤波电容 C 及负载 R，为滤波电感 L 和滤波电容 C 充电储能，为负载 R 供电，电感电流 i_L 线性上升。电感电压方程与式(3-107)一致。

$t_3 \leqslant t \leqslant t_4$ 时段，与 $t_1 \leqslant t \leqslant t_2$ 时段工作过程相同。

至此完成一个周期的波形分析，其他各周期波形与此相同。

(2) 电感电流连续模式(CCM)下基本工作参数分析

根据电感伏秒平衡原则，由图 3-26 中 u_L 波形得

$$\left(\frac{N_2}{N_1}\frac{U_d}{2}-U_o\right)t_1=U_o\left(\frac{T}{2}-t_1\right)$$

解得

$$U_o=\frac{N_2}{N_1}DU_d \tag{3-109}$$

(3) 半桥变换器电感电流连续的临界条件

由图 3-26 可知，电感电流临界连续时，每个周期电感电流都从零开始增长，一个周期结束时，电感电流恰好为零。电感电流临界连续状态时，负载的电流 I_o 恰好为电感电流 i_L 的平均值，即

$$I_o=\frac{U_o}{R}=\frac{\frac{1}{2}\Delta I_L\left(\frac{T}{2}-t_1\right)}{\frac{T}{2}}=\frac{1}{2}\Delta I_L=\frac{1}{2}\ \frac{(1-2D)TU_o}{2L} \tag{3-110}$$

若使电感电流连续，则需 $I_o \geqslant \frac{1}{2}\Delta I_L$，即：$\frac{U_o}{R} \geqslant \frac{1}{2}\ \frac{(1-2D)TU_o}{2L}$。

解得

$$L \geqslant \frac{1}{4}(1-2D)RT \tag{3-111}$$

3.6.2 全桥变换电路

1. 全桥变换电路的基本结构

全桥变换电路原理图如图 3-27 所示。变压器原边绕组 W_1 的匝数为 N_1，副边绕组 W_{21} 和 W_{22} 匝数相等，均为 N_2，绕组的同名端如图 3-27 所示。开关 VT_1、VT_2 和 VT_3、VT_4 分别构成一个桥臂。互为对角的 2 个开关同时导通，而同一桥臂的 2 个开关交替导通。加在变压器一次绕组的电压为 U_d。变压器右侧的整流电路仍采用由二极管 VD_1 和 VD_2 构成的全波整流电路，L 为输出滤波电感，C 为输出滤波电容。

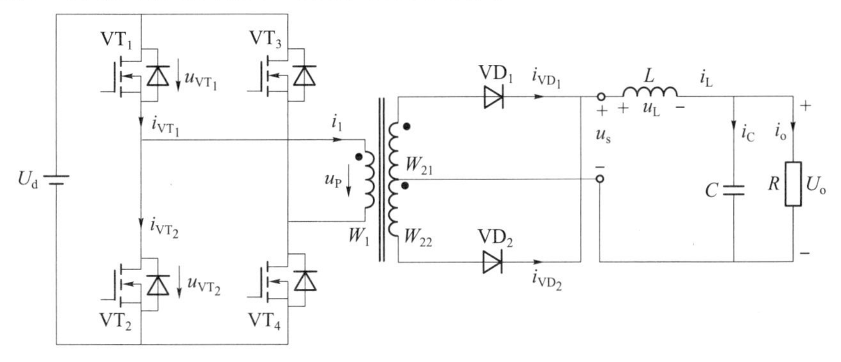

图 3-27　全桥变换电路原理图

2. 全桥变换电路稳态工作过程分析

(1) 电感电流连续模式(CCM)下工作波形分析

全桥变换电路工作在电感电流连续模式时,在一个开关周期内电路经历开关 VT_1 和 VT_2 导通、开关全部关断、开关 VT_3 和 VT_4 导通、开关全部关断 4 个开关状态。分别对应 $0\sim t_1$, $t_1\sim t_2$, $t_2\sim t_3$, $t_3\sim t_4$ 这 4 个时段。CCM 模式下全桥变换电路主要电压和电流波形图如图 3-28 所示。

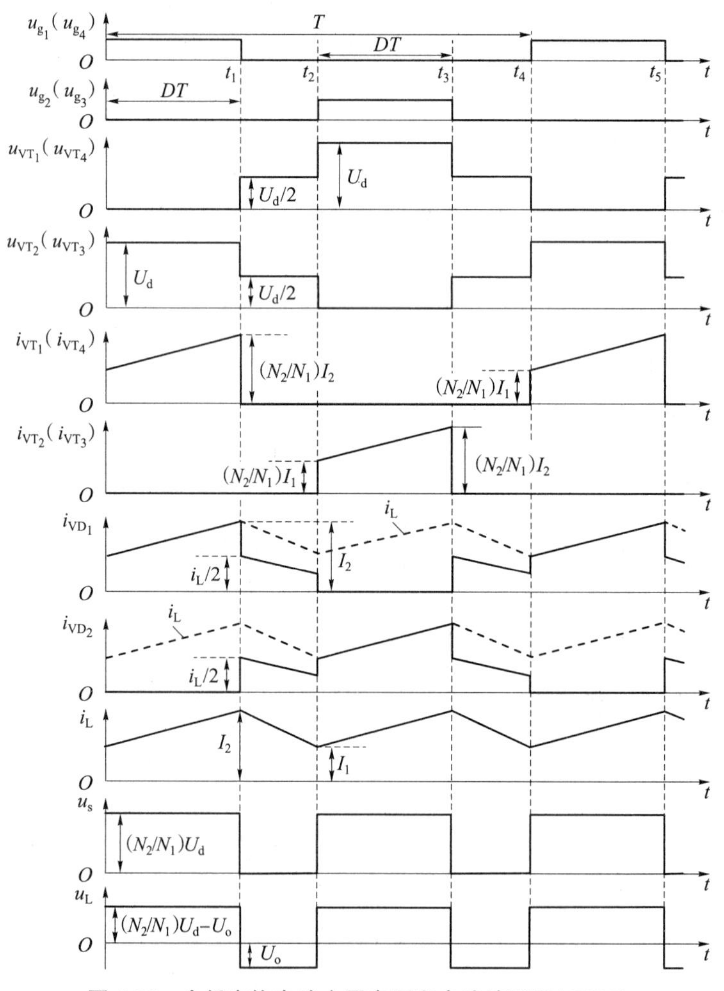

图 3-28　全桥变换电路主要电压和电流波形图(CCM)

$0\leqslant t\leqslant t_1$ 时段,开关 VT_1 和 VT_4 导通,VT_2 和 VT_3 关断。根据图 3-17,电源电压 U_d 加到原边绕组 W_1 两端,根据绕组间同名端关系,二极管 VD_1 正向偏置导通,二极管 VD_2 反向偏置截止,电感 L 电流 i_L 流经副边绕组 W_{21}、二极管 VD_1、输出滤波电容 C 及负载 R,为滤波电感 L 和滤波电容 C 充电储能,为负载 R 供电,电感电流 i_L 线性上升,有

$$u_L = L\frac{di_L}{dt} = \frac{N_2}{N_1}U_d - U_o \tag{3-112}$$

因电感电流连续,电路稳态工作时,一个开关周期内电感电流始终大于零,该时段波形如图 3-28 中 $0\sim t_1$ 段所示。

$t_1 \leqslant t \leqslant t_2$ 时段,开关 $VT_1 \sim VT_4$ 均关断,原边绕组 W_1 中的电流为 0,电感 L 通过二极管 VD_1 和 VD_2 续流,每个二极管流过电感电流的 1/2,即 $i_{VD_1}=i_{VD_2}=i_L/2$。电感 L 电流 i_L 线性下降。有

$$u_L = L\,\frac{\mathrm{d}i_L}{\mathrm{d}t} = -U_o \tag{3-113}$$

$t_2 \leqslant t \leqslant t_3$ 时段,开关 VT_1 和 VT_4 关断,VT_2 和 VT_3 导通,电源电压 U_d 加在原边绕组 W_1 两端,根据绕组间同名端关系,二极管 VD_2 正向偏置导通,二极管 VD_1 反向偏置截止,电感 L 电流 i_L 流经副边绕组 W_{22}、二极管 VD_2、输出滤波电容 C 及负载 R,为滤波电感 L 和滤波电容 C 充电储能,为负载 R 供电,电感电流 i_L 线性上升。电感电压方程与式(3-112)一致。

$t_3 \leqslant t \leqslant t_4$ 时段,与 $t_1 \leqslant t \leqslant t_2$ 时段工作过程相同。

至此完成一个周期的波形分析,其他各周期波形与此相同。

(2) 电感电流连续模式(CCM)下基本工作参数分析

根据电感伏秒平衡原则,由图 3-28 中 u_L 波形得

$$\left(\frac{N_2}{N_1}U_d - U_o\right)t_1 = U_o\left(\frac{T}{2} - t_1\right)$$

解得

$$U_o = \frac{2N_2}{N_1}DU_d \tag{3-114}$$

(3) 全桥变换器电感电流连续的临界条件

由图 3-28 可知,电感电流临界连续时,每个周期电感电流都从零开始增长,一个周期结束时,电感电流恰好为零。电感电流临界连续状态时,负载的电流 I_o 恰好为电感电流 i_L 的平均值,即

$$I_o = \frac{U_o}{R} = \frac{\frac{1}{2}\Delta I_L\left(\frac{T}{2} - t_1\right)}{\frac{T}{2}} = \frac{1}{2}\Delta I_L = \frac{1}{2}\,\frac{(1-2D)TU_o}{2L} \tag{3-115}$$

若使电感电流连续,则需 $I_o \geqslant \frac{1}{2}\Delta I_L$,即 $\frac{U_o}{R} \geqslant \frac{1}{2}\,\frac{(1-2D)TU_o}{2L}$。

解得

$$L \geqslant \frac{1}{4}(1-2D)RT \tag{3-116}$$

3.6.3 推挽变换电路

1. 推挽变换电路的基本结构

推挽变换电路原理图如图 3-29 所示。变压器是具有中间抽头的变压器,原边绕组 W_{11} 和 W_{12} 匝数相等,均为 N_1,副边绕组 W_{21} 和 W_{22} 匝数相等,均为 N_2,绕组的同名端如图 3-29 所示。开关 VT_1 和 VT_2 交替导通,开关导通时,加在变压器一次绕组的电压为 U_d。变压器右侧的整流电路仍采用由二极管 VD_1 和 VD_2 构成的全波整流电路,L 为输出滤波电感,C 为输出滤波电容。

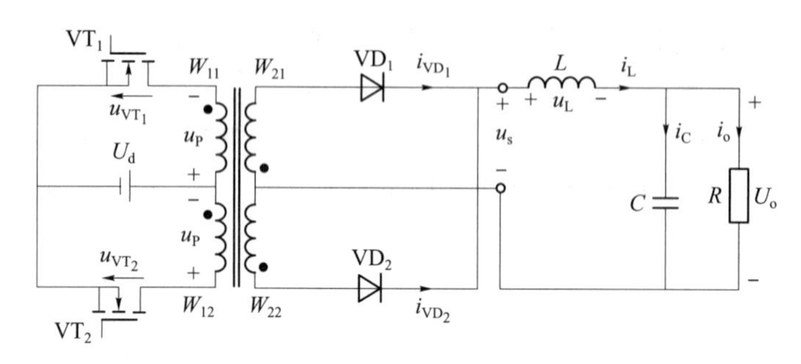

图 3-29 推挽变换电路原理图

2. 推挽变换电路稳态工作过程分析

(1) 电感电流连续模式(CCM)下工作波形分析

推挽式变换电路工作在电感电流连续模式时,在一个开关周期内电路经历开关 VT_1 导通、开关全部关断、开关 VT_2 导通、开关全部关断 4 个开关状态。分别对应 $0\sim t_1$,$t_1\sim t_2$,$t_2\sim t_3$,$t_3\sim t_4$ 这 4 个时段。CCM 模式下推挽变换电路主要电压和电流波形图如图 3-30 所示。

$0\leqslant t\leqslant t_1$ 时段,开关 VT_1 导通,VT_2 关断。根据图 3-29,电源电压 U_d 加到原边绕组 W_{11} 两端,根据绕组间同名端关系,二极管 VD_1 正向偏置导通,二极管 VD_2 反向偏置截止,电感 L 电流 i_L 流经副边绕组 W_{21}、二极管 VD_1、输出滤波电容 C 及负载 R,为滤波电感 L 和滤波电容 C 充电储能,为负载 R 供电,电感电流 i_L 线性上升,有

$$u_L=L\frac{di_L}{dt}=\frac{N_2}{N_1}U_d-U_o \tag{3-117}$$

因电感电流连续,电路稳态工作时,一个开关周期内电感电流始终大于零,该时段波形如图 3-30 中 $0\sim t_1$ 段所示。

$t_1\leqslant t\leqslant t_2$ 时段,开关 VT_1 和 VT_2 均关断,原边绕组 W_{11} 中的电流为 0,电感 L 通过二极管 VD_1 和 VD_2 续流,每个二极管流过电感电流的 1/2,即 $i_{VD_1}=i_{VD_2}=i_L/2$。电感 L 电流 i_L 线性下降,有

$$u_L=L\frac{di_L}{dt}=-U_o \tag{3-118}$$

$t_2\leqslant t\leqslant t_3$ 时段,开关 VT_1 关断,VT_2 导通,电源电压 U_d 加到原边绕组 W_{12} 两端,根据绕组间同名端关系,二极管 VD_2 为正向偏置导通,二极管 VD_1 反向偏置截止,电感 L 电流 i_L 流经副边绕组 W_{22}、二极管 VD_2、输出滤波电容 C 及负载 R,为滤波电感 L 和滤波电容 C 充电储能,为负载 R 供电,电感电流 i_L 线性上升。电感电压方程与式(3-117)一致。

$t_3\leqslant t\leqslant t_4$ 时段,与 $t_1\leqslant t\leqslant t_2$ 时段工作过程相同。至此完成一个周期的波形分析,其他各周期波形与此相同。

(2) 电感电流连续模式(CCM)下基本工作参数分析

根据电感伏秒平衡原则,由图 3-30 中 u_L 波形得

$$\left(\frac{N_2}{N_1}U_d-U_o\right)t_1=U_o\left(\frac{T}{2}-t_1\right)$$

解得

$$U_o=\frac{2N_2}{N_1}DU_d \tag{3-119}$$

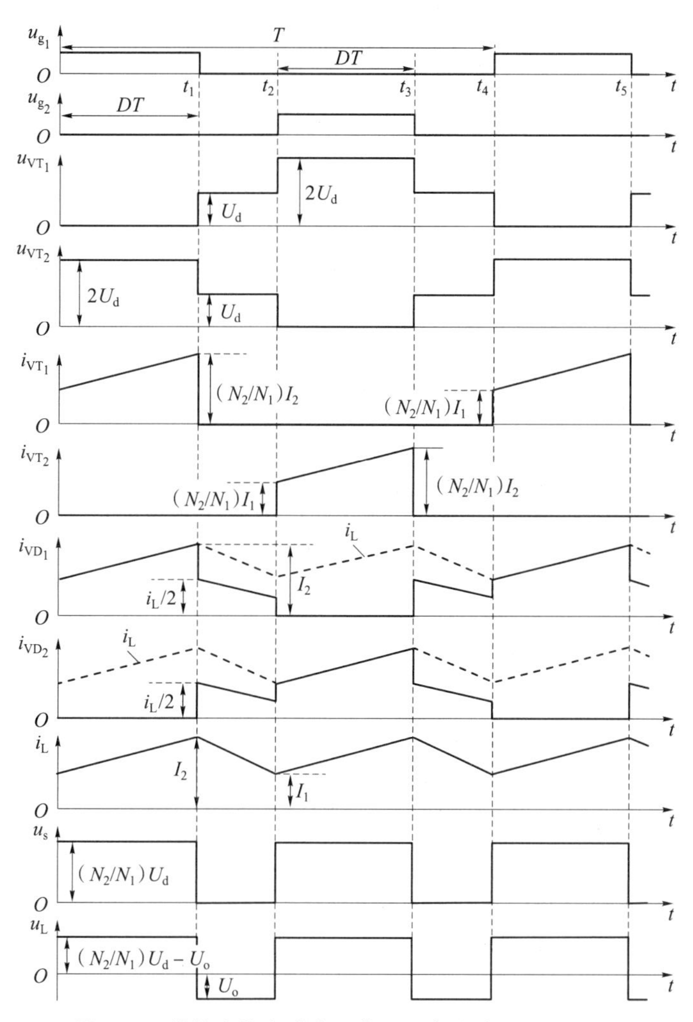

图 3-30　推挽变换电路主要电压和电流波形图(CCM)

（3）推挽变换电路电感电流连续的临界条件

由图 3-30 可知，电感电流临界连续时，每个周期电感电流都从零开始增长，一个周期结束时，电感电流恰好为零。电感电流临界连续状态时，负载的电流 I_o 恰好为电感电流 i_L 的平均值。

即
$$I_o=\frac{U_o}{R}=\frac{\frac{1}{2}\Delta I_L\left(\frac{T}{2}-t_1\right)}{\frac{T}{2}}=\frac{1}{2}\Delta I_L=\frac{1}{2}\ \frac{(1-2D)TU_o}{2L} \tag{3-120}$$

若使电感电流连续，则需 $I_o\geqslant\frac{1}{2}\Delta I_L$，即$\frac{U_o}{R}\geqslant\frac{1}{2}\ \frac{(1-2D)TU_o}{2L}$。

解得
$$L\geqslant\frac{1}{4}(1-2D)RT \tag{3-121}$$

本章习题

1. 画出降压变换电路和升压变换电路原理图，简述其工作原理。

2. 在图 3-2 所示的降压式变换电路中，已知 $U_d=100$ V，$R=10$ Ω，$L=\infty$，$C=\infty$，采用 PWM 控制方式，当 $T=50$ μs，$t_{on}=20$ μs，试计算输出电压平均值 U_o 和输出电流平均值 I_o。

3. 在图 3-2 所示的降压式变换电路中，已知 $U_d=12$ V，$U_o=5$ V，开关频率 $f=100$ kHz，$C=330$ μF，采用 PWM 控制方式，工作在电流连续模式。试计算：

(1) 占空比 D 和电感纹波电流 Δi_L；

(2) 当输出电流为 1 A 时，保证电感电流连续的临界电感值 L；

(3) 输出电压的纹波 ΔU_o。

4. 在图 3-7 所示的升压式变换电路中，已知 $U_d=50$ V，$L=\infty$，$C=\infty$，$R=20$ Ω，采用 PWM 控制方式，当 $T=40$ μs，$t_{on}=25$ μs，试计算输出电压平均值 U_o 和输出电流平均值 I_o。

5. 设计一个升压式变换电路。已知 $U_d=3$ V，$U_o=15$ V，$I_o=2$ A，开关频率 120 kHz，工作于电流连续模式，要求电感纹波电流 $\Delta i_L \leqslant 0.01$ A，输出电压的纹波 $\Delta U_o \leqslant 10$ mV，试计算电感的最小取值和电容的最小取值。

6. 为什么直流变换电路输入、输出电压差别很大时，常常采用正激或反激变换电路，而不用降压式变换电路或升压式变换电路？

7. 简述升降压式变换电路和库克变换电路的工作原理。

8. 简述 Zeta 变换电路和 Spice 变换电路的工作原理。

9. 画出正激和反激变换电路的原理图，简述其工作原理及特点。

10. 简述正激式变换电路中磁芯磁复位的必要性。

11. 简述推挽、半桥和全桥变换电路的工作原理。

第4章　交流-直流变换电路

交流-直流变换电路又称为整流电路(以下称整流电路),是利用电力电子器件的开通和关断,将交流电能(AC)变为直流电能(DC)的电路。整流电路应用领域非常广泛。例如将交流电变换成电压大小可调的直流电,用于直流电动机调速;变换成恒定或可调的直流电为蓄电池充电;变换成低压大电流的直流电用于电解、电镀以及电子和通信系统中的基础电源等。

本章在分析和研究二极管不控整流电路、晶闸管相控整流电路的结构形式、工作原理、工作波形基础上,对不同性质负载下运行参数进行分析。

4.1　整流电路分类

整流电路形式繁多,各具特点,可从不同角度进行分类。主要分类方法有以下4种。

1. 按整流器件分类

(1) 全控整流电路。整流器件由可控器件组成(如SCR、GTR、GTO、IGBT等),其输出直流电压的平均值及极性可以通过控制器件的导通(或关断)进行调节。在全控整流电路中,功率可以由电源向负载传送,也可由负载侧反馈给电源。

(2) 半控整流电路。整流器件由不控器件(整流二极管)和可控器件(如晶闸管)混合组成,输出直流电压极性不能改变,但平均值可以调节。

(3) 不可控整流电路。整流器件由不控器件(整流二极管)组成,其输出直流电压的平均值和输入交流电压的有效值之比是固定不变的。

2. 按控制方式分类

(1) 相控整流电路。采用晶闸管作为主要的功率开关器件,通过控制晶闸管触发脉冲起始相位来控制输出电压大小。相控电路容量大、控制简单、技术成熟。

(2) PWM整流电路。PWM整流技术是近年来发展的一种新型交流-直流变换技术,整流器件采用全控器件,因其优良的性能得到了越来越多的应用。PWM整理电路可分为电压型和电流型两大类，目前研究和应用较多的是电压型 PWM 整流电路。由于 PWM 整流电路可以看成是把逆变电路中的 SPWM 技术移植到整流电路中而形成的，本章对 PWM 整流电路不做详细介绍。

3. 按电路结构分类

(1) 半波整流电路。整流器件的阴极(或阳极)全部连接在一起，并接到负载的一端，负载的另一端与电源相连，在半波整流电路中，每条交流电源线中电流是单一方向的，负载上得到的最大电压波形是电源电压波形一半，通过控制触发脉冲起始相位来控制输出电压大小。半波整流电路控制简单，但电源利用率低。

(2) 全波整流电路。整流器件一组接成共阴极，另一组接成共阳极，分别接到负载的两端，负载上得到的最大电压波形是电源电压完整波形，通过控制触发脉冲起始相位来控制输出电压大小。在全波整流电路中，每条交流电源线中的电流是交变的，其控制较复杂，但电源利用率高。

4. 按交流电源相数分类

分为单相整流、三相整流和多相整流电路。

虽然整流电路形式繁多，但分析的步骤和方法却大致相同。

4.2 二极管整流电路

二极管整流电路又称不可控整流电路，主要分为单相半波、单相桥式、三相半波和三相桥式整流电路等形式，其中比较常用的是单相和三相桥式整流电路。单相桥式整流电路常用于小功率单相交流输入的场合。目前微型计算机、电视机等家电产品所采用的开关电源中，其整流部分大多采用单相桥式二极管整流电路。

4.2.1 单相桥式二极管整流电路

1. 电阻性负载工作分析

1) 电路工作原理及稳态工作波形分析

设变压器二次侧正弦交流电源电压为 $u_2=\sqrt{2}U_{2\mathrm{rms}}\sin\omega t V$，负载阻值 R，单相桥式二极管整流电路电阻负载原理图如图 4-1(a)所示，主要变量稳态工作波形如图 4-1(b)所示。

在正弦交流电源 u_2 的正半周，二极管 VD_1、VD_4 导通，加在负载 R 上的电压为 u_2 的正半波。在正弦交流电源 u_2 的负半波，二极管 VD_2、VD_3 导通，加在负载 R 上的电压为 u_2 负半波。负载 R 上得到脉动的直流电压，一个周期脉动两次，这样就把正弦波交流电压变成了脉动的直流电压。

正弦交流电源 u_2 过零点，恰好对应着两对桥臂上二极管导通或阻断的切换点。例如，在 π 时刻，二极管 VD_1、VD_4 由导通转为阻断，VD_2、VD_3 由阻断转为导通。在 2π 时刻，VD_2、VD_3 由导通转为阻断，VD_1、VD_4 由阻断转为导通，器件的这种切换称为换流或换相，对应的切换点(相应的时刻)称为换流点或换相点。

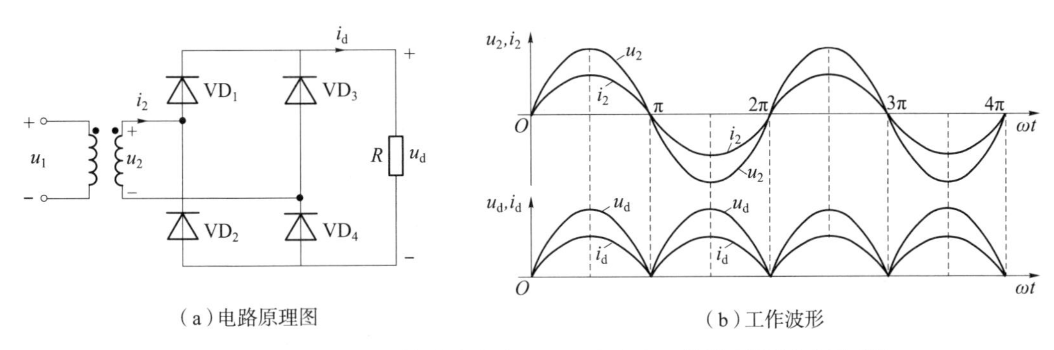

（a）电路原理图　　（b）工作波形

图 4-1　单相桥式二极管整流电路原理图及稳态工作波形图(电阻负载)

由于电路中二极管为不可控器件，其通断完全由加在管子上的电压决定，因此在电路中二极管的开通和关断是随着外加电源电压的交变而自然切换，换流时刻通常称为自然换流点或自然换相点。自然换流点是后续晶闸管相控电路中一个很重要的概念，对于任何一个晶闸管相控电路，把电路中的晶闸管换为二极管，此时电路的换流点即为该晶闸管相控电路的自然换流点。

电阻负载的特点是电阻上的电压与电流成正比，两者的波形形状相同。

2）基本运行参数分析

（1）输出直流电压平均值

$$U_{\mathrm{dav}}=\frac{1}{\pi}\int_0^{\pi}\sqrt{2}U_{\mathrm{2rms}}\sin\omega t\,\mathrm{d}(\omega t)=\frac{2\sqrt{2}}{\pi}U_{\mathrm{2rms}}\approx 0.9U_{\mathrm{2rms}} \tag{4-1}$$

（2）负载直流电流平均值

$$I_{\mathrm{dav}}=\frac{U_{\mathrm{dav}}}{R}\approx\frac{0.9U_{\mathrm{2rms}}}{R} \tag{4-2}$$

（3）负载电流的有效值，即输入电流的有效值

$$I_{\mathrm{2rms}}=\sqrt{\frac{1}{\pi}\int_0^{\pi}\left(\frac{\sqrt{2}U_{\mathrm{2rms}}\sin\omega t}{R}\right)^2\mathrm{d}(\omega t)}=\frac{U_{\mathrm{2rms}}}{R} \tag{4-3}$$

（4）流过二极管的电流有效值

$$I_{\mathrm{VDrms}}=\sqrt{\frac{1}{2\pi}\int_0^{\pi}\left(\frac{\sqrt{2}U_{\mathrm{2rms}}\sin\omega t}{R}\right)^2\mathrm{d}(\omega t)}=\frac{U_{\mathrm{2rms}}}{\sqrt{2}R} \tag{4-4}$$

（5）二极管承受反向电压最大值

每个二极管承受的反向电压最大值为变压器二次电压最大值，即$\sqrt{2}U_{\mathrm{2rms}}$。

2. 阻容性负载工作分析

带阻容性负载的二极管整流电路又称带电容滤波的二极管整流电路。该电路是一种非常常见的电路结构，多用于为电压源型逆变器、DC-DC 变换器等提供直流电源。带电容滤波的单相桥式整流电路原理图如图 4-2(a)所示，主要变量稳态工作波形如图 4-2(b)所示。由于电容两端的电压不能突变，利用电容 C 对整流电压进行滤波，使直流输出电压变平滑。

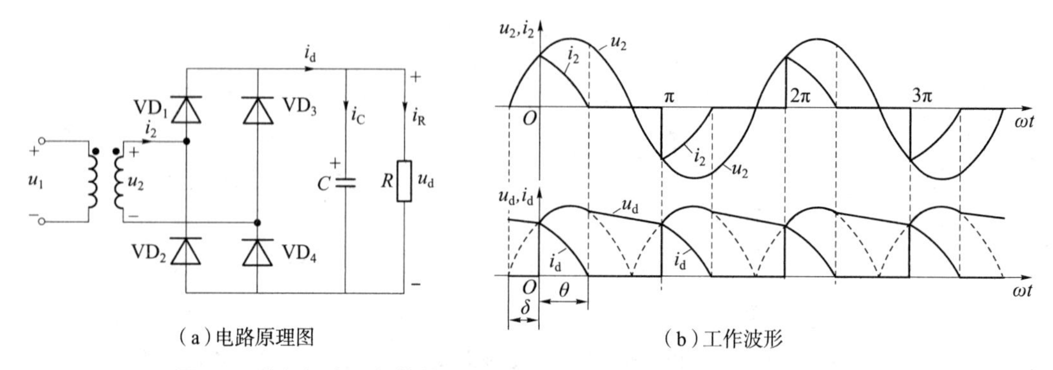

（a）电路原理图（b）工作波形

图 4-2 单相桥式二极管整流电路原理图及稳态工作波形图(阻容负载)

1）电路工作原理及稳态工作波形分析

在 u_2 正半周过零点至 $\omega t=0$ 期间，因 $u_2 < u_d$，故二极管均不导通，此阶段电容 C 向 R 放电，由电容 C 提供负载所需电流，同时 u_d 下降。至 $\omega t=0$ 之后，u_2 将超过 u_d，使得 VD_1 和 VD_4 开通，$u_d=u_2$，交流电源 u_2 向电容 C 充电，同时向负载 R 供电。

设 VD_1 和 VD_4 导通的时刻与 u_2 过零点相距 δ 角，则

$$u_2=\sqrt{2}U_{2\mathrm{rms}}\sin(\omega t+\delta) \tag{4-5}$$

在 VD_1 和 VD_4 导通期间，以下方程成立：

$$\begin{cases} u_d(0)=\sqrt{2}U_{2\mathrm{rms}}\sin\delta \\ u_d(0)+\dfrac{1}{C}\displaystyle\int_0^t i_C\,\mathrm{d}t=u_2 \end{cases} \tag{4-6}$$

式中，$u_d(0)$ 为 VD_1 和 VD_4 开始导通时刻直流侧电压值。

将 u_2 代入(4-6)解得

$$i_C=\sqrt{2}\omega CU_{2\mathrm{rms}}\cos(\omega t+\delta) \tag{4-7}$$

因负载 R 的电流为

$$i_R=\frac{u_2}{R}=\frac{\sqrt{2}U_{2\mathrm{rms}}}{R}\sin(\omega t+\delta) \tag{4-8}$$

于是有

$$i_d=i_C+i_R=\sqrt{2}\omega CU_{2\mathrm{rms}}\cos(\omega t+\delta)+\frac{\sqrt{2}U_{2\mathrm{rms}}}{R}\sin(\omega t+\delta) \tag{4-9}$$

设 VD_1 和 VD_4 的导通角为 θ，当 $\omega t=\theta$ 时，VD_1 和 VD_4 关断，电容电压为 $u_d=u_2=\sqrt{2}U_{2\mathrm{rms}}\sin(\theta+\delta)$。令式(4-9)中 $i_d(\theta)=0$，可得

$$\tan(\theta+\delta)=-\omega RC \tag{4-10}$$

在 $\omega t=\theta$ 之后，电容开始以时间常数 RC 按指数函数放电，有

$$u_d=\sqrt{2}U_{2\mathrm{rms}}\sin(\theta+\delta)\mathrm{e}^{-\frac{t-\theta/\omega}{RC}}=\sqrt{2}U_{2\mathrm{rms}}\sin(\theta+\delta)\mathrm{e}^{-\frac{\omega t-\theta}{\omega RC}}$$

整个电路稳态工作情况下，整流波形周期为 π，因此，当 $\omega t=\pi$ 时，u_d 降至开始充电时的初值，有

$$\sqrt{2}U_{2\mathrm{rms}}\sin(\theta+\delta)\mathrm{e}^{-\frac{\pi-\theta}{\omega RC}}=\sqrt{2}U_{2\mathrm{rms}}\sin\delta \tag{4-11}$$

因 $\delta+\theta$ 为第二象限角，由式(4-10)和式(4-11)得

$$\pi-\theta=\delta+\arctan(\omega RC) \tag{4-12}$$

即

$$\frac{\omega RC}{\sqrt{1+(\omega RC)^2}}\mathrm{e}^{-\frac{\arctan(\omega RC)}{\omega RC}}\mathrm{e}^{-\frac{\delta}{\omega RC}}=\sin\delta \tag{4-13}$$

在 ωRC 已知时，可由式(4-13)求出 δ，进而由式(4-12)求出 θ。显然 δ 和 θ 仅由 ωRC 决定。δ 和 θ 角随 ωRC 变化的曲线图如图 4-3 所示。

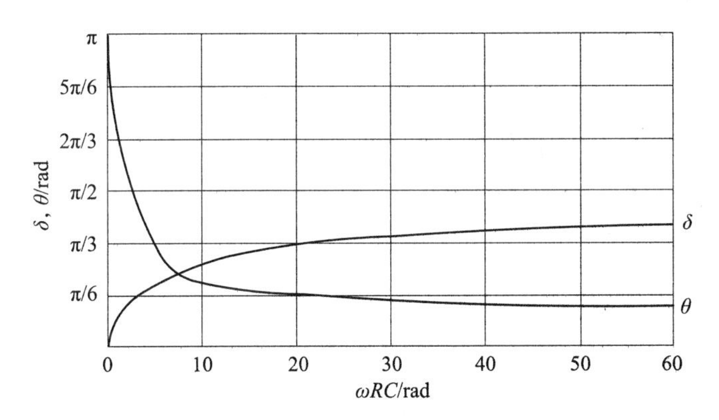

图 4-3　δ 和 θ 角随 ωRC 变化的曲线图

2）基本运行参数分析

(1) 输出电压平均值

重载时，R 非常小，电容放电非常快，几乎失去储能作用，输出的直流电压 U_{dav} 趋向于电阻型负载的特性，即 U_{dav} 趋近于 $0.9U_{\mathrm{2rms}}$。

空载时，$R\to\infty$，相当开路，$U_{\mathrm{dmax}}=\sqrt{2}U_{\mathrm{2max}}$。

设计电路时，要根据负载的实际情况，利用 $RC\geqslant(3\sim5)T/2$ 选择 C（T 为交流电源的周期）。输出直流电压平均值为

$$U_{\mathrm{dav}}\approx1.2U_{\mathrm{2rms}} \tag{4-14}$$

(2) 负载 R 电流平均值

整流桥输出电流平均值（即输出直流电流）为

$$I_{\mathrm{dav}}=\frac{U_{\mathrm{dav}}}{R} \tag{4-15}$$

稳态时，电容 C 在一个电源周期内吸收能量和释放能量相等，其电压平均值保持不变。相应地，流经电容的电流在一周期内平均值为零，又由 $i_{\mathrm{d}}=i_{\mathrm{C}}+i_{\mathrm{R}}$ 得，负载 R 电流平均值为

$$I_{\mathrm{Rav}}=I_{\mathrm{dav}} \tag{4-16}$$

(3) 流过二极管电流平均值

在一个电源周期中，i_{d} 有两个波头，轮流流过 $\mathrm{VD_1}$、$\mathrm{VD_4}$ 和 $\mathrm{VD_2}$、$\mathrm{VD_3}$。即：流过某个二极管的电流 i_{VD} 只是两个波头中的一个，故其平均值为

$$I_{\mathrm{VDav}}=\frac{I_{\mathrm{dav}}}{2}=\frac{I_{\mathrm{Rav}}}{2} \tag{4-17}$$

(4) 二极管承受反向电压最大值

每个二极管承受的反向电压最大值为变压器二次电压最大值，即 $\sqrt{2}U_{\mathrm{2rms}}$。

以上讨论过程中,忽略了电路中诸如变压器漏抗、线路电感等的作用。另外,实际应用中为了抑制电流冲击,常在直流侧串入较小的电感,成为 LC 滤波电路,电路原理图如图 4-4(a)所示,稳态工作波形如图 4-4(b)所示。由波形可见,U_d波形更平直,电流 i_2的上升段平缓了许多,这对于电路的工作是有利的。当 L 和 C 的取值变化时,电路的工作情况会有很大的不同,这里不再详细介绍。

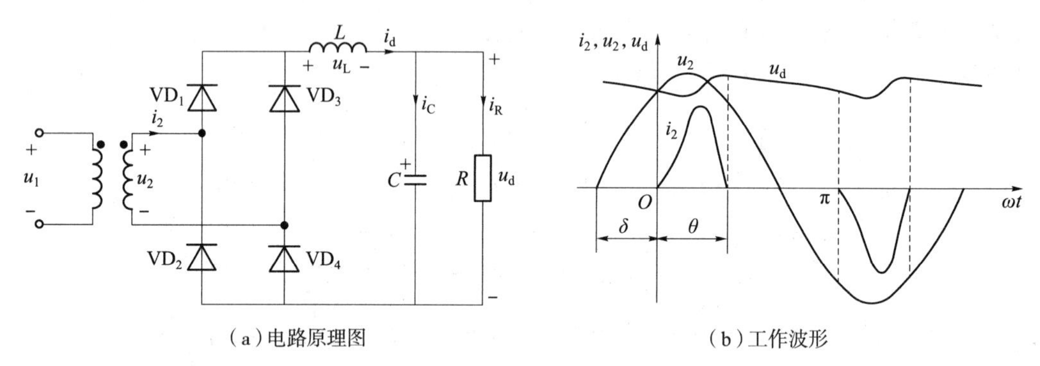

(a)电路原理图　　(b)工作波形

图 4-4　单相桥式二极管整流电路原理图及稳态工作波形图(LC 滤波)

4.2.2　三相桥式二极管整流电路

1. 电阻性负载工作分析

当整流负载容量比较大时,多采用三相整流电路。设变压器二次侧三相正弦交流电源 a 相的电压为 $u_a=\sqrt{2}U_{2rms}\sin\omega t$ V,负载的阻值为 R,三相桥式二极管整流电路电阻负载原理图如图 4-5 所示。

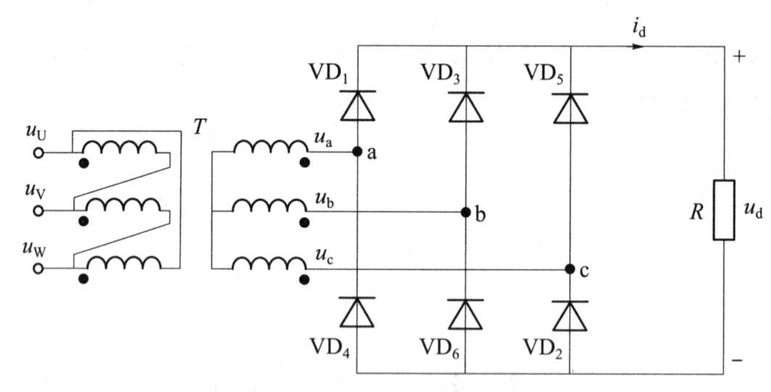

图 4-5　三相桥式二极管整流电路原理图(电阻负载)

变压器 T 多采用 Δ/Y 连接,为 3 次(包括 3 的倍数次)谐波电流提供流通路径,以减少谐波对交流电源的影响。二极管 VD_1、VD_3、VD_5组成共阴极组,VD_4、VD_6、VD_2组成共阳极组。共阴极组在电源的正半周时导通,共阳极组在电源的负半周时导通。

1) 电路工作原理及稳态工作波形分析

三相桥式二极管整流电路电阻负载主要变量稳态工作波形如图 4-6 所示。为便于分析,将一个电源周期分为六段。

在第Ⅰ区间,a 相电位最高,共阴极组中 VD_1导通,VD_3、VD_5承受反向电压截止。b 相电位最低,共阳极组中 VD_6导通,VD_2、VD_4承受反向电压截止,负载电压 $u_d=u_a-u_b=u_{ab}$。

在第Ⅱ区间，a 相电位仍然最高，共阴极组仍维持 VD_1 导通，VD_3、VD_5 承受反向电压截止。但此时 c 相电位最低，共阳极组中 VD_2 导通，VD_4、VD_6 承受反向电压截止，负电压 $u_d = u_a - u_c = u_{ac}$。

以此类推，在第Ⅲ区间，VD_2、VD_3 导通，$u_d = u_{bc}$；在第Ⅳ区间，VD_3、VD_4 导通，$u_d = u_{ba}$；在第Ⅴ区间，VD_4、VD_5 导通，$u_d = u_{ca}$；在第Ⅵ区间，VD_5、VD_6 导通，$u_d = u_{cb}$。

通过上述分析，对于三相桥式二极管整流电路纯电阻负载有：

(1) 在任一时刻，均有两个二极管同时导通，即：电位最高相的共阴极组的二极管和电位最低相的共阳极组的二极管同时导通，每个二极管导通 $2\pi/3$。

(2) 二极管的导通顺序为(VD_1、VD_6)→(VD_1、VD_2)→(VD_2、VD_3)→(VD_3、VD_4)→(VD_4、VD_5)→(VD_5、VD_6)→(VD_1、VD_6)。共阴极组自然换流点为图 4-6 中的 R、S、T 等点，共阳极组自然换流点为图 4-6 中的 X、Y、Z 等点。

(3) 三相桥式二极管控整流电路输出电压为变压器二次侧线电压，波形是变压器二侧线电压完整包络线。

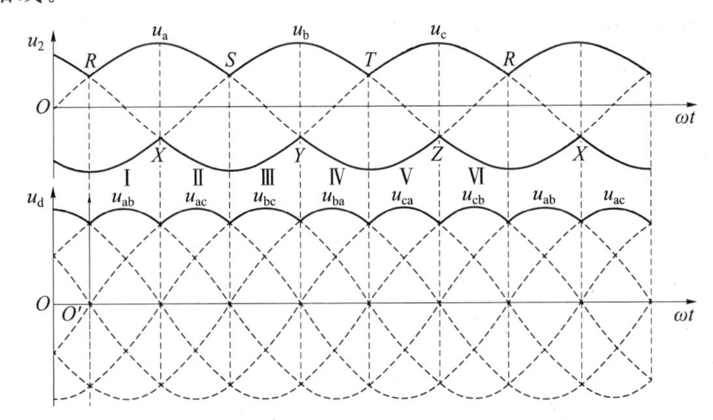

图 4-6　三相桥式二极管整流稳态电路工作波形(电阻负载)

2) 基本运行参数分析

(1) 输出电压平均值

设变压器二次侧 a 相电压为 $u_a = \sqrt{2}U_{2rms}\sin\omega t\,V$。为计算方便，以线电压 u_{ac} 过零点 O' 为原点，重建坐标系，在新坐标系下，a 相电压为 $u_a = \sqrt{2}U_{2rms}\sin(\omega t + \pi/3)\,V$，$u_{ac} = \sqrt{6}U_{2rms}\sin\omega t\,V$，则输出电压平均值为

$$U_{dav} = \frac{1}{\frac{\pi}{3}}\int_{\frac{\pi}{3}}^{\frac{2\pi}{3}} \sqrt{6}U_{2rms}\sin\omega t\,d(\omega t) = 2.34U_{2rms} \tag{4-18}$$

(2) 二极管承受反向电压最大值

每个二极管承受的反向电压最大值为变压器二次线电压最大值，即 $\sqrt{6}U_{2rms}$。

2. 阻容性负载工作分析

三相桥式二极管整流阻容负载电路原理图如图 4-7 所示。常应用于负载功率较大的直流电源或逆变电源中。

设变压器二次侧三相正弦交流电源 a 相的电压为：$u_a = \sqrt{2}U_{2rms}\sin\omega t\,V$，负载的阻值为 R。

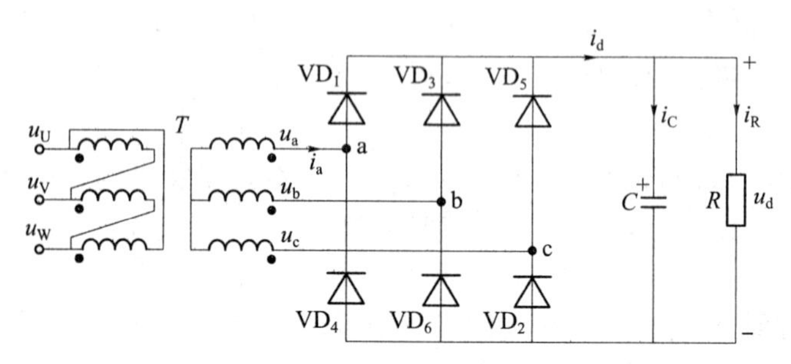

图 4-7　三相桥式二极管整流电路原理图(阻容负载)

1）电路工作原理及稳态工作波形分析

在该电路中，当某一对二极管导通时，输出直流电压等于交流侧线电压中最大的一个，该线电压既向电容供电，也向负载供电。当没有二极管导通时，由电容向负载放电，u_d按指数规律下降。

设二极管在距线电压过零点 δ 角处开始导通，并以二极管 VD_6和 VD_1开始同时导通的时刻为时间零点，则线电压 u_{ab}为

$$u_{ab}=\sqrt{6}U_{2rms}\sin(\omega t+\delta)$$

相电压 u_a为

$$u_a=\sqrt{2}U_{2rms}\sin\left(\omega t+\delta-\frac{\pi}{6}\right)$$

在 $t=0$ 时，二极管 VD_6和 VD_1同时导通，直流侧电压等于 u_{ab}；下一次同时导通的一对二极管是 VD_1和 VD_2，直流侧电压等于 u_{ac}。这两段导通过程之间的交替有两种情况：一种是在 VD_1和 VD_2同时导通之前 VD_6和 VD_1是关断的，交流侧向直流侧的充电电流 i_d是断续的。三相桥式二极管整流电路阻容负载电流 i_d断续波形图如图 4-8 所示。另一种是 VD_1一直导通，交替时由 VD_6导通换相至 VD_2导通，i_d是连续的。介于两者之间的临界情况是，VD_6和 VD_1同时导通的阶段与 VD_1和 VD_2同时导通的阶段在 $\omega t+\delta=2\pi/3$ 处恰好衔接起来，i_d恰好连续。

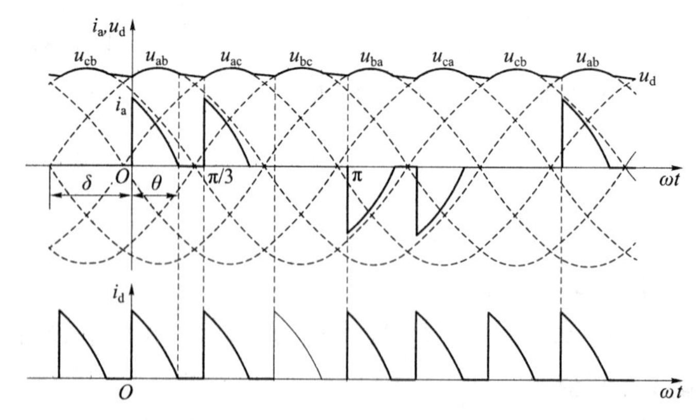

图 4-8　三相桥式二极管整流电路电流 i_d断续波形图(阻容负载)

VD_6和 VD_1同时导通时，有

$$u_d=\sqrt{6}U_{2rms}\sin(\omega t+\delta)$$

$$i_C = C\frac{\mathrm{d}u_d}{\mathrm{d}t} = \sqrt{6}U_{2\mathrm{rms}}\omega C\cos(\omega t+\delta)$$

$$i_R = \frac{u_d}{R} = \frac{\sqrt{6}U_{2\mathrm{rms}}}{R}\sin(\omega t+\delta)$$

$$i_d = i_C + i_R = \sqrt{6}U_{2\mathrm{rms}}\omega C\cos(\omega t+\delta) + \frac{\sqrt{6}U_{2\mathrm{rms}}}{R}\sin(\omega t+\delta)$$

在 $\omega t = \theta$ 时刻，$i_d = 0$，有

$$\tan(\theta+\delta) = -\omega RC \tag{4-19}$$

当 $\theta=\pi/3$ 时，电流 i_d临界连续，考虑到整流二极管最大导通周期为 $2\pi/3$，此时 $\delta=\pi/3$，有

$$\omega RC=\sqrt{3} \tag{4-20}$$

此为电流 i_d连续的临界条件。$\omega RC>\sqrt{3}$ 时，电流 i_d断续，如图 4-8 所示。当 $\omega RC=\sqrt{3}$ 时，电流 i_d临界连续。当 $\omega RC<\sqrt{3}$ 时，i_d连续。三相桥式二极管整流电路阻容负载时，电流 i_d临界连续和连续波形如图 4-9 所示。

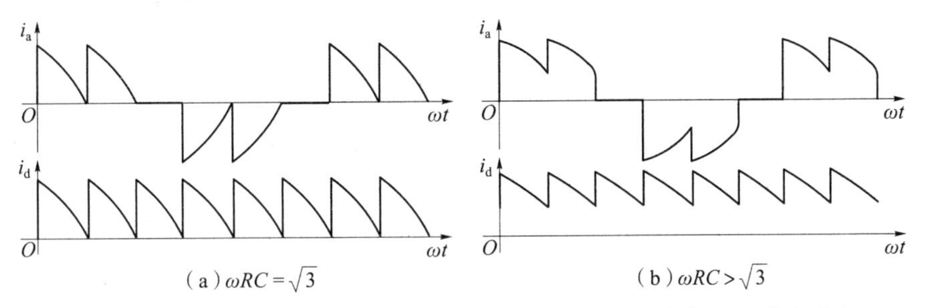

图 4-9　三相桥式二极管整流电路电流 i_d临界连续和连续波形(阻容负载)

对一个确定的装置，通常只有 R 是可变的，它的大小反映了负载的轻重。因此可以说，在轻载时直流侧获得的充电电流是断续的，重载时是连续的，分界点就是 $R=\sqrt{3}/\omega C$。

以上分析的是理想的情况，未考虑实际电路中存在的交流侧电感以及为抑制冲击电力而串联的电感。当考虑上述电感时，电路的工作情况发生变化。LC 滤波三相桥式二极管整流电路原理图如图 4-10 所示。i_a工作波形如图 4-11 所示。

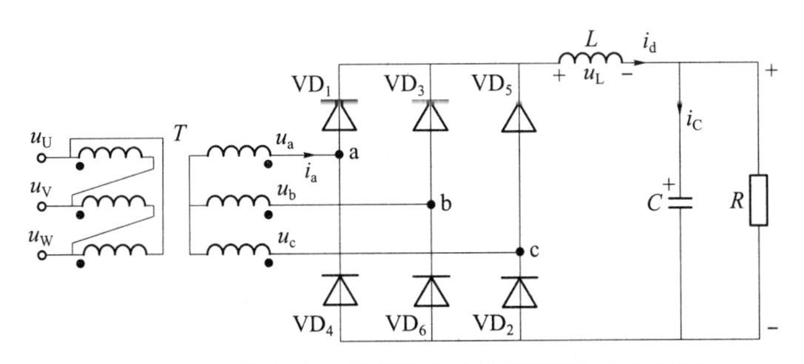

图 4-10　三相桥式二极管整流电路原理图(LC 滤波)

将电流波形与不考虑电感时的波形比较可知，有电感时，电流波形的前沿平缓了许多，有利于电路的正常工作。随着负载的加重，电流波形与电阻负载时的电流波形逐渐接近。

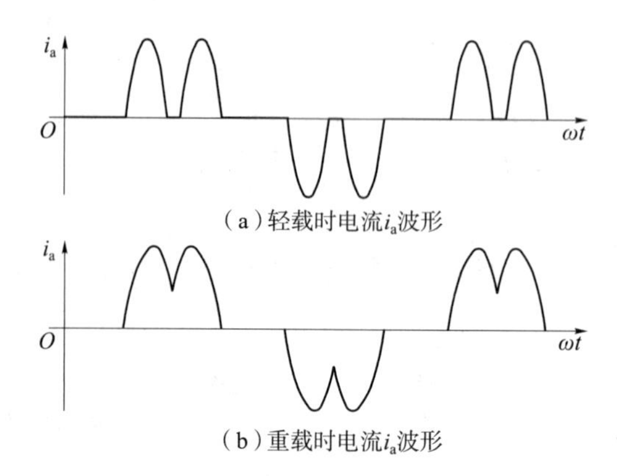

图 4-11　三相桥式二极管整流电路电流 i_a 工作波形（*LC* 滤波）

2）基本运行参数分析

（1）输出电压平均值

三相桥式二极管整流阻容负载电路空载时，输出电压平均值（输出直流电压）最大，为 $U_{dav}=U_{dmax}=\sqrt{6}U_{2rms}=2.45U_{2rms}$。随着负载加重，输出电压平均值减小，至 $\omega RC=\sqrt{3}$ 进入 i_d 连续情况后，输出电压波形为线电压包络线，最低点电压为 $U_{dmin}=\sqrt{6}U_{2rms}\sin 60^\circ=2.12U_{2rms}$，其输出直流电压为 $U_{dav}=2.34U_{2rms}$。可见，U_{dav} 的变化范围为 $2.34U_{2rms}\sim2.45U_{2rms}$。而 U_d 的最大变化范围则为 $2.12U_{2rms}\sim2.45U_{2rms}$。

与电容滤波的单相桥式二极管整流电路相比，U_d 和 U_{dav} 的变化范围小得多，而且，当负载加重到一定程度后，U_{dav} 稳定在 $2.34U_{2rms}$ 不变。

（2）输出电流平均值

$$I_{Rav}=\frac{U_{dav}}{R} \tag{4-21}$$

与单相电路情况一样，电容电流 i_C 平均值为零，因此有

$$I_{dav}=I_{Rav}=\frac{U_{dav}}{R} \tag{4-22}$$

（3）流过二极管电流平均值

在一个电源周期中，i_d 有 6 个波头，流过每一个二极管电流是其中的两个波头，因此二极管电流平均值为 I_d 的 1/3，即

$$I_{VDav}=\frac{I_{dav}}{3}=\frac{I_{Rav}}{3} \tag{4-23}$$

（4）二极管承受反向电压最大值

每个二极管承受的反向电压最大值为变压器二次线电压最大值，即 $\sqrt{6}U_{2rms}$。

4.3　可控整流电路

可控整流电路，主要分为单相半波、单相桥式、三相半波和三相桥式可控整流电路等形式，其中比较常用的是单相和三相桥式整流电路。单相可控整流电路在小功率场合得到广

泛应用，当整流负载容量较大或要求直流电压脉动小、易滤波或要求快速控制时，采用三相可控整流电路。

4.3.1　单相半波可控整流电路

单相半波可控整流电路结构简单，但输出脉动大，变压器二次侧电流中含直流分量，易造成变压器铁芯直流磁化。学习单相半波可控整流电路目的在于利用其简单易学的特点，建立起可控制整流电路的基本概念和正确的学习方法。

1. 电阻性负载工作分析

1）电路工作原理及稳态工作波形分析

设变压器二次侧正弦交流电源电压为：$u_2=\sqrt{2}U_{2rms}\sin\omega tV$，负载的阻值为 R，单相半波可控整流电路电阻负载原理图如图 4-12 所示，主要变量稳态工作波形如图 4-13 所示。

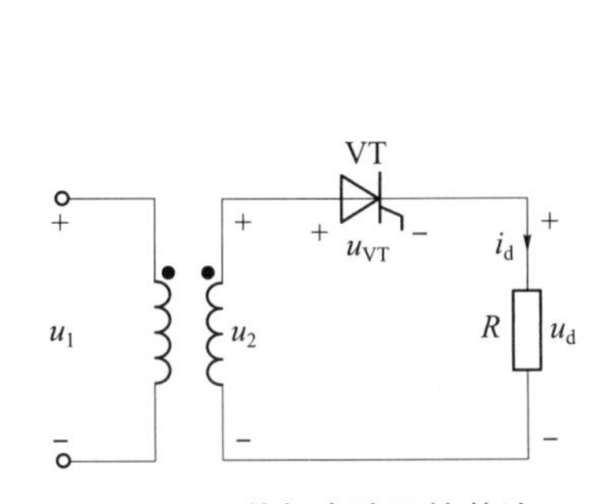

图 4-12　单相半波可控整流电路原理图(电阻负载)

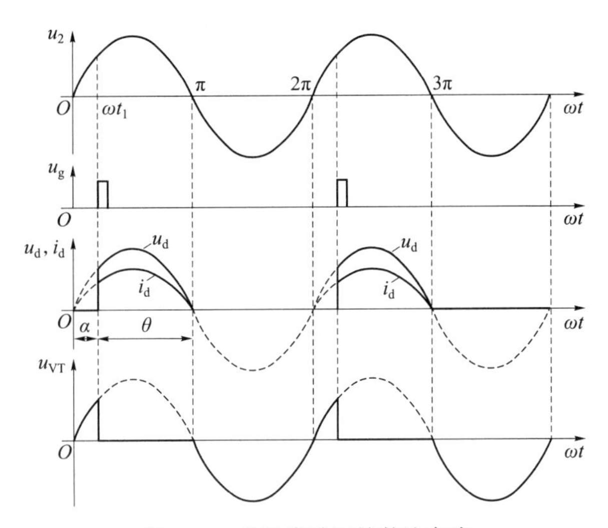

图 4-13　单相半波可控整流电路稳态工作波形图(电阻负载)

（1）$0\sim\omega t_1$ 时段。电路工作在 u_2 的正半周，晶闸管 VT 阳极电压为正、阴极电压为负，VT 承受正向电压。根据晶闸管的导通条件，在电源电压 u_2 的正半周，因尚未给晶闸管 VT 门极施加触发脉冲，VT 处于正向阻断状态。忽略漏电流，则负载上无电流流过，输出电压 $u_d=0$，VT 承受全部电源电压，$u_{VT}=u_2$。

（2）$\omega t_1\sim\pi$ 时段。电路工作在 u_2 的正半周，ωt_1 时刻以后，VT 由于触发脉冲 u_g 的作用而导通，如果忽略晶闸管的正向管压降，则输出电压 $u_d=u_2$，VT 上电压 $u_{VT}=0$，一直持续到 π 时刻。当 $\omega t_1=\pi$ 时，电源电压 u_2 过 0，负载电流即晶闸管阳极电流将小于它的维持电流 I_H，晶闸管 VT 关断，输出电压和电流为 0。

（3）$\pi\sim2\pi$ 时段。电路工作在 u_2 负半周，晶闸管始终承受反向电压，不论有无触发信号，VT 均不能导通，VT 上电压 $u_{VT}=u_2$，一直到第二个周期，晶闸管又处于正向电压下，以后不断重复以上过程。

输出电流 i_d 的波形与输出电压 u_d 的波形相同。改变晶闸管门极触发脉冲 u_g 的出现时刻,输出电压 u_d 波形与输出电流 i_d 波形随之改变。从图 4-13 中的波形看出,输出电压 u_d 为极性不变,但瞬时值变化的脉动直流电压,输出电压 u_d 的波形只在 u_2 正半周出现,故称为半波可控整流。整流输出电压 u_d 波形在一个周期只有一个脉波,因此电路也称为单脉波整流电路。由于交流输入为单相,该电路又称为单相半波可控整流电路。

2)常用名词术语和概念

(1)控制角 α:从晶闸管开始承受正向电压到被触发导通为止,这段时间所对应的电角度,称为控制角。也称触发延迟角或触发滞后角或触发角。如图 4-13 中 $0\sim\omega t_1$ 段所对应的电角度。

(2)导通角 θ:晶闸管在一个电源周期中导通的电角度称为导通角。如图 4-13 中 $\omega t_1\sim\pi$ 段所对应的电角度,$\theta=\pi-\alpha$。导通角与负载性质有关。

(3)移相:改变控制角 α 的大小,即改变触发脉冲 u_g 出现时刻,称为移相。

(4)移相控制:通过移相可以控制输出电压 u_d 的大小,故将通过改变控制角 α 调节输出电压的控制方式,称为移相控制。

(5)移相范围:改变控制角 α 使输出整流电压平均值从最大值降到最小值(0 或负最大值),控制角 α 的变化范围,即触发脉冲移相范围,称移相范围。它与电路结构和负载性质有关。

(6)同步:触发脉冲与电源电压之间频率和相位协调配合关系,称为同步。使触发脉冲与电源电压保持同步是电路正常工作的不可缺少的条件。

(7)换流:在电路中,电流从一个支路向另一个支路转移的过程,称为换流,也称换相。

(8)自然换相点:当电路中可控元件全部由不可控元件代替时,各元件的导电转换点称为自然换相点。如图 4-13 中,$\omega t_1=0$ 的点就是该电路自然换相点。

(9)功率因数。忽略晶闸管损耗时,整流电路有功功率与电源视在功率的比值,称为功率因数,用 PF 表示。

3)基本运行参数分析

(1)输出电压平均值

$$U_{\text{dav}}=\frac{1}{2\pi}\int_{\alpha}^{\pi}\sqrt{2}U_{\text{2rms}}\sin\omega t\,\text{d}(\omega t)=\frac{\sqrt{2}U_{\text{2rms}}}{2\pi}(1+\cos\alpha)=0.45U_{\text{2rms}}\frac{1+\cos\alpha}{2}\quad(4\text{-}24)$$

当 $\alpha=0°$ 时,整流输出直流电压平均值最大,$U_{\text{davmax}}=0.45U_{\text{2rms}}$。随着控制角 α 的增大,输出直流电压平均值 U_{dav} 减小,当 $\alpha=\pi$ 时,整流输出直流电压平均值最小,$U_{\text{davmin}}=0$。因此,输出直流电压平均值在 $0.45U_{\text{2rms}}\sim0$ 之间连续可调,控制角 α 移相范围 $0\sim\pi$。

(2)输出电流平均值

$$I_{\text{dav}}=\frac{U_{\text{dav}}}{R}=\frac{0.45U_{\text{2rms}}}{R}\,\frac{1+\cos\alpha}{2}\quad(4\text{-}25)$$

(3)晶闸管电流平均值

流过晶闸管的电流等于负载电流,即

$$I_{\text{VTav}}=I_{\text{dav}}=\frac{U_{\text{dav}}}{R}=\frac{0.45U_{\text{2rms}}}{R}\,\frac{1+\cos\alpha}{2}\quad(4\text{-}26)$$

(4) 输出电压有效值

$$U_{\mathrm{drms}}=\sqrt{\frac{1}{2\pi}\int_{\alpha}^{\pi}(\sqrt{2}U_{\mathrm{2rms}}\sin\omega t)^{2}\mathrm{d}(\omega t)}=\frac{U_{\mathrm{2rms}}}{\sqrt{2}}\sqrt{\frac{\sin 2\alpha}{2\pi}+\frac{\pi-\alpha}{\pi}} \tag{4-27}$$

(5) 输出电流有效值

$$I_{\mathrm{drms}}=\sqrt{\frac{1}{2\pi}\int_{\alpha}^{\pi}\left(\frac{\sqrt{2}U_{\mathrm{2rms}}\sin\omega t}{R}\right)^{2}\mathrm{d}(\omega t)}=\frac{U_{\mathrm{2rms}}}{\sqrt{2}R}\sqrt{\frac{\sin 2\alpha}{2\pi}+\frac{\pi-\alpha}{\pi}} \tag{4-28}$$

(6) 晶闸管电流有效值

流过晶闸管电流的有效值等于输出电流有效值，即

$$I_{\mathrm{VTrms}}=I_{\mathrm{drms}}=\frac{U_{\mathrm{2rms}}}{\sqrt{2}R}\sqrt{\frac{\sin 2\alpha}{2\pi}+\frac{\pi-\alpha}{\pi}} \tag{4-29}$$

(7) 变压器二次侧电流有效值

设变压器二次侧电流为 i_2，其有效值与输出电流有效值相等，即 $I_{\mathrm{2rms}}=I_{\mathrm{drms}}$。

(8) 晶闸管承受反向电压最大值

晶闸管承受的反向电压最大值为变压器二次电压最大值，即$\sqrt{2}U_{\mathrm{2rms}}$。

$$I_{\mathrm{2rms}}=I_{\mathrm{drms}}=\frac{U_{\mathrm{2rms}}}{\sqrt{2}R}\sqrt{\frac{\sin 2\alpha}{2\pi}+\frac{\pi-\alpha}{\pi}} \tag{4-30}$$

(9) 功率因数

$$\mathrm{PF}=\frac{P}{S}=\frac{U_{\mathrm{drms}}I_{\mathrm{drms}}}{U_{\mathrm{2rms}}I_{\mathrm{2rms}}}=\frac{U_{\mathrm{drms}}}{U_{\mathrm{2rms}}}=\frac{1}{\sqrt{2}}\sqrt{\frac{\sin 2\alpha}{2\pi}+\frac{\pi-\alpha}{\pi}} \tag{4-31}$$

2. 阻感性负载工作分析

1) 电路工作原理及稳态工作波形分析

设变压器二次侧正弦交流电源电压为 $u_2=\sqrt{2}U_{\mathrm{2rms}}\sin\omega tV$，负载的阻值为 R，电感 L 的感抗为 ωL，单相半波可控整流电路阻感负载原理图如图 4-14 所示，主要变量稳态工作波形如图 4-15 所示。

(1) $0\sim\omega t_1$ 时段。电路工作在 u_2 的正半周，晶闸管 VT 承受正向电压，但在此时段，闸管 VT 门极无触发脉冲，VT 处于正向阻断状态，晶闸管承受电源电压 $u_{\mathrm{VT}}=u_2$，输出电压 $u_{\mathrm{d}}=0$，负载电流 $i_{\mathrm{d}}=0$。

(2) $\omega t_1\sim\pi$ 时段。电路工作在 u_2 的正半周，在 ωt_1 时刻，晶闸管 VT 由于触发导通，u_2 加于负载两端，输出电压 $u_{\mathrm{d}}=u_2$，忽略晶闸管的管压降，则 $u_{\mathrm{VT}}=0$。因电感 L 的存在，使电流 i_{d} 不能突变，电流 i_{d} 从 0 开始增加，同时 L 的感应电动势 e_{L} 的极性为上正、下负，阻止电流 i_{d} 的增加，虽然此时 e_{L} 与 u_2 极性相反，但作用在晶闸管上的阳极电压 $u_2+e_{\mathrm{L}}>0$，晶闸管导通。交流电源除供给电阻 R 所消耗的能量外，还要供给电感 L 所吸收的磁场能量。在 π 时刻，$u_2=0$，$u_{\mathrm{d}}=0$，但由于电感 L 中仍蓄有磁场能，$i_{\mathrm{d}}>0$。

(3) $\pi\sim\omega t_2$ 时段。电路工作在 u_2 的负半周，电感 L 放出先前储藏的能量，除给电阻 R 消耗外，还要供给变压器二次绕组吸收的能量，并通过一次绕组把能量反送至电网，直至 i_{d} 逐渐减为 0。在此期间电感 L 感应电势极性是上负、下正，使电流方向不变，只要该感应电动势 e_{L} 比 u_2 大，VT 仍承受正向电压而继续维持导通，直至 L 中磁场能量释放完毕，VT 承受反向电压而关断。

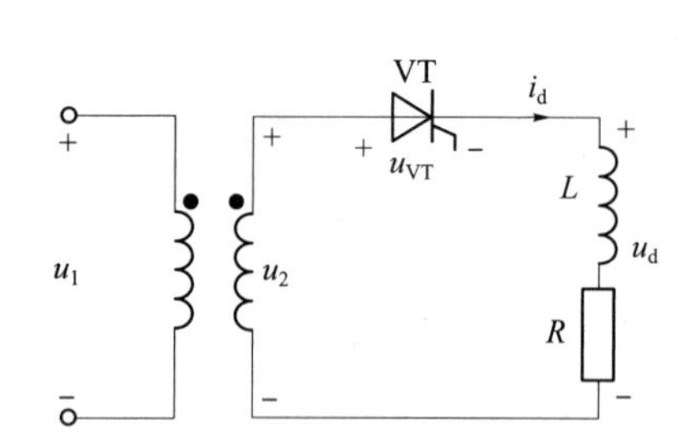

图 4-14 单相半波可控整流电路原理图(阻感负载)

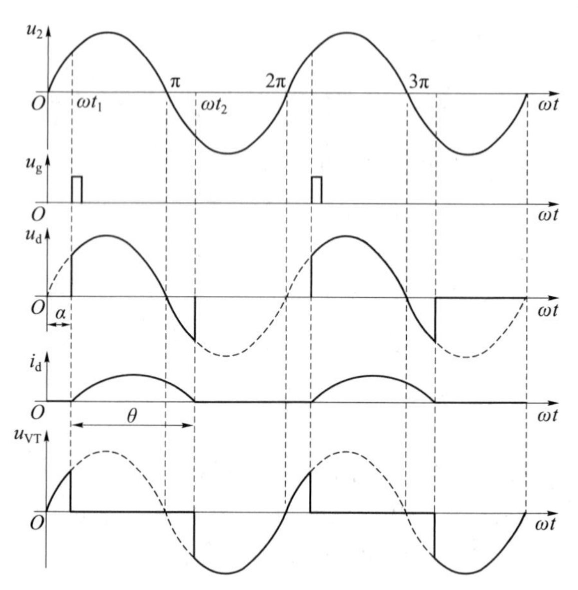

图 4-15 单相半波可控整流电路稳态工作波形图(阻感负载)

(4) $\omega t_2 \sim 2\pi$ 时段。电路工作在 u_2 的负半周,L 中磁场能量释放完毕,VT 承受反向电压而关断。晶闸管承受的最大正反向电压均为电源电压 u_2 的峰值,即$\sqrt{2}U_{2rms}$。

由于电感 L 的存在,延迟了晶闸管关断的时间,使输出电压 u_d 的波形出现负值,因此输出直流电压的平均值下降。

当 R 一定时,L 越大,电路工作在 u_2 的负半周时,电感 L 维持晶闸管导通时间越长,输出电压 u_d 中负的部分越大,其平均值 U_{dav} 越小,输出的直流电流平均值也越小,负载上得不到所需的功率。因此,单相半波可控整流电路如不采取措施,不能直接带动大电感负载正常工作。

为了解决大电感负载时的上述问题,在整流电路的负载两端并联一个整流二极管,称为续流二极管 VD,有续流二极管的单相半波可控整流电路原理图如图 4-16 所示,主要变量稳态工作波形如图 4-17 所示。

2) 有续流二极管电路工作原理及稳态工作波形分析

(1) $0 \sim \pi$ 时段。电路工作在 u_2 的正半周,VD 承受反向电压不导通,不影响电路的正常工作,电路的工作情况与没有续流二极管的情况完全相同。

(2) $\pi \sim 2\pi$ 时段。电路工作在 u_2 的负半周,电感 L 的感应电势下正、上负,使 VD 导通,负极性电源电压 u_2 通过 VD 全部施加在晶闸管 VT 上,晶闸管 VT 关断,负载上得不到电源的负电压,而只有续流二极管的管压降,接近为 0,输出电压 $u_d = 0$。L 释放其存储的能量,电流通过 $L \to R \to$ VD 构成回路,维持负载电流,而不通过变压器,此过程通常称为续流。当 $\omega L \gg R$ 时,i_d 不但连续,而且基本维持不变,电流波形接近一条直线。

3) 有续流二极管时基本运行参数分析

(1) 输出电压平均值

$$U_{dav} = \frac{1}{2\pi}\int_{\alpha}^{\pi}\sqrt{2}U_{2rms}\sin\omega t\,d(\omega t) = \frac{\sqrt{2}U_{2rms}}{2\pi}(1+\cos\alpha) = 0.45U_{2rms}\frac{1+\cos\alpha}{2} \quad (4\text{-}32)$$

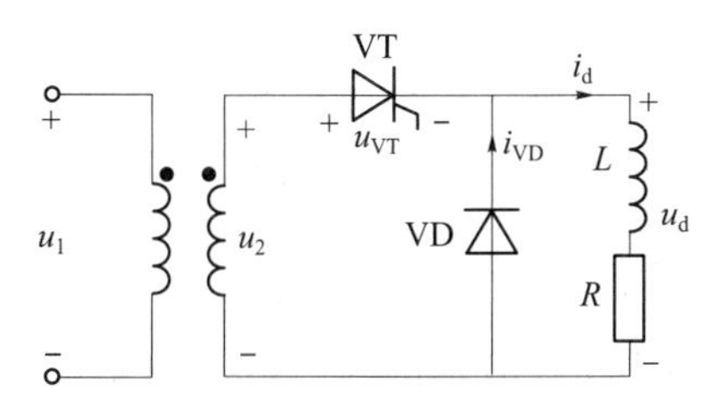

图 4-16 单相半波可控整流电路原理图
(有续流二极管阻感负载)

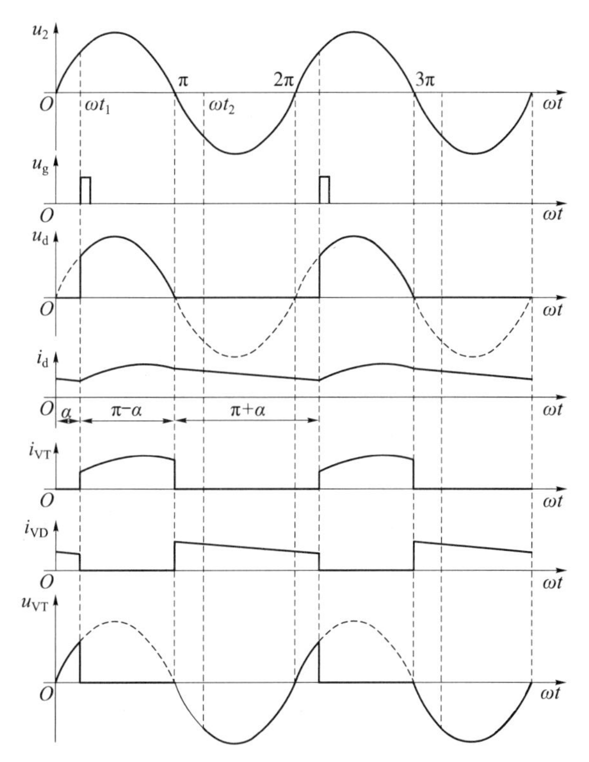

图 4-17 单相半波可控整流电路稳态工作波形图
(有续流二极管阻感负载)

当 $\alpha=0^\circ$时,整流输出直流电压平均值最大,$U_{davmax}=0.45U_{2rms}$。随着控制角 α 的增大,输出直流电压平均值减小,当 $\alpha=\pi$ 时,整流输出直流电压平均值最小,$U_{davmin}=0$。因此,输出直流电压平均值在 $0.45U_{2rms}$~0 之间连续可调,控制角 α 移相范围 0~π。

(2) 输出电流平均值

$$I_{dav}=\frac{U_{dav}}{R}=0.45\frac{U_{2rms}}{R}\frac{1+\cos\alpha}{2} \tag{4-33}$$

(3) 晶闸管电流平均值

$$I_{VTav}=\frac{\pi-\alpha}{2\pi}I_{dav} \tag{4-34}$$

(4) 晶闸管电流有效值

$$I_{VTrms}=\sqrt{\frac{1}{2\pi}\int_{\alpha}^{\pi}I_d^2\,\mathrm{d}(\omega t)}=I_d\sqrt{\frac{\pi-\alpha}{2\pi}} \tag{4-35}$$

(5) 续流二极管电流平均值

$$I_{VDav}=\frac{\pi+\alpha}{2\pi}I_{dav} \tag{4-36}$$

(6) 续流二极管电流有效值

$$I_{VDrms}=\sqrt{\frac{1}{2\pi}\int_{\pi}^{2\pi+\alpha}I_d^2\,\mathrm{d}(\omega t)}=I_d\sqrt{\frac{\pi+\alpha}{2\pi}} \tag{4-37}$$

(7) 晶闸管、续流二极管承受反向电压最大值

晶闸管、续流二极管承受的反向电压最大值为变压器二次电压最大值,即:$\sqrt{2}U_{2rms}$。

4.3.2 单相桥式全控整流电路

单相全控整流电路结构有多种形式,其中单相桥式全控整流电路是比较常用的一种电路结构。

1. 电阻性负载工作分析

1) 电路工作原理及稳态工作波形分析

设变压器二次侧正弦交流电源电压为 $u_2=\sqrt{2}U_{2rms}\sin\omega tV$,负载的阻值为 R,单相桥式可控整流电路电阻负载电路原理图如图 4-18 所示。晶闸管 VT_1 和 VT_4、VT_2 和 VT_3 分别成组工作,自然换流点分别为交流电压过零点,从晶闸管的工作特性可以看出,自然换流点是相应晶闸管最早允许导通的时刻,也就是相应晶闸管的触发脉冲起始时刻。把晶闸管近似看成理想的开关(忽略其开关时间、导通压降及器件关断时的漏电流)。主要变量稳态工作波形图如图 4-19 所示。

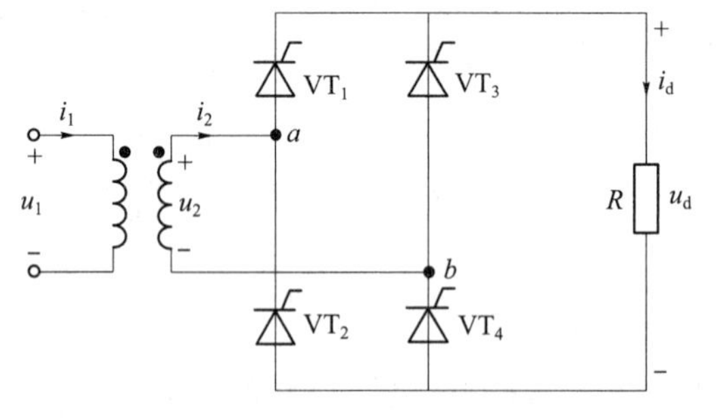

图 4-18 单相桥式可控整流电路原理图(电阻负载)

(1) $0\sim\omega t_1$ 时段。电路工作在 u_2 正半周,($u_2>0$。即:图中 a 点电位高于 b 点电位),此时段 4 个晶闸管上均无门极触发脉冲,均不导通,负载 i_d 电流、电压 u_d 均为零。VT_1 和 VT_4 晶闸管串联起来承受正向电压,假定各个管子的特性相同,则 VT_1 和 VT_4 各承受电压为 $u_2/2$;晶闸管 VT_2 和 VT_3 串联起来承受反向电压,则 VT_2 和 VT_3 各承受电压为 $-u_2/2$。

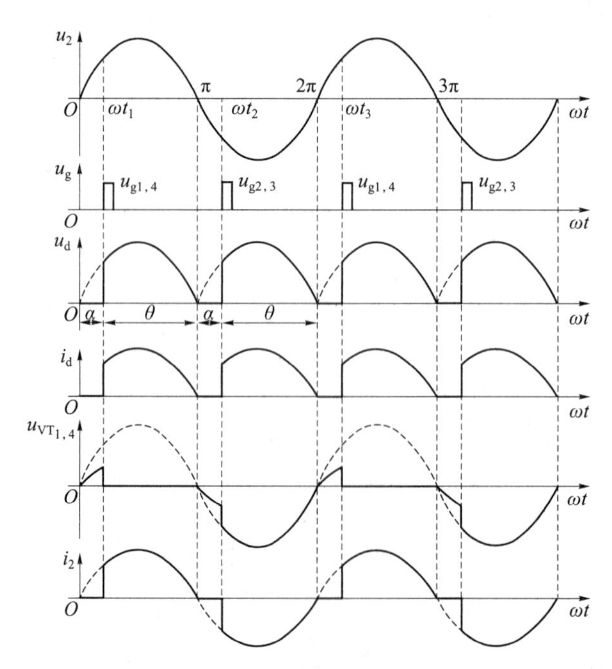

图 4-19 单相桥式可控整流电路稳态工作波形图(电阻负载)

(2) $\omega t_1 \sim \pi$ 时段。电路仍工作在 u_2 正半周，在 ωt_1 时刻，VT_1 和 VT_4 出现门极触发脉冲 $u_{g1,4}$，根据晶闸管的工作特性，此时 VT_1 和 VT_4 导通，负载电压 $u_d = u_2$；负载电流 $i_d = u_2/R$，电流方向为 a→VT_1→R→VT_4→b，流过晶闸管 VT_1 和 VT_4 的电流等于 i_d。当 $\omega t = \pi$ 时，u_2 为零，负载电流 i_d 及晶闸管的电流降为零，VT_1 和 VT_4 关断，输出电压为零。

(3) $\pi \sim \omega t_2$ 时段。电路工作在 u_2 负半周，b 点电位高于 a 点电位，VT_1 和 VT_4 承受反向电压，VT_2 和 VT_3 承受正向电压，此时段 4 个晶闸管上均无门极触发脉冲，均不导通，输出电压、电流为零。VT_1 和 VT_4 各承受电压为 $-u_2/2$，VT_2 和 VT_3 各承受电压为 $u_2/2$。

(4) $\omega t_2 \sim 2\pi$ 时段。电路仍工作在 u_2 负半周，在 ωt_2 时刻，VT_2 和 VT_3 出现门极触发脉冲 $u_{g2,3}$ 而导通，把负的电源电压 u_2 倒相后加在负载上，负载上得到与正半周相同的电压和电流，电流方向为 b→VT_3→R→VT_2→a。到 $\omega t = 2\pi$ 时刻，电源电压再次过零，VT_2 和 VT_3 关断，完成一个周期交流到直流的变换。在电源的下一个周期，电路重复前面的过程。

从图 4-19 看出，门极触发脉冲 $u_{g1,4}$ 和 $u_{g2,3}$ 距离相应的自然换流点均延后 α 角度，这个角度称为触发延迟角。改变触发延迟角 α 的大小，即可改变输出电压 u_d 的大小。

从上面的分析可以看出，在 u_2 一个周期内，变压器二次绕组正、负两个半周电流方向相反且波形对称，变压器不存在直流磁化的问题，绕组的利用率较高。

2) 基本运行参数分析

(1) 输出电压平均值

$$U_{dav} = \frac{1}{\pi}\int_{\alpha}^{\pi}\sqrt{2}U_{2rms}\sin\omega t\,d(\omega t) = \frac{\sqrt{2}U_{2rms}}{\pi}(1+\cos\alpha) = 0.9U_{2rms}\frac{1+\cos\alpha}{2} \tag{4-38}$$

当 $\alpha = 0°$ 时，整流输出直流电压平均值最大，$U_{davmax} = 0.9U_{2rms}$。随着触发延迟角 α 的增大，输出直流电压平均值减小，当 $\alpha = \pi$ 时，整流输出直流电压平均值最小，$U_{davmin} = 0$。因此，输出直流电压平均值在 $0.9U_{2rms} \sim 0$ 之间连续可调，触发延迟角 α 移相范围 $0 \sim \pi$。

(2) 输出电流平均值

$$I_{dav} = \frac{U_{dav}}{R} = \frac{0.9U_{2rms}}{R}\ \frac{1+\cos\alpha}{2} \tag{4-39}$$

(3) 晶闸管电流有效值

$$I_{VTrms} = \sqrt{\frac{1}{2\pi}\int_{\alpha}^{\pi}\left(\frac{\sqrt{2}U_{2rms}\sin\omega t}{R}\right)^2 d(\omega t)} = \frac{U_{2rms}}{\sqrt{2}R}\sqrt{\frac{\sin 2\alpha}{2\pi} + \frac{\pi-\alpha}{\pi}} \tag{4-40}$$

(4) 变压器二次侧电流有效值

变压器二次侧电流有效值与负载电流有效值相等，即

$$I_{2rms} = I_{drms} = \sqrt{\frac{1}{\pi}\int_{\alpha}^{\pi}\left(\frac{\sqrt{2}U_{2rms}\sin\omega t}{R}\right)^2 d(\omega t)} = \frac{U_{2rms}}{R}\sqrt{\frac{\sin 2\alpha}{2\pi} + \frac{\pi-\alpha}{\pi}} \tag{4-41}$$

(5) 负载电压有效值

$$U_{drms} = \sqrt{\frac{1}{\pi}\int_{\alpha}^{\pi}(\sqrt{2}U_{2rms}\sin\omega t)^2 d(\omega t)} = U_{2rms}\sqrt{\frac{\sin 2\alpha}{2\pi} + \frac{\pi-\alpha}{\pi}} = I_{2rms}R \tag{4-42}$$

(6) 晶闸管承受正向、反向电压最大值

晶闸管承受的最大反向电压为 $\sqrt{2}U_{2rms}$，承受的最大正向电压为 $\sqrt{2}U_{2rms}/2$。

(7) 功率因数

$$PF=\frac{P}{S}=\frac{U_{drms}I_{drms}}{U_{2rms}I_{2rms}}=\frac{U_{drms}}{U_{2rms}}=\sqrt{\frac{\sin 2\alpha}{2\pi}+\frac{\pi-\alpha}{\pi}} \tag{4-43}$$

功率因数 PF 是触发延迟角 α 的函数,相控整流电路在输出电压较低时(称为深调节),α 值较大,功率因数 PF 较低,这是相控整流的一大缺点。

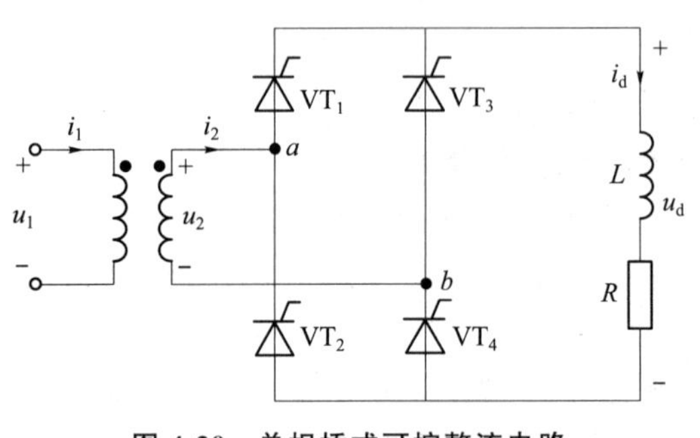

图 4-20 单相桥式可控整流电路原理图(阻感负载)

2. 阻感性负载工作分析

1) 电路工作原理及稳态工作波形分析

设变压器二次侧正弦交流电源电压为 $u_2=\sqrt{2}U_{2rms}\sin\omega t V$,负载阻抗为 $Z=R+j\omega L$,单相桥式全控整流电路阻感负载电路原理图如图 4-20 所示。设电感 L 很大(大电感负载,稳态时流过负载的电流 i_d 连续且波形近似为一条水平直线,幅值为 I_d),晶闸管为理想开关,电路的触发延迟角为 α。主要变量稳态工作波形如图 4-21 所示。

(1) 0～α 时段。电路工作在 u_2 正半周,虽然此时段 VT_1 和 VT_4 承受正向电压,但由于没有相应的触发脉冲,VT_1 和 VT_4 不导通,每个管子承受电压为 $u_2/2$。因电路稳态时具有周期性,该时段在电感 L 的续流作用下 VT_2 和 VT_3 仍维持导通,输出电压 $u_d=-u_2$,流过负载 Z 的电流为 I_d。

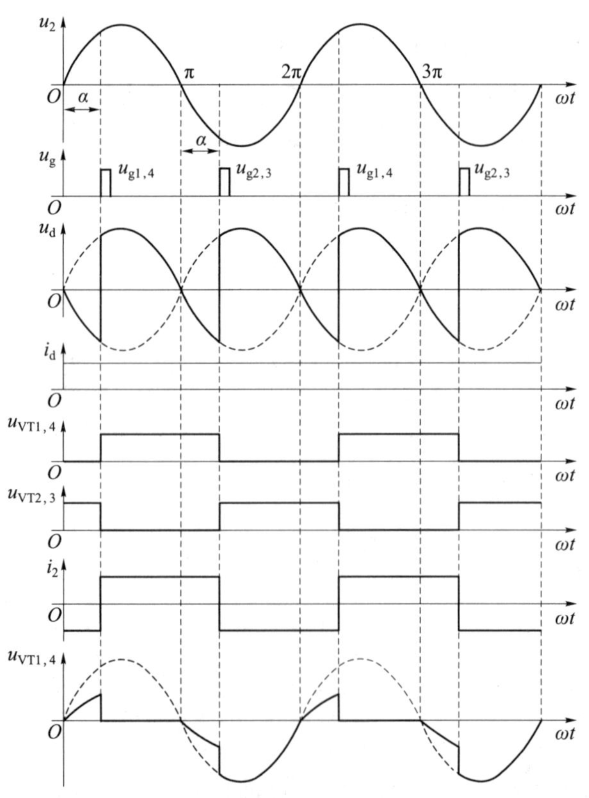

图 4-21 单相桥式可控整流电路稳态工作波形图(阻感负载)

(2) $\alpha \sim \pi$ 时段。电路仍工作在 u_2 正半周，在 α 时刻 VT_1 和 VT_4 出现门极触发脉冲 $u_{g1,4}$，根据晶闸管的工作特性，此时 VT_1 和 VT_4 导通，负载电压 $u_d = u_2$；随着 VT_1 和 VT_4 的导通，VT_2 和 VT_3 承受反压关断(每个管子承受电压为 $-u_2/2$)，电流从 VT_2 和 VT_3 向 VT_1 和 VT_4 转移并完成换流，输出电压 $u_d = u_2$，流过负载 Z 的电流仍为 I_d。

(3) $\pi \sim \pi+\alpha$ 时段。电路工作在 u_2 负半周，虽然此时段 VT_2 和 VT_3 承受正向电压，但由于没有相应的触发脉冲，VT_2 和 VT_3 不导通，每个管子承受电压为 $u_2/2$。在电感 L 续流作用下 VT_1 和 VT_4 仍维持导通，输出电压 $u_d = u_2$。流过负载 Z 的电流仍为 I_d。

(4) $\pi+\alpha \sim 2\pi$ 时段。电路仍工作在 u_2 负半周，在 $\pi+\alpha$ 时刻 VT_2 和 VT_3 出现门极触发脉冲 $u_{g2,3}$，VT_2 和 VT_3 满足导通条件而导通。随着 VT_2 和 VT_3 的导通，VT_1 和 VT_4 承受反向电压关断(每个管子承受电压为 $-u_2/2$)，电流从 VT_1 和 VT_4 向 VT_2 和 VT_3 转移并完成换流，输出电压 $u_d = u_2$。流过负载 Z 的电流仍为 I_d。

(5) $2\pi \sim 2\pi+\alpha$ 时段。由于电路工作的周期性，该时段为 $0 \sim \alpha$ 时段波形的重复，至此形成一个周期的工作波形。在电源的下一个周期，电路重复前面的过程。

2) 基本运行参数分析

(1) 输出电压平均值

$$U_{dav} = \frac{1}{\pi}\int_{\alpha}^{\pi+\alpha}\sqrt{2}U_{2rms}\sin\omega t\, d(\omega t) = \frac{2\sqrt{2}U_{2rms}}{\pi}\cos\alpha = 0.9U_{2rms}\cos\alpha \tag{4-44}$$

当 $\alpha = 0°$ 时，整流输出直流电压平均值最大，$U_{davmax} = 0.9U_{2rms}$。随着触发延迟角 α 的增大，输出直流电压平均值减小，当 $\alpha = 90°$ 时，整流输出直流电压平均值最小，$U_{davmin} = 0$。因此，输出直流电压平均值在 $0.9U_{2rms} \sim 0$ 之间连续可调，触发延迟角 α 移相范围 $0 \sim 90°$。

(2) 输出电流平均值

输出电流 i_d 为平直的直流电流，其值为

$$I_d = \frac{U_{dav}}{R} = \frac{0.9U_{2rms}}{R}\cos\alpha \tag{4-45}$$

(3) 晶闸管电流有效值和平均值

晶闸管的导通角 θ 与 α 无关，均为 180°，其电流的有效值和平均值分别为

$$I_{VTrms} = \sqrt{\frac{1}{2\pi}\int_{\alpha}^{\pi+\alpha} I_d^2\, d(\omega t)} = \frac{1}{\sqrt{2}}I_d \tag{4-46}$$

$$I_{VTav} = \frac{1}{2\pi}\int_{\alpha}^{\pi+\alpha} I_d\, d(\omega t) = \frac{1}{2}I_d \tag{4-47}$$

(4) 变压器二次侧电流有效值

$$\begin{aligned} I_{2rms} &= \sqrt{\frac{1}{2\pi}\int_{\alpha}^{\alpha+2\pi} i_2^2\, d(\omega t)} \\ &= \sqrt{\frac{1}{2\pi}\left[\int_{\alpha}^{\alpha+\pi} I_d^2\, d(\omega t) + \int_{\alpha+\pi}^{\alpha+2\pi}(-I_d)^2\, d(\omega t)\right]} = I_d \end{aligned} \tag{4-48}$$

(5) 晶闸管承受正向、反向电压最大值

晶闸管承受的最大反向电压为 $\sqrt{2}U_{2rms}$，承受的最大正向电压为 $\sqrt{2}U_{2rms}/2$。

3. 反电动势负载工作分析

在生产实践中，晶闸管整流电路除了有电阻、阻感性负载之外，还有一类具有反电动势性质的负载，比如给蓄电池充电，带动直流电动机运转等。这一类负载的共同特点是工作时会产生一个极性与电流方向相反的电动势，把这一类负载称为反电动势负载，反电动势负载对整流电路的工作会产生影响。

1）电路工作原理及稳态工作波形分析

反电动势负载可看成是一个电动势源与电阻的串联，电动势源的极性与电流方向相反，电阻是电流回路的等效电阻(包括反电动势和导线等的电阻，电动机忽略其中的电感)，设变压器二次侧正弦交流电源电压为 $u_2=\sqrt{2}U_{2\text{rms}}\sin\omega tV$，电阻为 R，电动势源 E 稳定不变。单相桥式全控整流电路带反电动势负载原理图如图 4-22(a)所示，主要变量稳态工作波形如图 4-22(b)所示。

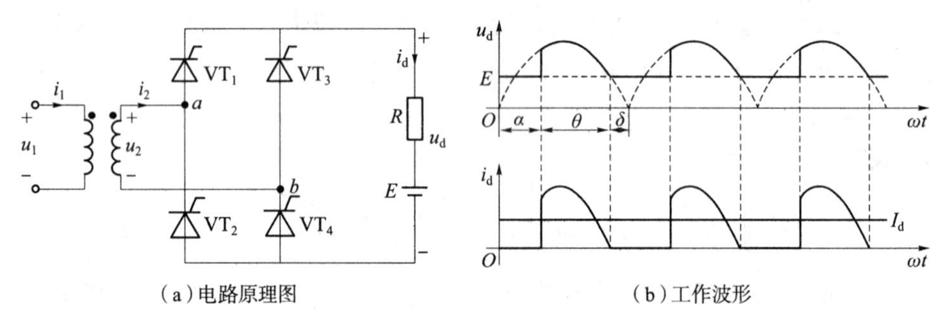

(a)电路原理图　　(b)工作波形

图 4-22　单相桥式可控整流电路原理图及稳态工作波形图(反电动势负载)

根据晶闸管导通条件，只有交流电源电压 u_2 在数值上大于反电动势 E 时，晶闸管才能承受正压，在有触发脉冲时，才能被触发导通。晶闸管导通后，u_2 加在负载上，此时 $u_d=u_2$，$i_d=(u_d-E)/R$。直到电源电压 u_2 在数值上小于反电动势 E 时，电流下降到零，晶闸管关断，此时负载电压等于反电动势 E，即 $u_d=E$。由于存在反电动势 E，晶闸管提前关断，提前关断的电角度用 δ 表示，称为停止导电角，即

$$\delta=\arctan\frac{E}{\sqrt{2}U_{2\text{rms}}} \tag{4-49}$$

2）基本运行参数分析

(1）输出电压平均值

晶闸管整流电路带反电动势负载，当晶闸管导通时，$u_d=u_2$，当晶闸管关断时，$u_d=E$。输出电压波形的面积比电阻负载时增大了，电压平均值提高了。但电流波形断续，电流波形的面积减小了，电流平均值下降了，根据 α 和 δ 的大小可求出输出电压。

当 $\alpha\geqslant\delta$ 时，晶闸管加正向电压，有门极脉冲触发，相应晶闸管即可导通。输出电压平均值为

$$\begin{aligned}U_{\text{dav}}&=\frac{1}{\pi}\left[\int_{\alpha}^{\pi-\delta}\sqrt{2}U_{2\text{rms}}\sin\omega\,\mathrm{d}(\omega t)+\alpha E+\delta E\right]\\&=\frac{\sqrt{2}U_{2\text{rms}}}{\pi}(\cos\alpha+\cos\delta)+\frac{\alpha+\delta}{\pi}E\end{aligned} \tag{4-50}$$

当 $\alpha<\delta$ 时，触发脉冲到来时刻，晶闸管承受负电压（$u_2<E$），不导通。为使晶闸管在承受正电压时导通，门极触发脉冲必须足够宽，保证晶闸管在 δ 后（$u_2>E$）仍有触发脉冲。输出电压平均值为

$$U_{\mathrm{dav}}=\frac{1}{\pi}\left[\int_{\delta}^{\pi-\delta}\sqrt{2}U_{2\mathrm{rms}}\sin\omega\mathrm{d}(\omega t)+\delta E+\delta E\right]=\frac{2\sqrt{2}U_{2\mathrm{rms}}}{\pi}\cos\delta+\frac{2\delta}{\pi}E \tag{4-51}$$

（2）输出电流平均值

$$I_{\mathrm{dav}}=\frac{U_{\mathrm{dav}}-E}{R} \tag{4-52}$$

晶闸管整流电路直接接反电动势负载时，晶闸管导通角变小，电流断续，输出电流平均值 I_{dav}变小（面积变小）。那么如何增大输出电流平均值？根据公式(4-52)可知，有两种方法可增大输出电流平均值。

一是反电动势 E 不变，增大输出平均电压。因导通角不变，只能增大电压峰值（电压有效值增大），致使电流的峰值增大。此方法的缺点是：增大了电流的峰值，电流的有效值增大，器件消耗功率增大。二是输出电压平均值不变，减少反电动势。减少反电动势，增大导通角，电流波形围成的面积增大，平均电流增大。此方法的缺点是：影响设备的正常工作，甚至发生故障。如直流电动机，要减小反电动势，必须降低电动机的转速，影响工作效率，在换向过程中容易产生火花，造成环火短路。

为了克服以上缺点，一般在反电动势负载的直流回路中串联一个平波电抗器，用来抑制电流的脉动和延长晶闸管导通的时间。有了平波电抗器，当 u_2小于 E 时甚至 u_2值变负时，晶闸管仍可导通，且只要电感量足够大，甚至能使电流连续，达到 $\theta=180°$。当然如果电感量不够大，负载电流也可能不连续，但电流的脉动情况会得到改善。单相桥式全控整流电路反电动势负载串平波电感原理图如图 4-23(a)所示，负载电流 i_{d}临界连续时工作波形如图 4-23(b)所示。根据图 4-23(b)负载电流临界连续的情况，可计算出保证负载电流连续所需的电感量。

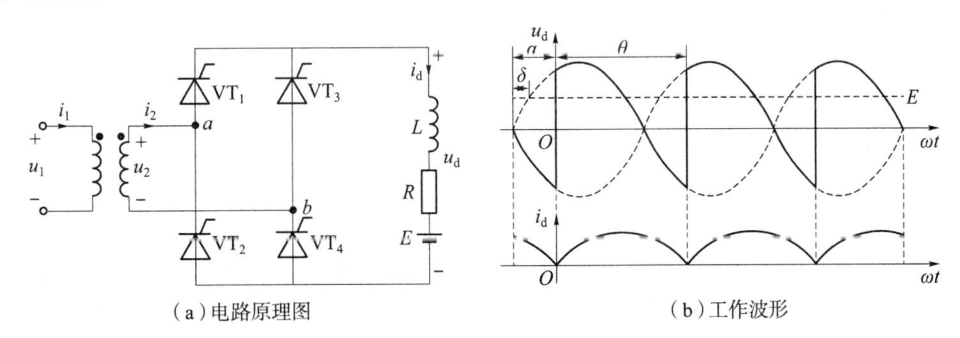

(a) 电路原理图　　(b) 工作波形

图 4-23　单相桥式可控整流电路原理图及稳态工作波形图(反电动势负载串平波电感)

晶闸管导通后，可列出电流回路的电压平衡方程为

$$L\frac{\mathrm{d}i_{\mathrm{d}}}{\mathrm{d}t}+i_{\mathrm{d}}R+E=\sqrt{2}U_{2\mathrm{rms}}\sin\omega t \tag{4-53}$$

因电阻 R 很小，忽略 $i_{\mathrm{d}}R$ 项的影响，则式(4-53)可简化为

$$L\frac{\mathrm{d}i_{\mathrm{d}}}{\mathrm{d}t}+E=\sqrt{2}U_{2\mathrm{rms}}\sin\omega t \tag{4-54}$$

电流临界连续，$\theta=180°$，这时整流电压 u_d 的波形与大电感负载状态时的波形相同，直流输出电压 U_{dav} 的计算公式亦相同，有

$$U_{dav}\approx E=\frac{2\sqrt{2}U_{2rms}}{\pi}\cos\alpha \tag{4-55}$$

将纵坐标平移至晶闸管导通的起点，如图 4-23(b)所示，由式(4-54)得

$$L\frac{di_d}{dt}=\sqrt{2}U_{2rms}\sin(\omega t+\alpha)-\frac{2\sqrt{2}}{\pi}U_{2rms}\cos\alpha \tag{4-56}$$

从而求出负载电流的表达式为

$$i_d(t)=\frac{1}{L}\int_0^t\left[\sqrt{2}U_{2rms}\sin(\omega t+\alpha)-\frac{2\sqrt{2}}{\pi}U_{2rms}\cos\alpha\right]dt \tag{4-57}$$

即

$$i_d(t)=\frac{\sqrt{2}U_{2rms}}{\omega L}\left[\cos\alpha-\cos(\omega t+\alpha)-\frac{2\omega t}{\pi}\cos\alpha\right] \tag{4-58}$$

式(4-58)为负载电流 i_d 临界连续时的函数表达式，此时对应的电流平均值就是最小连续电流平均值 I_{davmin}，则有

$$I_{davmin}=\frac{1}{\pi}\int_0^{\pi}i_d(t)d(\omega t)=\frac{2\sqrt{2}U_{2rms}}{\pi\omega L}\sin\alpha \tag{4-59}$$

式(4-59)表明，处于临界电流连续时的负载电流平均值 I_{davmin} 与触发延迟角 α 及电感 L 有关，当负载电流平均值 $I_{dav}>I_{davmin}$ 时，负载电流连续，$\theta=180°$。当 $I_{dav}<I_{davmin}$ 时，负载电流断续，$\theta<180°$。从而得到保持负载电流连续的最小电感量为

$$L=\frac{2\sqrt{2}U_{2rms}}{\pi\omega I_{davmin}}\sin\alpha \tag{4-60}$$

在确定 I_{davmin} 的情况下，L 是 α 的函数，当 $\alpha=90°$ 时所需电感量达到最大，因此，保证电流连续所需要的电感应满足：

$$L\geqslant\frac{2\sqrt{2}U_{2rms}}{\pi\omega I_{davmin}}\sin 90°=\frac{2\sqrt{2}U_{2rms}}{\pi\omega I_{davmin}}=2.87\times10^{-3}\frac{U_{2rms}}{I_{davmin}} \tag{4-61}$$

在已知 I_{davmin}（一般取额定电流的 5%～10%）的情况下，根据式(4-61)，可求出保持负载电流连续所需要的最小电感量 L，单位为 H。

4.3.3 三相半波可控整流电路

当整流负载容量较大，或要求直流电压脉动小、易滤波时，应采用交流侧由三相交流电源供电的三相整流电路。三相可控整流电路包括三相半波可控整流电路、三相桥式全控整流电路、双反星可控整流电路以及十二脉波可控整流电路（十二相整流电路）等。三相可控整流电路中最基本的是三相半波可控整流电路，其余各种类型电路都是三相半波可控整流电路串联或并联组成的，因此分析三相半波可控整流电路是分析其余三相可控整流电路的基础。

1. 电阻性负载工作分析

1）电路工作原理及稳态工作波形分析

设变压器二次侧三相正弦交流电源 a 相的电压为 $u_a=\sqrt{2}U_{2rms}\sin\omega t$ V，负载的阻值为 R，三相半波可控整流电路电阻负载原理图如图 4-24 所示。整流变压器的一次侧绕组接成

三角形，使 3 次谐波能够流过，避免 3 次谐波流入电网，变压器二次侧绕组必须接成星形，主要是为了得到零线。晶闸管阳极分别接入 u_a、u_b、u_c 三相电源，阴极连接在一起接至负载的一端，负载的另一端接电源中性点，这种晶闸管阴极接在一起的接法，称为共阴极接法。

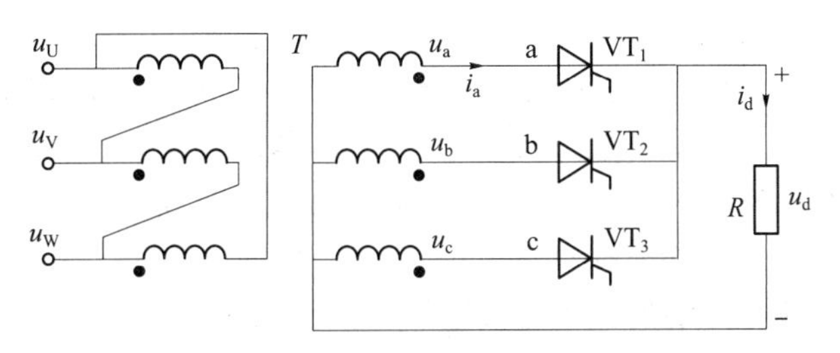

图 4-24 三相半波可控整流电路原理图(电阻负载)

稳定工作时，3 个晶闸管的触发脉冲互差 120°，在三相可控整流电路中，控制角 a 的起点不再是相电压由负变正地过 0 点，而是各相电压的交点 $\omega t=\pi/6$ 处，该点称为自然换相点。对三相半波可控整流电路来说，自然换相点是各相晶闸管能触发导通的最早时刻，在自然换相点处触发相应的晶闸管，相当于控制角 $\alpha=0°$。

(1) $\alpha=0°$时，主要变量稳态工作波形如图 4-25 所示。

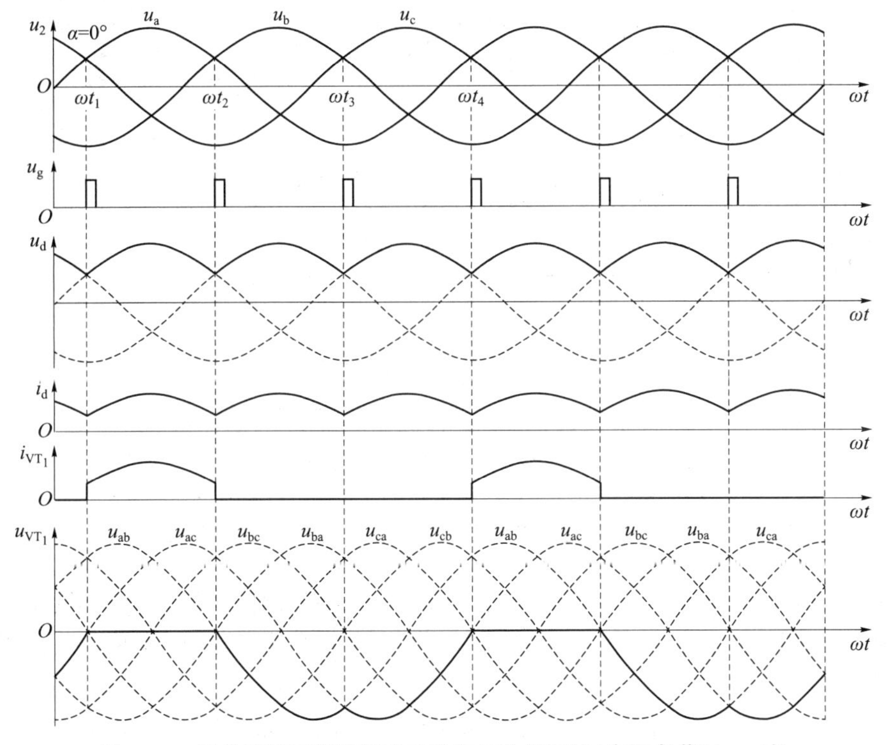

图 4-25 三相半波可控整流电路稳态工作波形图(电阻负载)($a=0°$)

① $\omega t_1 \sim \omega t_2$时段。a 相电压 u_a最高，晶闸管 VT_1具备导通条件。ωt_1时刻，晶闸管 VT_1出现门极触发脉冲 u_g而导通，负载 R 上得到 a 相电压，$u_d=u_a$。

② $\omega t_2 \sim \omega t_3$时段。b 相电压 u_b最高，晶闸管 VT_2具备导通条件。ωt_2时刻，晶闸管 VT_2出现门极触发脉冲 u_g而导通，负载 R 上得到 b 相电压，$u_d=u_b$。

此时段，由于 b 相电压 u_b 最高，b 点电位通过导通的晶闸管 VT_2 施加在 VT_1 的阴极上，使 VT_1 承受反偏电压而关断。

③ $\omega t_3 \sim \omega t_4$ 时段。c 相电压 u_c 最高，晶闸管 VT_3 具备导通条件。ωt_3 时刻，晶闸管 VT_3 出现门极触发脉冲 u_g 而导通，负载 R 上得到 c 相电压，$u_d = u_c$。

此时段，由于 c 相电压 u_c 最高，c 点电位通过导通的晶闸管 VT_3 施加在 VT_2 的阴极上，使 VT_2 承受反偏电压而关断。在电源的下一个周期，电路重复前面的过程。

一个周期内晶闸管 VT_1、VT_2、VT_3 轮流导通，每个管子导通 120°，输出电压 u_d 为三相电压在 120°范围内的包络线，是一个脉动直流电压，在一个周期内脉动 3 次(有 3 个波头)，频率是工频的 3 倍。改变控制角 α 的值，输出直流电压的波形(交流电平均值的大小)将发生改变。

(2) $\alpha = 30°$时，主要变量稳态工作波形如图 4-26 所示。

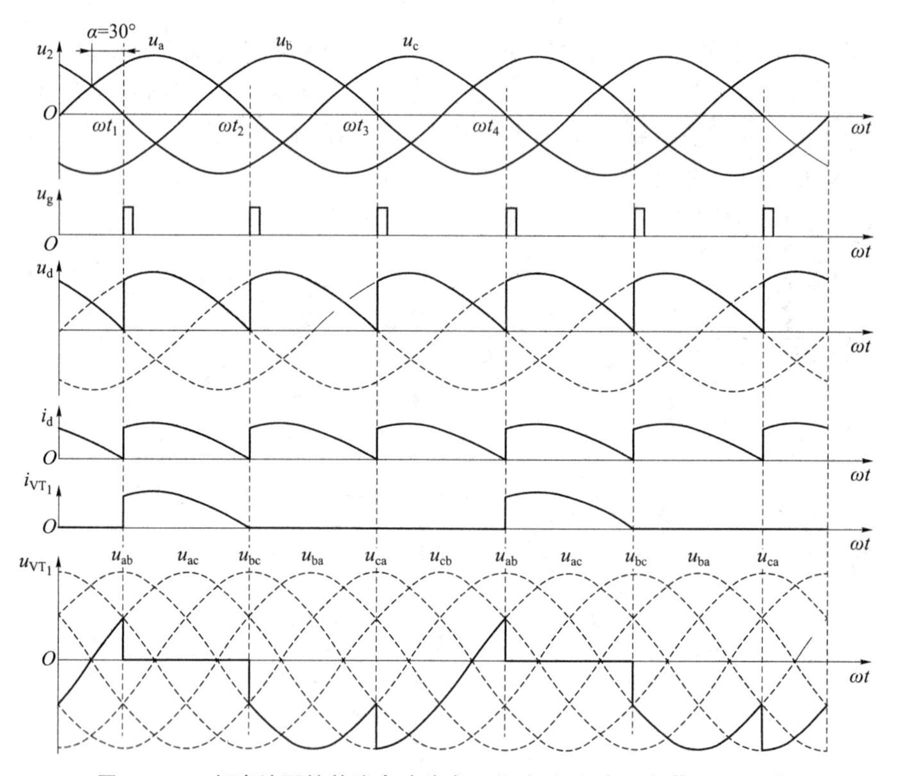

图 4-26 三相半波可控整流电路稳态工作波形图(电阻负载)($\alpha = 30°$)

① $0 \sim \omega t_1$ 时段。晶闸管 VT_3 导通，当过 a 相自然换相点时，虽然 $u_a > u_c$，但 a 相晶闸管 VT_1 未施加触发脉冲 u_g，晶闸管 VT_1 不导通，晶闸管 VT_3 继续导通，负载 R 上电压仍未 c 相电压，$u_d = u_c$。

② $\omega t_1 \sim \omega t_2$ 时段。在 ωt_1 时刻，即控制角 $\alpha = 30°$时，a 相晶闸管 VT_1 出现门极触发脉冲 u_g，VT_1 导通，VT_3 承受反偏电压 u_{ca} 而关断。负载 R 上得到 a 相电压，$u_d = u_a$。

此时段，虽然经过 b 相自然换相点，但由于 b 相晶闸管 VT_2 未施加触发脉冲 u_g，晶闸管 VT_2 不导通，晶闸管 VT_1 继续导通，直到 ωt_2 时刻。VT_1 导通角为 120°。

③ $\omega t_2 \sim \omega t_3$ 时段。在 ωt_2 时刻，b 相晶闸管 VT_2 出现门极触发脉冲 u_g 而导通，VT_1 承受反偏电压 u_{ba} 而关断。负载 R 上得到 b 相电压，$u_d = u_b$。

此时段，虽然经过 c 相自然换相点，但由于 c 相晶闸管 VT_3 未施加触发脉冲 u_g，晶闸管 VT_3 不导通，晶闸管 VT_2 继续导通，直到 ωt_3 时刻。VT_2 导通角为 120°。

④ $\omega t_3 \sim \omega t_4$ 时段。在 ωt_3 时刻，c 相晶闸管 VT_3 出现门极触发脉冲 u_g 而导通，VT_2 承受反偏电压 u_{cb} 而关断。负载 R 上得到 c 相电压，$u_d = u_c$。

此时段，虽然经过 a 相自然换相点，但由于 a 相晶闸管 VT_1 未施加触发脉冲 u_g，晶闸管 VT_1 不导通，晶闸管 VT_3 继续导通，直到 ωt_4 时刻。VT_2 导通角为 120°。在电源的下一个周期，电路重复前面的过程。在 $\alpha = 30°$ 时，输出电压 u_d 为三相电压在 120°范围内的包络线，负载电流处于连续和断续的临界状态。

(3) $\alpha > 30°$ 时，主要变量稳态工作波形如图 4-27 所示。

如果控制角 $\alpha > 30°$，直流电流不再连续。当导通一相的相电压过 0 变负时，该相晶闸管关断，此时下一相晶闸管虽然承受正向阳极电压，但晶闸管的触发脉冲还未到来，不导通，出现各相晶闸管均不导通的情况，因此输出电压和电流均为 0，负载电流断续。直到 $\alpha = 60°$ 时，下一相晶闸管触发脉冲才出现，晶闸管才会导通。控制角 $\alpha = 60°$ 时，各晶闸管导通角为 90°。

若控制角 α 继续增大，导通角也随之减小，整流电压将越来越小，当控制角 $\alpha = 150°$ 时，整流输出电压为 0，所以三相半波可控整流电路电阻性负载时，控制角 α 的移相范围为 0～150°。

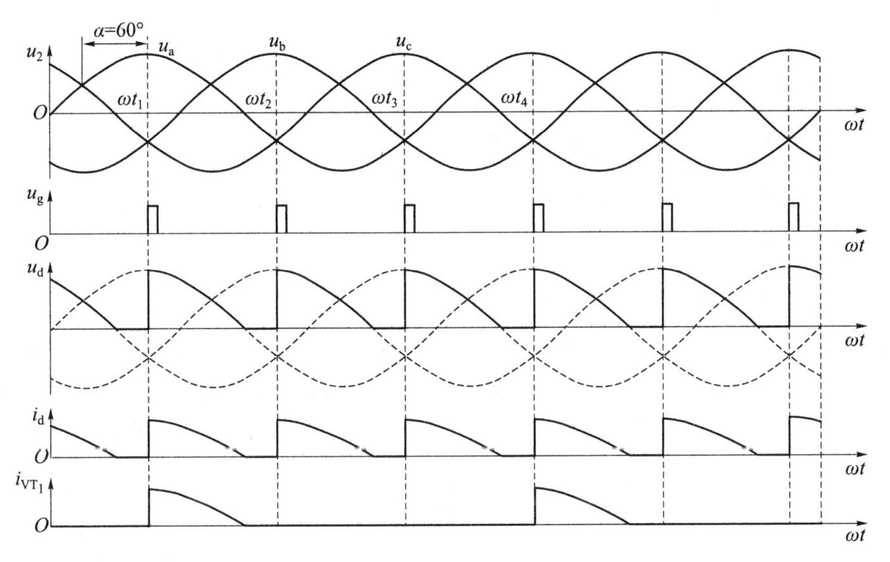

图 4-27　三相半波可控整流电路稳态工作波形图(电阻负载)($\alpha = 60°$)

2) 主要运行参数分析

(1) 输出电压平均值

控制角 $\alpha = 0 \sim 30°$ 时：

$$U_{dav} = \frac{3}{2\pi}\int_{\alpha+\frac{\pi}{6}}^{\alpha+\frac{5\pi}{6}} \sqrt{2}U_{2rms}\sin\omega t\,d(\omega t) = \frac{3\sqrt{6}U_{2rms}}{2\pi}\cos\alpha = 1.17U_{2rms}\cos\alpha \tag{4-62}$$

控制角 $\alpha = 30° \sim 150°$ 时：

$$\begin{aligned} U_{dav} &= \frac{3}{2\pi}\int_{\alpha+\frac{\pi}{6}}^{\pi} \sqrt{2}U_{2rms}\sin\omega t\,d(\omega t) = \frac{3\sqrt{2}U_{2rms}}{2\pi}\left[1+\cos\left(\frac{\pi}{6}+\alpha\right)\right] \\ &= 0.675U_{2rms}\left[1+\cos\left(\frac{\pi}{6}+\alpha\right)\right] \end{aligned} \tag{4-63}$$

当 $\alpha=0°$ 时，整流输出直流电压平均值最大，$U_{\text{davmax}}=1.17U_{\text{2rms}}$。随着触发延迟角 α 的增大，输出直流电压平均值减小，当 $\alpha=150°$ 时，整流输出直流电压平均值最小，$U_{\text{davmin}}=0$。因此，输出直流电压平均值在 $1.17U_{\text{2rms}}$～0 之间连续可调，触发延迟角 α 移相范围 0～150°。

(2) 输出电流平均值

$$I_{\text{dav}}=\frac{U_{\text{dav}}}{R} \tag{4-64}$$

(3) 负载电压有效值

控制角 $\alpha=0$～30°时：

$$\begin{aligned}U_{\text{drms}}&=\sqrt{\frac{3}{2\pi}\int_{\alpha+\frac{\pi}{6}}^{\alpha+\frac{5\pi}{6}}(\sqrt{2}U_{\text{2rms}}\sin\omega t)^2\,\mathrm{d}(\omega t)}\\&=U_{\text{2rms}}\sqrt{\frac{3}{2\pi}\left(\frac{2\pi}{3}+\frac{\sqrt{3}}{2}\cos 2\alpha\right)}\end{aligned} \tag{4-65}$$

控制角 $\alpha=30°$～150°时：

$$\begin{aligned}U_{\text{drms}}&=\sqrt{\frac{3}{2\pi}\int_{\alpha+\frac{\pi}{6}}^{\pi}(\sqrt{2}U_{\text{2rms}}\sin\omega t)^2\,\mathrm{d}(\omega t)}\\&=U_{\text{2rms}}\sqrt{\frac{1}{2\pi}\left(\frac{5\pi}{6}-\alpha+\frac{\sqrt{3}}{4}\cos 2\alpha+\frac{1}{4}\sin 2\alpha\right)}\end{aligned} \tag{4-66}$$

(4) 晶闸管承受正向、反向电压最大值

晶闸管承受的最大反向电压为 $\sqrt{6}U_{\text{2rms}}$，承受的最大正向电压为 $\sqrt{2}U_{\text{2rms}}$。

2. 阻感性负载工作分析

1) 电路工作原理及稳态工作波形分析

设变压器二次侧正弦交流电源电压为：$u_2=\sqrt{2}U_{\text{2rms}}\sin\omega t V$，负载阻抗为 $Z=R+\mathrm{j}\omega L$，三相半波可控整流电路阻感负载电路原理图如图 4-28 所示。设电感 L 很大(大电感负载，稳态时流过负载的电流 i_d 平直连续，幅值为 I_d)，晶闸管为理想开关，电路的触发延迟角为 α，其稳态工作过程如下：

当控制角 $0\leqslant\alpha\leqslant30°$ 时，整流电压 u_d 波形与电阻性负载时相同。

当控制角 $150°\geqslant\alpha\geqslant30°$ 时，由于负载电感 L 中感应电动势 e_L 的作用，使得晶闸管在电源电压过 0 变负时仍然继续导通，直到后序相晶闸管导通而承受反向电压关断为止。

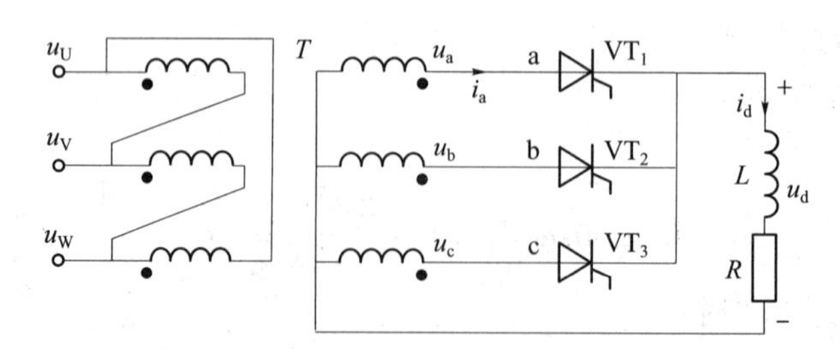

图 4-28　三相半波可控整流电路原理图(阻感负载)

以 a 相为例，当 $\alpha=60°$ 时，三相半波可控整流电路阻感负载主要变量稳态工作波形图如图 4-29 所示。晶闸管 VT_1 在 $\alpha=60°$ 的时刻导通，输出电压 $u_d=u_a$。当 $u_a=0$ 时刻，由于

u_a的减小使流过电感 L 的电流 i_d出现减小趋势，自感电势 e_L 的极性将阻止 i_d的减小，使 VT_1仍然承受正向阳极电压继续导通，即使 u_a为负时，L 自感电势与负值相电压之和e_L+u_a仍可能为正，使 VT_1继续承受正向阳极电压维持导通，直到 VT_2触发导通，向负载供电，同时向 VT_1施加反向阳极电压而关断。在这种情况下，u_d波形中出现负的部分，同时各相晶闸管轮流导通 120°，随着控制角 α 增大，u_d波形中出现负的部分将增多，至 $\alpha=90°$时，u_d波形中正负面积相等，u_d得平均值为 0，所以感性负载时控制角 a 的移相范围为 0～90°。感性负载下，u_d波形脉动很大，但 i_d波形平直，脉动很小。

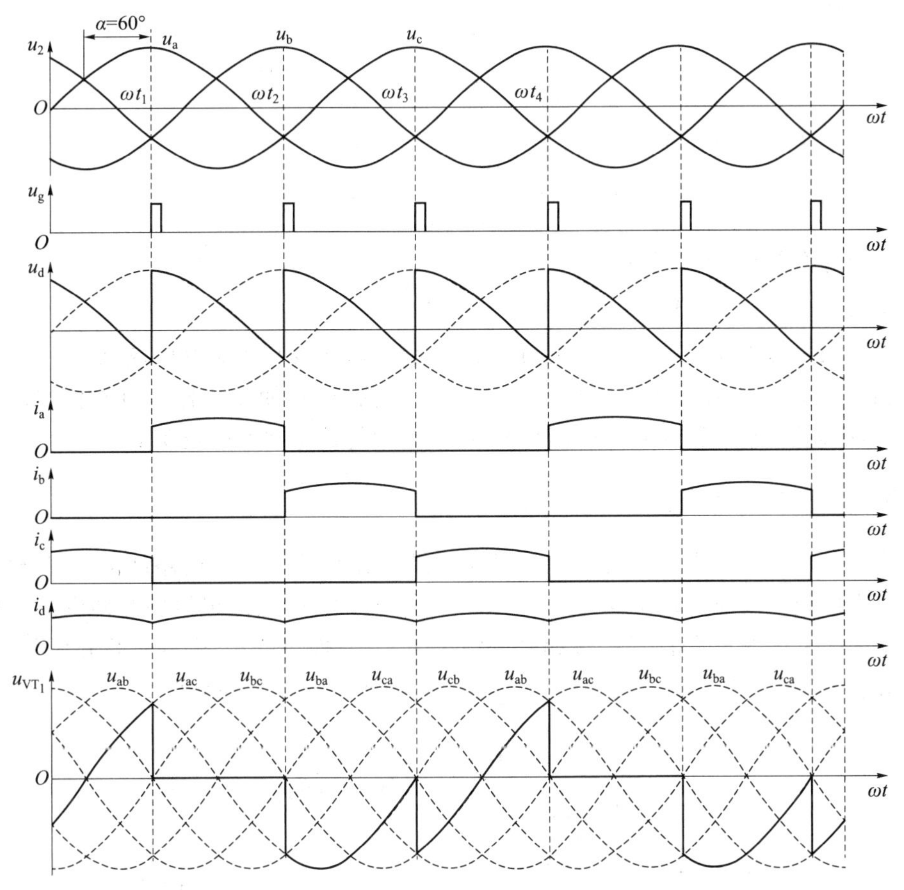

图 4-29　三相半波可控整流电路稳态工作波形图(阻感负载)($\alpha=60°$)

2）基本运行参数分析

（1）输出电压平均值

$$U_{dav}=\frac{3}{2\pi}\int_{\alpha+\frac{\pi}{6}}^{\alpha+\frac{5\pi}{6}}\sqrt{2}U_{2rms}\sin\omega t\,d(\omega t)=\frac{3\sqrt{6}U_{2rms}}{2\pi}\cos\alpha=1.17U_{2rms}\cos\alpha \qquad (4\text{-}67)$$

当 $\alpha=0°$时，整流输出直流电压平均值最大，$U_{davmax}=1.17U_{2rms}$。随着触发延迟角 α 的增大，输出直流电压平均值减小，当 $\alpha=90°$时，整流输出直流电压平均值最小，$U_{davmin}=0$。因此，输出直流电压平均值在 $1.17U_{2rms}$～0 之间连续可调，触发延迟角 α 移相范围 0～90°。

(2) 输出电流平均值

输出电流 i_d 为平直的直流电流,其值为

$$I_{dav}=\frac{U_{dav}}{R}=\frac{1.17U_{2rms}}{R}\cos\alpha \tag{4-68}$$

(3) 流过晶闸管电流平均值

$$I_{VTav}=\frac{1}{3}I_{dav} \tag{4-69}$$

(4) 流过晶闸管电流有效值

$$I_{VTrms}=\sqrt{\frac{1}{2\pi}\int_{\alpha+\frac{\pi}{6}}^{\alpha+\frac{5\pi}{6}}I_d^2\mathrm{d}(\omega t)}=\frac{1}{\sqrt{3}}I_d=0.577I_d \tag{4-70}$$

(5) 变压器二次侧电流有效值

$$I_{2rms}=I_{VTrms}=\frac{1}{\sqrt{3}}I_d=0.577I_d \tag{4-71}$$

(6) 晶闸管承受正向、反向电压最大值

晶闸管承受的最大正向、反向电压均为$\sqrt{6}U_{2rms}$。

三相半波可控整流电路优点是使用了 3 个晶闸管,接线和控制简单;缺点是变压器二次侧绕组利用率低,且绕组中电流是单方向的,含有直流分量,使变压器直流磁化并产生较大的漏磁通,引起附加损耗,为此其应用很少,多用在中等偏小功率的设备上。

4.3.4 三相桥式全控整流电路

在大功率应用场合中,三相桥式全控整流电路是最常用的一种电路结构,三相桥式全控整流电路电阻负载电路原理图如图 4-30 所示。为分析方便,共阴极组的晶闸管编号分别为 VT_1、VT_3、VT_5,共阳极组的晶闸管编号分别为 VT_4、VT_6、VT_2。从后面的分析可知,按此编号,晶闸管的导通顺序依次为 $VT_1 \rightarrow VT_2 \rightarrow VT_3 \rightarrow VT_4 \rightarrow VT_5 \rightarrow VT_6$。

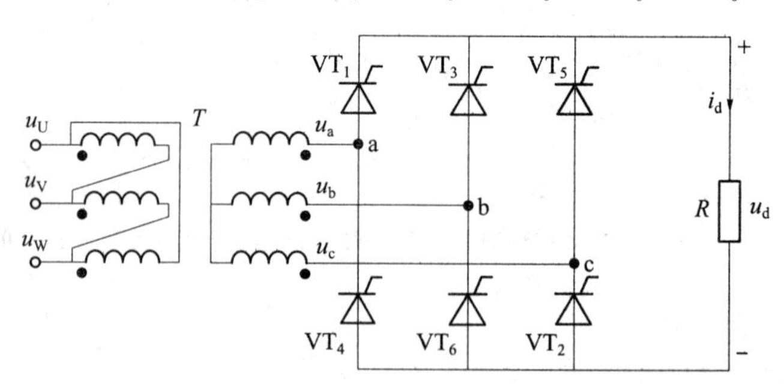

图 4-30 三相桥式全控整流电路原理图(电阻负载)

由于三相桥式全控整流电路工作时,必须有一个共阴极组晶闸管和一个共阳极组晶闸管同时导通才能形成电流通路,因此对触发脉冲有特殊的要求,即:将一个电源周期六等分,相邻管号触发脉冲相差 60°。为确保电路的正常工作,需保证要同时导通的两个晶闸管均有触发脉冲。可采用脉冲宽度大于 60°(一般取 80°～100°)的宽脉冲触发,或采用前沿相差 60°双窄脉冲(脉宽一般为 18°～36°)的双脉冲触发,常用的是双脉冲触发。

1. 电阻性负载工作分析

1）电路工作原理及稳态工作波形分析

设变压器二次侧三相正弦交流电源 a 相的电压为 $u_a=\sqrt{2}U_{2rms}\sin\omega t$ V，负载的阻值为 R。

（1）$\alpha=0°$时，主要变量稳态工作波形如图 4-31 所示。

参考三相桥式二极管整流电路的分析过程，一个周期内，晶闸管的自然换流点分别用 R、S、T、X、Y、Z 表示。

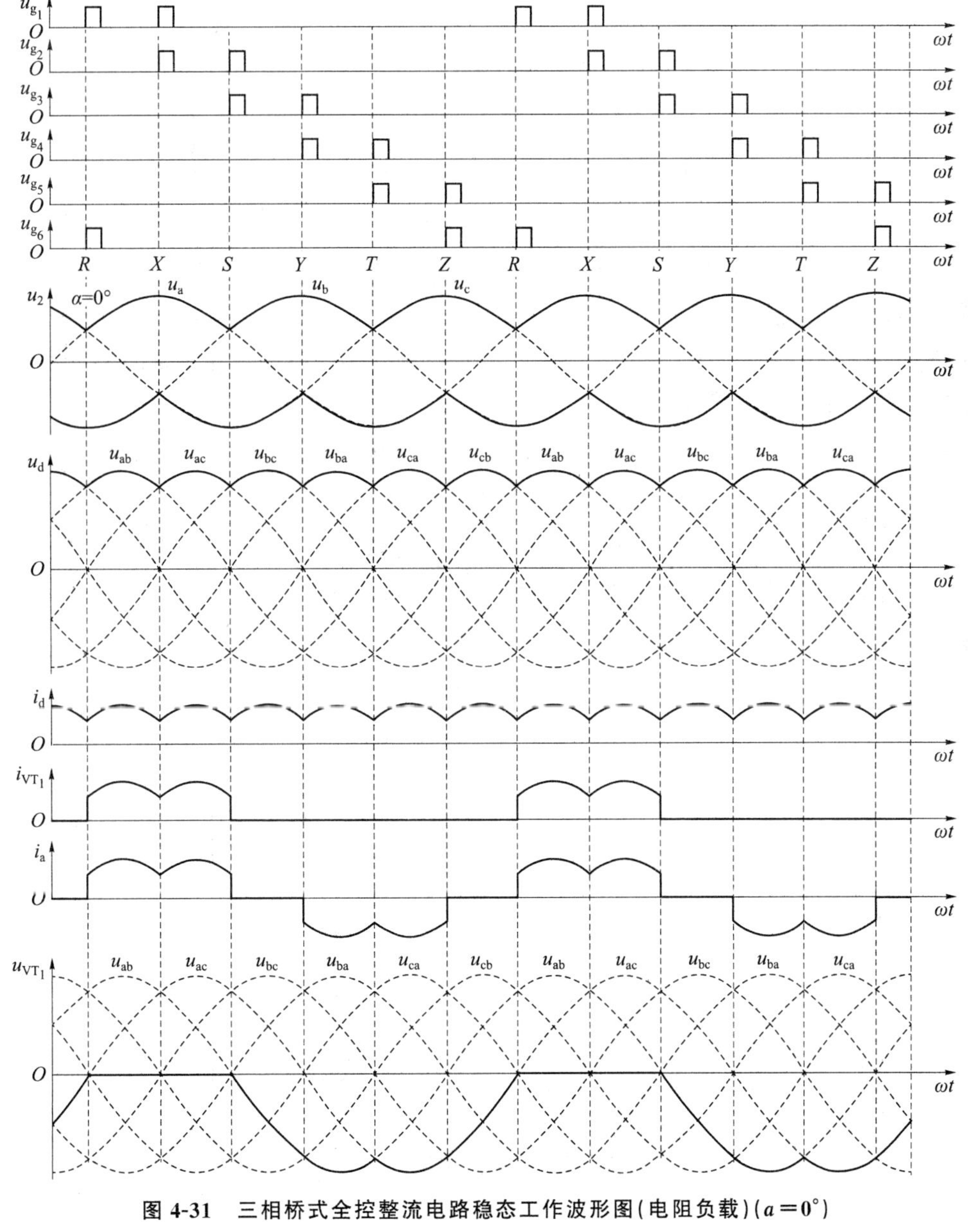

图 4-31　三相桥式全控整流电路稳态工作波形图(电阻负载)($\alpha=0°$)

① $R \sim X$ 时段。VT_1连接的 a 相电压最高，VT_6连接的 b 相电压最低。在 R 时刻，晶闸管 VT_1、VT_6施加触发脉冲而导通，整流输出电压 $u_d = u_a - u_b = u_{ab}$。

② $X \sim S$ 时段。VT_1连接的 a 相电压最高，VT_2连接的 c 相电压最低。在 X 时刻，晶闸管 VT_1、VT_2施加触发脉冲而导通，且 $u_a > u_b > u_c$，VT_6施加反向偏置电压而关断，整流输出电压 $u_d = u_a - u_c = u_{ac}$。

③ $S \sim Y$ 时段。VT_2连接的 b 相电压最高，VT_3连接的 c 相电压最低。在 S 时刻，晶闸管 VT_2、VT_3施加触发脉冲而导通，且 $u_b > u_a > u_c$，VT_1施加反向偏置电压而关断，整流输出电压 $u_d = u_b - u_c = u_{bc}$。

④ 同理在 $Y \sim T$ 时段，晶闸管 VT_3、VT_4 触发导通，$u_d = u_{ba}$；在 $T \sim Z$ 时段，晶闸管 VT_4、VT_5触发导通，$u_d = u_{ca}$。在 $Z \sim R$ 时段，晶闸管 VT_5、VT_6触发导通，$u_d = u_{cb}$。一个电源周期之后，波形重复。

在 $R \sim S$ 时段，VT_1 导通，$i_{VT_1} = u_d / R$，波形与输出电压 u_d波形相似，$u_{VT_1} = 0$。在 $S \sim T$ 时段，VT_3 导通，$u_{VT_1} = u_{ab}$。在 $T \sim R$ 时段，VT_5 导通 $u_{VT_1} = u_{ac}$。

由图 4-31 可知，整流输出电压 u_d一个周期脉动 6 次，每次脉动的波形都一样，故该电路称为六脉波整流电路。

(2) $\alpha = 30°$时，用 R'、S'、T'、X'、Y'、Z'表示晶闸管实际触发脉冲出现时刻。主要变量稳态工作波形如图 4-32 所示。

工作过程与 $\alpha = 0°$相比，一周中整流输出电压 u_d波形仍由 6 段电压构成，晶闸管起始导通时刻推迟了 30°，组成每一段线电压的波形也推迟 30°。

① $R' \sim X'$时段。VT_1连接的 a 相电压高于 VT_6连接的 b 相电压。在 R 时刻，晶闸管 VT_1、VT_6施加触发脉冲而导通，整流输出电压 $u_d = u_a - u_b = u_{ab}$。这一时段，虽然经过共阳极组的自然换流点 X，c 相电压开始低于 b 相电压，VT_2开始承受正向电压，但它的触发脉冲还未来临，故不能导通，因此阶段始终有 $u_a > u_b$，故 VT_6继续导通，整流输出电压仍为 $u_d = u_{ab}$。

② $X' \sim S'$时段。VT_1连接的 a 相电压高于 VT_2连接的 c 相电压。在 X 时刻，晶闸管 VT_1、VT_2施加触发脉冲而导通，且 $u_a > u_b > u_c$，VT_6施加反向偏置电压而关断，整流输出电压 $u_d = u_a - u_c = u_{ac}$。这一时段，虽然经过共阴极组的自然换流点 S，a 相电压开始低于 b 相电压，VT_3开始承受正向电压，但它的触发脉冲还未来临，故不能导通，因此阶段始终有 $u_a > u_c$，故 VT_1 继续导通，整流输出电压仍为 $u_d = u_{ac}$。其他时段的工作过程，以此类推。

(3) $\alpha = 60°$时，主要变量稳态工作波形如图 4-33 所示。

工作过程与 $\alpha = 0°$相比，一周中整流输出电压 u_d波形仍由 6 段电压构成，晶闸管起始导通时刻推迟了 60°，组成每一段线电压波形也推迟 60°，u_d平均值降低，并出现 u_d为 0 点。综上所述，控制角 $\alpha = 60°$是输出整流电压连续和断续的临界点，当 $\alpha \leqslant 60°$时，整流输出电压 u_d 连续，当控制角 $\alpha > 60°$时，整流输出电压 u_d断续。

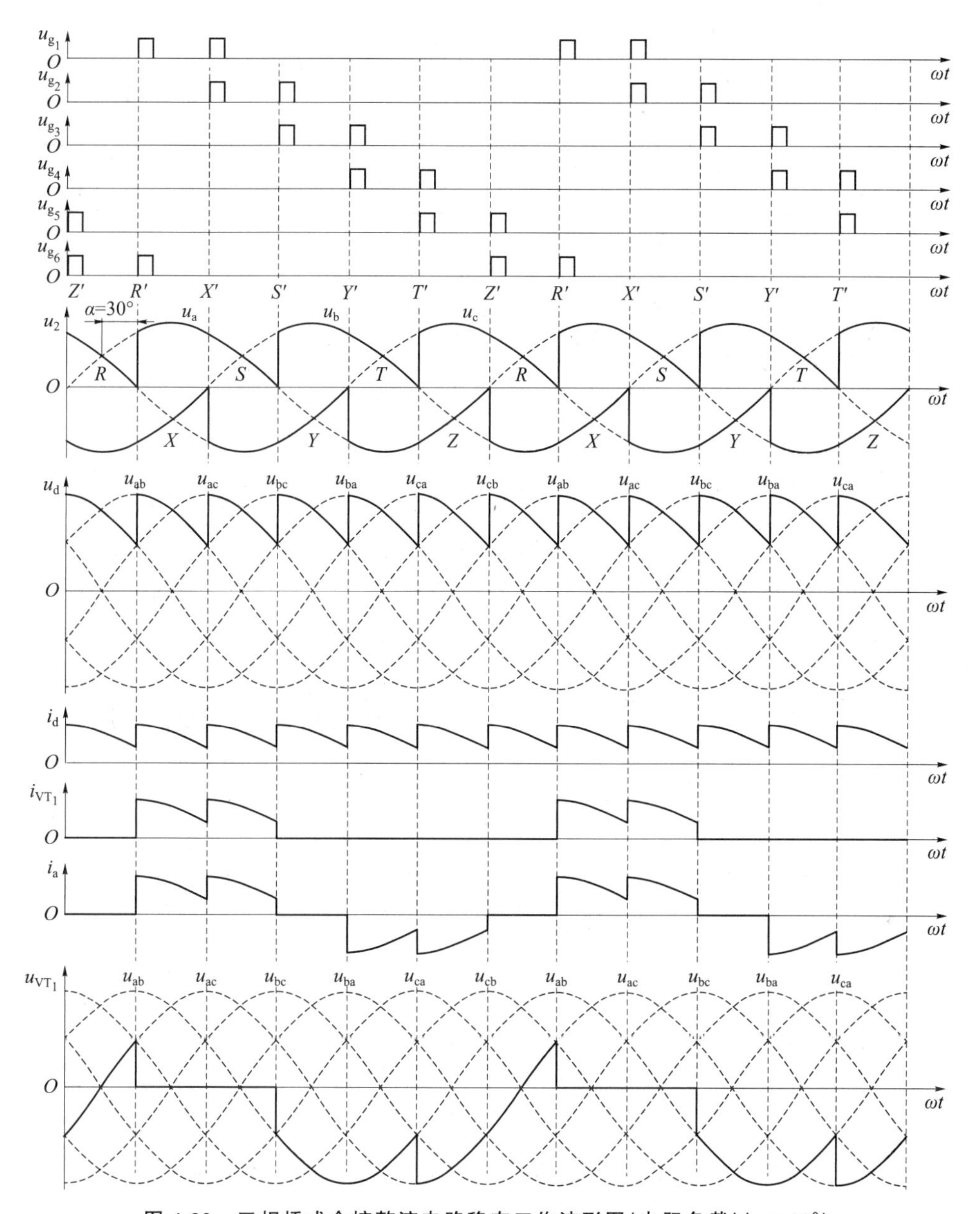

图 4-32　三相桥式全控整流电路稳态工作波形图(电阻负载)($\alpha=30°$)

(4) $\alpha=90°$时，主要变量稳态工作波形如图 4-34 所示。

工作过程与 $\alpha=0°$相比，一周中整流输出电压 u_d波形仍由 6 段电压构成，晶闸管起始导通时刻推迟了 90°，组成每一段线电压波形也推迟 90°，u_d平均值降低，并出现 u_d为 0 时段。

当 $\alpha=90°$时，a 相电压 u_a高于 b 相电压 u_b，晶闸管 VT_1和 VT_6触发导通，整流输出电压 $u_d=u_a-u_b=u_{ab}$。经过共阴极组的自然换流点，a 相电压开始低于 b 相电压，VT_1和 VT_6承受反向向电压而关断，后续应导通的晶闸管对因触发脉冲还未来临而不能导通，故整流输出电压 $u_d=0$，整流电流 $i_d=0$，出现断续现象。以此类推，得到一系列断续的整流输出电压波形。在 $\alpha=90°$时，整流输出电压 u_d 波形，每 60°中有 30°为 0。

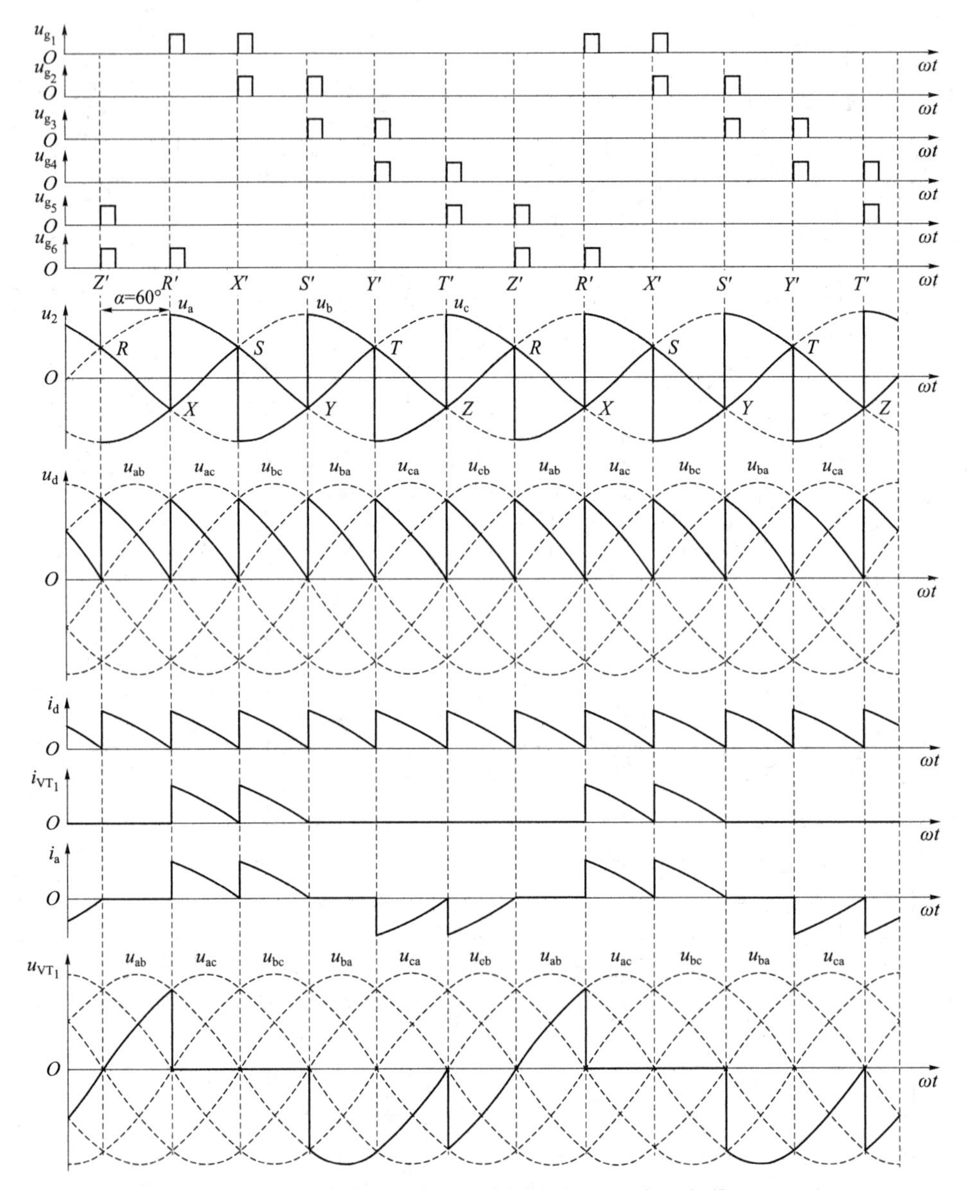

图 4-33　三相桥式全控整流电路稳态工作波形图(电阻负载)($a=60°$)

2）主要运行参数分析

(1) 输出电压平均值

控制角 $a\leqslant 60°$时：

$$U_{dav}=\frac{1}{\frac{\pi}{3}}\int_{\alpha+\frac{\pi}{6}}^{\alpha+\frac{\pi}{2}}\sqrt{6}U_{2rms}\sin\left(\omega t+\frac{\pi}{6}\right)d(\omega t)=2.34U_{2rms}\cos\alpha \tag{4-72}$$

控制角 $a>60°$时：

$$U_{dav}=\frac{1}{\frac{\pi}{3}}\int_{\alpha+\frac{\pi}{6}}^{\frac{5\pi}{6}}\sqrt{6}U_{2rms}\sin\left(\omega t+\frac{\pi}{6}\right)d(\omega t)=2.34U_{2rms}\left[1+\cos\left(\frac{\pi}{3}+\alpha\right)\right] \tag{4-73}$$

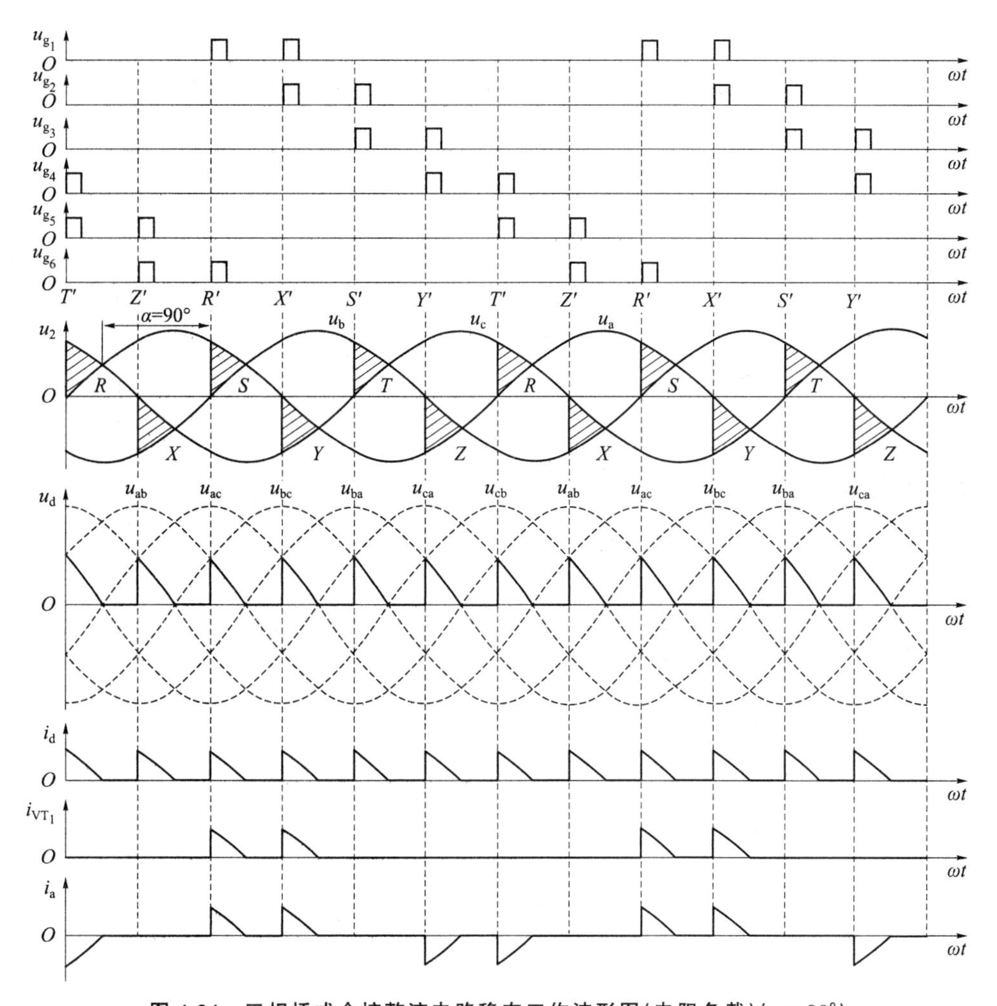

图 4-34　三相桥式全控整流电路稳态工作波形图(电阻负载)($\alpha=90°$)

从式(4-73)可以看出,当 $\alpha=120°$时,$U_{\mathrm{dav}}=0$,即三相桥式全控整流电路电阻负载触发延迟角 α 移相范围 0～120°。

(2) 输出电流平均值

$$I_{\mathrm{dav}}=\frac{U_{\mathrm{dav}}}{R} \tag{4-74}$$

(3) 晶闸管电流有效值

控制角 $0\leqslant\alpha\leqslant60°$时:

$$\begin{aligned}I_{\mathrm{VTrms}}&=\sqrt{\frac{2}{2\pi}\int_{\alpha+\frac{\pi}{6}}^{\alpha+\frac{\pi}{2}}\left[\frac{\sqrt{6}U_{2\mathrm{rms}}}{R}\sin\left(\omega t+\frac{\pi}{6}\right)\right]^2\mathrm{d}(\omega t)}\\&=\frac{U_{2\mathrm{rms}}}{R}\sqrt{1+\frac{3\sqrt{3}}{2\pi}\cos 2\alpha}\end{aligned} \tag{4-75}$$

控制角 $60° < \alpha \leqslant 120°$时：

$$I_{\mathrm{VTrms}}=\sqrt{\frac{2}{2\pi}\int_{\alpha+\frac{\pi}{6}}^{\frac{5\pi}{6}}\left[\frac{\sqrt{6}U_{2\mathrm{rms}}}{R}\sin\left(\omega t+\frac{\pi}{6}\right)\right]^{2}\mathrm{d}(\omega t)}$$
$$=\frac{U_{2\mathrm{rms}}}{R}\sqrt{2-\frac{3\alpha}{\pi}+\frac{3}{2\pi}\sin\left(\frac{2\pi}{3}+2\alpha\right)} \quad (4\text{-}76)$$

(4) 变压器二次侧电流有效值

$$I_{\mathrm{arms}}=\sqrt{2}\,I_{\mathrm{VTrms}} \quad (4\text{-}77)$$

(5) 晶闸管承受正向、反向电压最大值

晶闸管承受的最大反向电压为$\sqrt{6}U_{2\mathrm{rms}}$，当 $a=60°$时，VT_1 和 VT_2共同承受最大正向电压 u_{ac}，即：晶闸管承受的最大正向电压为 $3\sqrt{2}U_{2\mathrm{rms}}/2$。

2. 阻感性负载工作分析

设变压器二次侧正弦交流电源电压为 $u_a=\sqrt{2}U_{2\mathrm{rms}}\sin\omega tV$，负载阻抗为 $Z=R+\mathrm{j}\omega L$，三相桥式全控整流电路阻感负载电路原理图如图 4-35 所示。设电感 L 很大，并且有 $\omega L\gg R$（大电感负载，稳态时流过负载的电流 i_d平直连续，幅值为 I_d），电路组成器件为理想器件，电路的触发延迟角为 α。

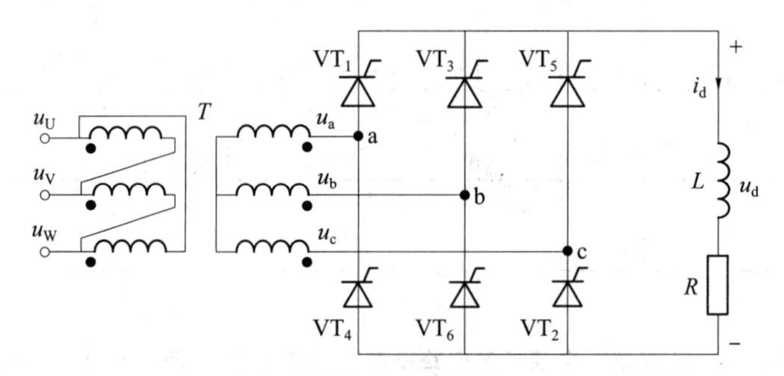

图 4-35　三相桥式全控整流电路原理图(阻感负载)

1) 电路工作原理及稳态工作波形分析

(1) $0° \leqslant \alpha \leqslant 60°$时，各晶闸管的通断情况、输出整流电压 u_d波形、晶闸管承受的电压波形等与带电阻负载时完全相同。区别在于因负载不同，同样的整流电压 u_d加到负载上，得到的负载电流 i_d波形不同。电阻负载时 i_d的波形与 u_d波形形状一样，而阻感负载电流 i_d波形变得平直，当电感足够大时，负载电流 i_d的波形可近似为一条水平线。

变压器二次侧的电流波形为正负对称的矩形波，此时相应的晶闸管电流波形也是单边的矩形波。三相桥式全控整流电路带阻感负载时，$\alpha=0°$和 $\alpha=30°$时主要变量稳态工作波形如图 4-36 和 4-37 所示。

一个周期内，晶闸管的自然换流点分别用 R、S、T、X、Y、Z 表示，晶闸管实际触发脉冲出现时刻分别用 R'、S'、T'、X'、Y'、Z'表示。在 R'时刻，$VT_5 \rightarrow VT_1$进行换流。在 S'时刻，$VT_1 \rightarrow VT_3$进行换流。在 T'时刻，$VT_3 \rightarrow VT_5$进行换流。在 X'时刻，$VT_6 \rightarrow VT_2$进行换流。在 Y'时刻，$VT_2 \rightarrow VT_4$进行换流。在 Z'时刻，$VT_4 \rightarrow VT_6$进行换流。

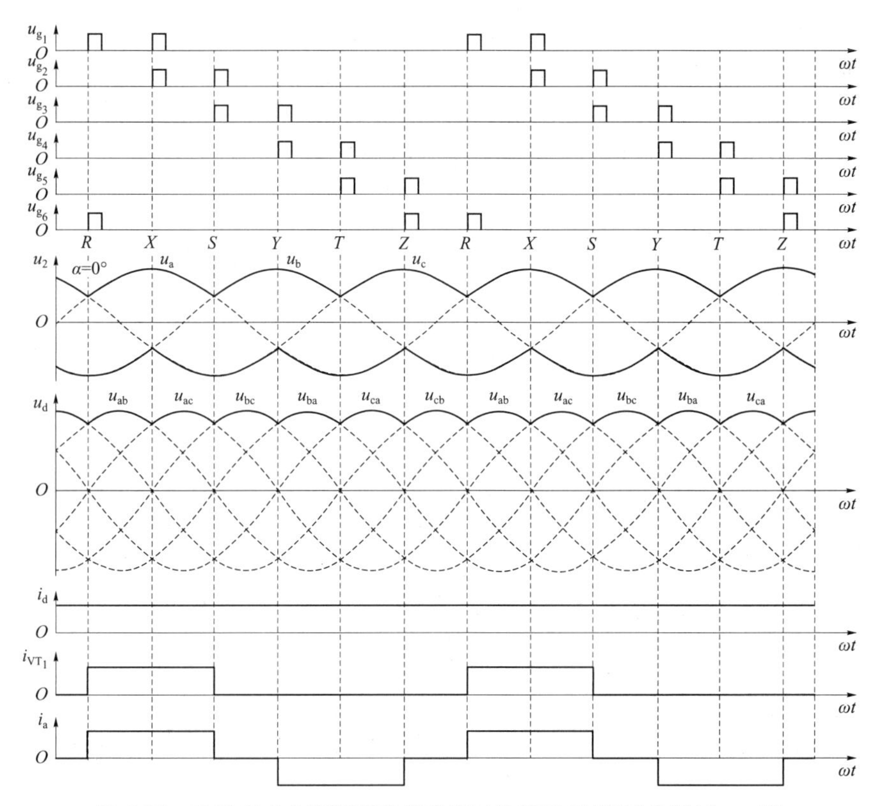

图 4-36　三相桥式全控整流电路稳态工作波形图(阻感负载)($a=0^\circ$)

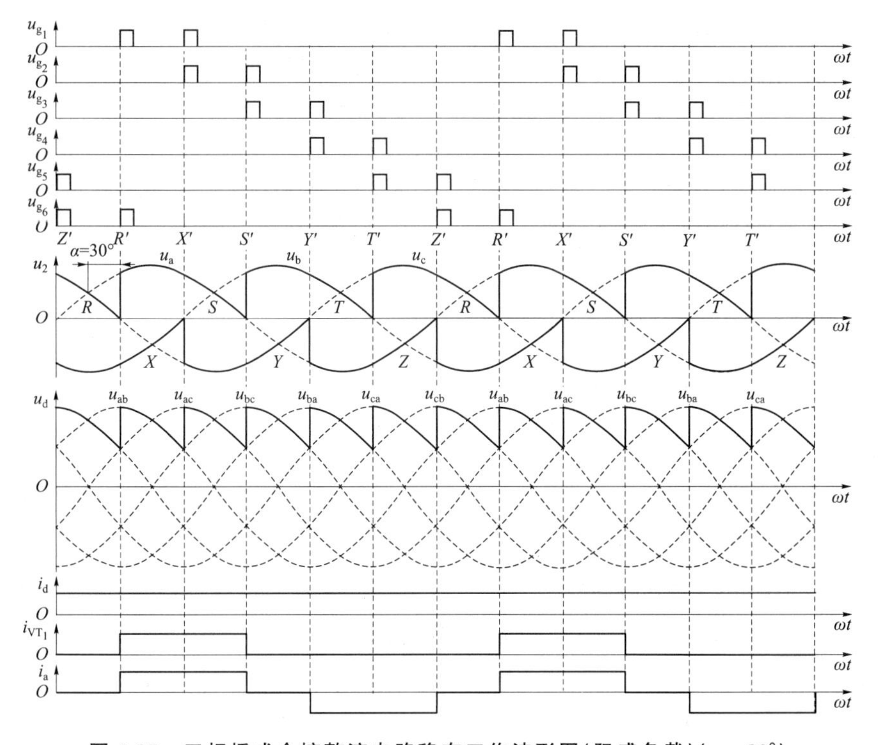

图 4-37　三相桥式全控整流电路稳态工作波形图(阻感负载)($a=30^\circ$)

(2) $\alpha>60°$时，由于负载电感 L 中感应电动势 e_L 的作用，使得晶闸管在电源电压过 0 变负时仍然继续导通，直到后序相晶闸管导通而承受反向电压关断为止。$\alpha=90°$的主要变量稳态工作波形如图 4-38 所示。一个周期内，晶闸管的自然换流点分别用 R、S、T、X、Y、Z 表示，晶闸管实际触发脉冲出现时刻分别用 R'、S'、T'、X'、Y'、Z'表示。

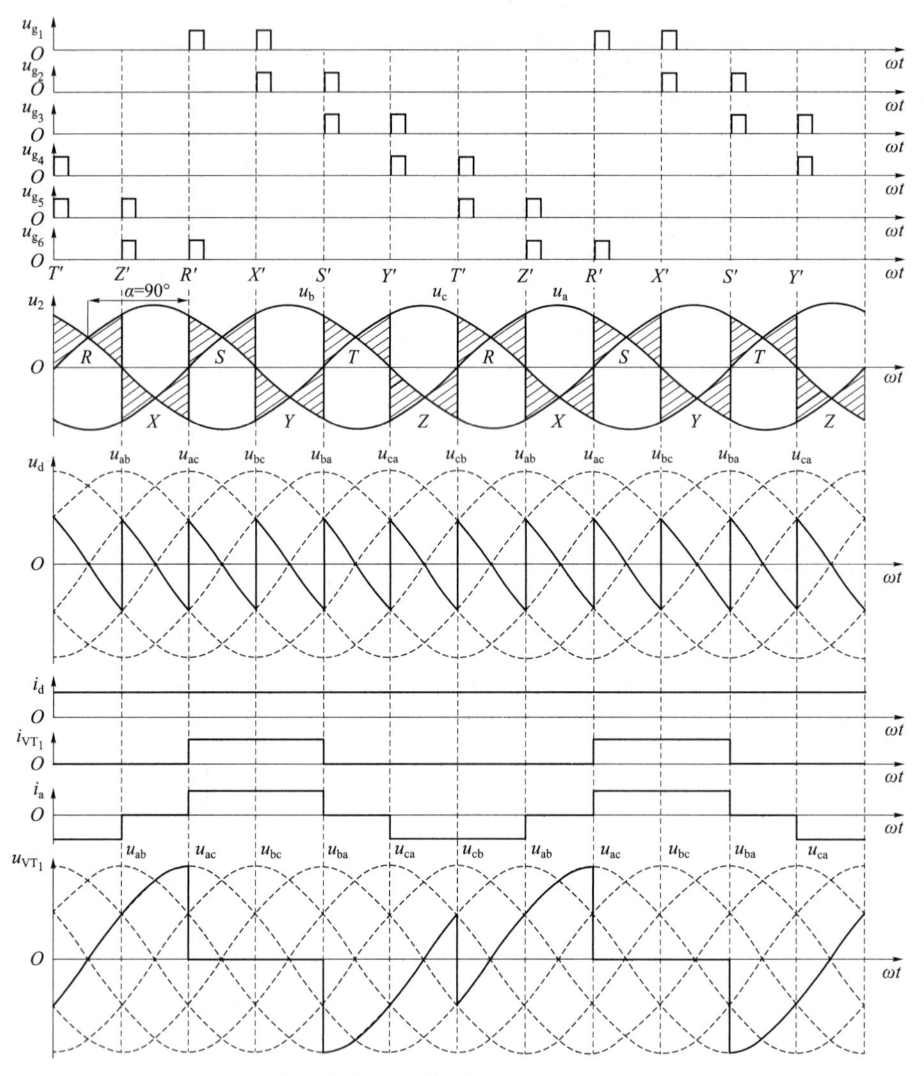

图 4-38　三相桥式全控整流电路稳态工作波形图(阻感负载)($\alpha=90°$)

① $R'\sim S$ 时段。在 R'时刻，晶闸管 VT_1、VT_6 施加触发脉冲且 $u_a>u_b$，晶闸管 VT_1、VT_6 满足导通条件而导通，整流输出电压 $u_d=u_a-u_b=u_{ab}$。VT_1 承受的电压 $u_{VT_1}=0$。

② $S\sim X'$时段。从 S 时刻开始 $u_a<u_b$，但由于大电感的续流作用，晶闸管 VT_1、VT_6 仍然维持导通，输出电压 $u_d=u_{ab}$。VT_1 承受的电压 $u_{VT_1}=0$。

③ $X'\sim Y$ 时段。在 X'时刻，晶闸管 VT_1、VT_2 施加触发脉冲且 $u_a>u_c$，晶闸管 VT_1、VT_2 满足导通条件而导通，共阳极点电位为 u_c，$u_c<u_b$，晶闸管 VT_6 承受反向电压而关断，整流输出电压 $u_d=u_a-u_c=u_{ac}$。VT_1 承受的电压 $u_{VT_1}=0$。

④ $Y \sim S'$ 时段。从 Y 时刻开始 $u_a < u_c$，但由于大电感的续流作用，晶闸管 VT_1、VT_2 仍然维持导通，输出电压 $u_d = u_{ac}$。VT_1 承受的电压 $u_{VT_1} = 0$。

⑤ $S' \sim T$ 时段。在 S' 时刻，晶闸管 VT_2、VT_3 施加触发脉冲且 $u_b > u_c$，晶闸管 VT_2、VT_3 满足导通条件而导通，共阴极点电位为 u_b，$u_a < u_b$，晶闸管 VT_1 承受反向电压而关断，整流输出电压 $u_d = u_b - u_c = u_{bc}$。VT_1 承受的电压 $u_{VT_1} = u_{ab}$。

⑥ $T \sim Y'$ 时段。从 T 时刻开始 $u_b < u_c$，但由于大电感的续流作用，晶闸管 VT_2、VT_3 仍然维持导通，输出电压 $u_d = u_{bc}$。VT_1 承受的电压 $u_{VT_1} = u_{ab}$。

2）主要运行参数分析

（1）输出电压平均值

$$U_{dav} = \frac{1}{\frac{\pi}{3}} \int_{\alpha+\frac{\pi}{6}}^{\alpha+\frac{\pi}{2}} \sqrt{6} U_{2rms} \sin\left(\omega t + \frac{\pi}{6}\right) d(\omega t) = 2.34 U_{2rms} \cos\alpha \tag{4-78}$$

从式(4-78)可以看出，当 $a = 0°$ 时，$U_{davmax} = 2.34U_{2rms}$，当 $a = 90°$ 时，$U_{davmin} = 0$，即三相桥式全控整流电路电阻负载触发延迟角 α 移相范围 0～90°。

（2）输出电流平均值

$$I_{dav} = \frac{U_{dav}}{R} \tag{4-79}$$

（3）晶闸管电流有效值

$$I_{VTrms} = \sqrt{\frac{1}{2\pi} \int_{\alpha+\frac{\pi}{6}}^{\alpha+\frac{\pi}{6}+\frac{2\pi}{3}} I_d^2 d(\omega t)} = \frac{I_d}{\sqrt{3}} \tag{4-80}$$

（4）变压器二次侧电流有效值

$$I_{arms} = \sqrt{\frac{1}{2\pi} \times \left[\int_0^{\frac{\pi}{3}} (-I_d)^2 d(\omega t) + \int_{\frac{2\pi}{3}}^{\frac{4\pi}{3}} I_d^2 d(\omega t) + \int_{\frac{5\pi}{3}}^{\frac{6\pi}{3}} (-I_d)^2 d(\omega t)\right]} = \sqrt{\frac{2}{3}} I_d \tag{4-81}$$

（5）晶闸管承受正向、反向电压最大值

晶闸管承受的最大正、反向电压为 $\sqrt{6} U_{2rms}$。

3. 反电动势负载工作分析

与单相桥式全控整流电路类似，三相桥式全控整流电路带反电动势负载一般都在直流回路中串联一个平波电抗器，用来抑制电流的脉动和延长晶闸管导通的时间，三相桥式全控整流电路反电势负载电路原理图如图 4-39 所示。

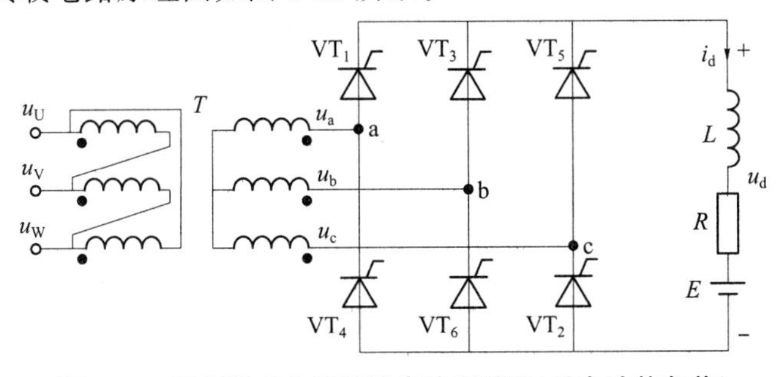

图 4-39　三相桥式全控整流电路原理图(反电动势负载)

与单相桥式全控整流电路式(4-61)的分析方法相同，可以导出三相桥式全控整流电路带反电动势负载状态下保证输出电流连续的电感量应满足：

$$L \geqslant 0.693 \times 10^{-3} \frac{U_{2rms}}{I_{davmin}} \tag{4-82}$$

式中，U_{2rms}为交流相电压有效值，单位为 V；I_{davmin}为最小连续电流的平均值(一般取额定电流的 5%～10%)，单位为 A。根据式(4-82)求出电感量 L，其单位为 H。

在输出电流连续的状态下，电路输出的电压波形与大电感负载状态一样，但电流波形与电感大小相关。在电感不太大的情况下，虽然输出电流连续，但电流不是平直线，有一定的脉动，输出直流电流平均值满足：

$$I_{dav} = \frac{U_{dav} - E}{R} \tag{4-83}$$

4.4 整流电路的谐波和功率因数

4.4.1 整流电路的谐波

1. 非正弦周期电流的傅里叶级数表示

对于非正弦电路，如前面所介绍的晶闸管整流电路，由于公用电网中电压波形畸变通常很小，可以认为输入电压为正弦波，但输入电流却多为非正弦波。对于非正弦周期电流波形，一般可以用傅里叶级数表示为

$$i = I_0 + \sum_{n=1}^{\infty} I_{nm} \sin(n\omega t + \varphi_n) \tag{4-84}$$

式中，I_0为直流分量；I_{nm}为 n 次谐波电流的幅值，对应 $n=1$ 时的电流波形即为基波。电流有效值为

$$I_{rms} = \sqrt{\frac{1}{T}\int_0^T i^2 \mathrm{d}t} = \sqrt{I_0^2 + \sum_{n=1}^{\infty} I_{nrms}^2} \tag{4-85}$$

式中，I_{nrms}为 n 次谐波电流有效值。

2. 电流畸变因子

(1) 定义式

电流的畸变因子用 ξ 表示，表征电流对正弦的偏离度。

$$\xi = \frac{I_{1rms}}{I_{rms}} \tag{4-86}$$

电流谐波总畸变率为

$$\mathrm{THD} = \frac{\sqrt{\sum_{n=2}^{\infty} I_{nrms}^2}}{I_{1rms}} \tag{4-87}$$

对于非正弦周期电压波形，也可以用此方法处理。

(2) 单相桥式全控整流电路畸变因子

对于单相桥式全控整流电路，在大电感负载状态下其电网输入相电流波形如图 4-21 所示，其基波电流有效值为 $I_{1rms}=2\sqrt{2}I_d/\pi$，电流有效值为 I_d，电流畸变因子为

$$\xi=\frac{I_{1rms}}{I_{rms}}=0.9$$

(3) 三相桥式全控整流电路畸变因子

三相桥式全控整流电路，在大电感负载状态下其电网输入相电流波形 i_a 如图 4-37 所示，其基波电流有效值为 $I_{1rms}=\sqrt{6}I_d/\pi$，相电流有效值为 $\sqrt{2/3}I_d$，电流畸变因子为

$$\xi=\frac{I_{1rms}}{I_{rms}}=0.955$$

4.4.2　整流电路的功率因数

1. 功率因数的定义式

根据电工理论基本知识，对于有功功率、视在功率、功率因数定义是统一的。即：有功功率为电路的平均功率，视在功率为电压、电流有效值的乘积，功率因数为有功功率和视在功率的比值。

有功功率：

$$P=\frac{1}{T}\int_0^T ui\mathrm{d}t \tag{4-88}$$

视在功率：

$$S=U_{rms}I_{rms}=\sqrt{\frac{1}{T}\int_0^T u^2\mathrm{d}t}\times\sqrt{\frac{1}{T}\int_0^T i^2\mathrm{d}t} \tag{4-89}$$

无功功率：

$$Q=\sqrt{S^2-P^2} \tag{4-90}$$

功率因数：

$$\lambda=\frac{P}{S}=\frac{\frac{1}{T}\int_0^T ui\mathrm{d}t}{\sqrt{\frac{1}{T}\int_0^T u^2\mathrm{d}t}\times\sqrt{\frac{1}{T}\int_0^T i^2\mathrm{d}t}}=\frac{P}{U_{rms}I_{rms}} \tag{4-91}$$

式中，u、i 分别为瞬时电压和瞬时电流。

2. 正弦电路功率因数计算式

在正弦电路中，感性负载电路的电压与电流有如下关系：

有功功率：

$$P=U_{rms}I_{rms}\cos\varphi \tag{4-92}$$

视在功率

$$S=U_{rms}I_{rms} \tag{4-93}$$

无功功率：

$$Q=S\sin\varphi \tag{4-94}$$

功率因数：

$$\lambda=\frac{P}{S}=\frac{S\cos\varphi}{S}=\cos\varphi \tag{4-95}$$

3. 单相桥式全控整流电路功率因数

输出有功功率：

$$P=\xi U_{2rms}I_{d}\cos\varphi=0.9U_{2rms}I_{d}\cos\varphi \tag{4-96}$$

输入视在功率：

$$S=U_{2rms}I_{d} \tag{4-97}$$

电路功率因数：

$$\lambda=\frac{P}{S}=\frac{0.9U_{2rms}I_{d}\cos\varphi}{U_{2rms}I_{d}}=0.9\cos\varphi \tag{4-98}$$

4. 三相桥式全控整流电路功率因数

输出有功功率：

$$\begin{aligned}P&=\xi 3U_{2rms}\sqrt{\frac{2}{3}}I_{d}\cos\varphi=0.955\times3\times U_{2rms}\times0.67I_{d}\cos\varphi\\&=2.34U_{2rms}I_{d}\cos\varphi\end{aligned} \tag{4-99}$$

输入视在功率：

$$S=3U_{2rms}\sqrt{\frac{2}{3}}I_{d}=\sqrt{6}U_{2rms}I_{d} \tag{4-100}$$

电路功率因数：

$$\lambda=\frac{P}{S}=\frac{\xi 3U_{2rms}\sqrt{\frac{2}{3}}I_{d}\cos\varphi}{3U_{2rms}\sqrt{\frac{2}{3}}I_{d}}=\xi\cos\varphi=0.955\cos\varphi \tag{4-101}$$

本章习题

1. 在三相桥式全控整流带电阻性负载电路中，如果有一个晶闸管不能导通，此时整流电压 u_{d}的波形如何？如果有一个晶闸管被击穿而短路，其他晶闸管受什么影响？

2. 单相桥式全控整流电路、三相桥式全控整流电路中，当负载分别为电阻负载或电感负载时，要求晶闸管移相范围分别为多少？

3. 三相半波可控整流电路的共阴极接法与共阳极接法，a、b 两相的自然换相点是同一点吗？若不是，它们在相位上差多少度？

4. 带续流二极管的单相半波可控整流电路如图 4-16 所示。$U_{2rms}=100$ V，负载中 $R=5\ \Omega$，L 足够大，当 $\alpha=30°$时，求出整流输出平均电压 U_{dav}、电流 I_{dav} 以及变压器二次电流有效值 I_{2rms}的值，并画出 u_{d}、i_{d}、u_{VT}、i_{VT}和 i_{VD}的波形。

5. 单相半波可控整流电路对电感负载供电，$L=20$ mH，$U_{2rms}=100$ V，求当 $\alpha=0°$和 60°时的负载电流 I_{d}，画出 u_{2}与 i_{d}的波形。

6. 单相桥式全控整流带电阻性负载电路中，$U_{2rms}=100$ V，负载中 $R=2\ \Omega$，L 值极大，当 $\alpha=30°$时，求出整流输出平均电压 U_{dav}、电流 I_{dav} 以及变压器二次电流有效值 I_{2rms} 的值，并画出 u_d、i_d 和 i_2 的波形。

7. 单相桥式全控整流带电阻性负载电路中，$U_{2rms}=200$ V，负载中 $R=2\ \Omega$，L 值极大，反电动势 $E=100$ V，当 $\alpha=45°$时，求出整流输出平均电压 U_{dav}、电流 I_{dav} 以及变压器二次电流有效值 I_{2rms} 的值，并画出 u_d、i_d 和 i_2 的波形。

8. 在三相半波整流电路中，如果 a 相的触发脉冲消失，试画出在电阻性负载和电感性负载下整流电压 u_d 的波形。

9. 三相桥式全控整流电路中，设 L 值极大，$\alpha\geqslant0°$若 W 相因故断开，试求其输出电压 u_d 的表达式。

10. 三相半波可控整流电路带阻感负载电路中，$U_{2rms}=200$ V，负载中 $R=5\ \Omega$，L 值极大，当 a=60°时，求出整流输出平均电压 U_{dav}、电流 I_{dav} 以及流过晶闸管电流平均值 I_{VTav} 和有效值 I_{VTrms} 的值，并画出 u_d、i_d 和 i_{VT_1} 的波形。

第5章　直流-交流变换电路

直流-交流(DC-AC)变换电路，也可称为逆变电路或逆变器(以下称逆变电路)，其功能是将直流电能转换成频率和电压固定或频率和电压可调的交流电能，供给交流负载使用。逆变电路既可以作为一个独立的装置使用，也可以作为一个复杂变流装置的一部分，应用于所需要的场合中。

逆变电路应用非常广泛。当需要直流电源(如蓄电池、干电池、太阳能电池等)向交流负载供电时，就需要逆变电路。另外，变频器(用于交流电动机调速)、不间断电源、感应加热电源等电力电子装置的核心部分都是逆变电路。可以说电力电子技术早期处于整流器时代，后来则进入逆变器时代。

本章在分析和研究电压型逆变电路、电流型逆变电路、相控整流电路有源逆变电路的结构形式、工作原理、工作波形的基础上，对不同性质负载下运行参数进行分析。

5.1　逆变电路分类和常用拓扑结构

1. 逆变电路分类

逆变电路有多种分类方法，主要包括以下几项：

(1) 按输出相数分类：分为单相逆变电路、三相逆变电路和多相逆变电路。

(2) 按功率开关器件分类：分为半控型(晶闸管)器件逆变电路和全控型器件逆变电路。

(3) 按负载以及能量传递情况分类：分为有源逆变电路和无源逆变电路。有源逆变电路交流侧接电网，逆变的频率必须等于电网频率。无源逆变电路交流侧接负载，逆变的频率可根据需要变化。本章主要介绍无源逆变电路。

(4) 按直流电源性质分类：分为电压型逆变电路(也称电压源型逆变电路)和电流型逆变电路(也称电流源型逆变电路)。

(5) 按电路结构分类：分为桥式逆变电路、非桥式逆变电路、组合式逆变电路、多电平逆变电路。

(6) 按开关器件工作状态分类：分为硬开关逆变电路和软开关逆变电路。

(7) 按输出电压(电流)和频率控制方法分类：分为脉冲宽度调制逆变电路和脉冲幅值逆变电路。

2. 逆变电路常用的拓扑结构

逆变电路常用的拓扑结构包括推挽和桥式两类结构，逆变电路常用拓扑结构如图 5-1 所示。推挽结构多用于单相逆变；桥式结构的典型应用有单相半桥电路、单相桥式电路和三相桥式电路。其中，单相半桥逆变电路利用两个电容作为其中一个桥臂，为负载提供双极性电压，一般仅用于中小功率场合。单相桥式和三相桥式电路的应用则比较广泛，在本章中将做详细叙述。

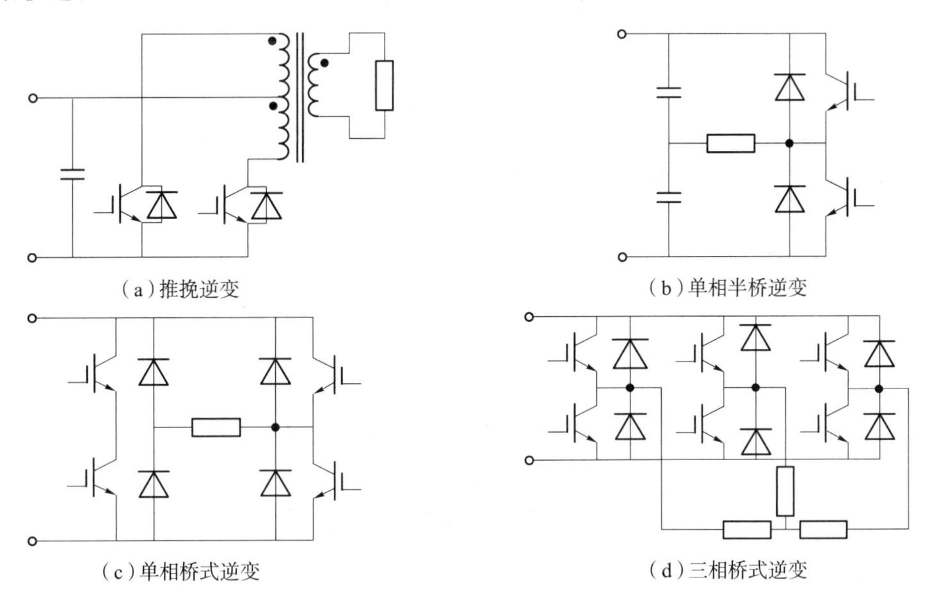

(a) 推挽逆变　(b) 单相半桥逆变　(c) 单相桥式逆变　(d) 三相桥式逆变

图 5-1　逆变电路常用拓扑结构

5.2　逆变电路的基本工作原理及理想化模型

1. 逆变电路的基本工作原理

单相桥式逆变电路基本工作原理图如图 5-2(a)所示。图中 $S_1 \sim S_4$ 是桥式电路的 4 个臂，它们由电力电子器件及其辅助电路组成。当开关 S_1、S_4 闭合，S_2、S_3 断开时，负载电压 u_{AB} 为正；当开关 S_1、S_4 断开，S_2、S_3 闭合时，负载电压 u_{AB} 为负，其波形如图 5-2(b)所示。通过两组开关的闭合和断开，就把直流电变成了交流电，改变两组开关的切换频率，即可改变输出交流电的频率，这就是逆变电路最基本的工作原理。

当负载为纯阻性负载时，负载电流 i_{AB} 和负载电压 u_{AB} 的波形形状相同，相位也相同，只是幅值发生变化；当负载为阻感负载时，负载电流 i_o 的基波分量相位滞后于负载电压 u_{AB} 的基波分量一个角度，两者波形的形状也不同，图 5-2(b)给出的就是阻感负载时负载电流 i_o 的基波分量波形。设 t_1 时刻以前开关 S_1、S_4 导通，u_{AB} 和 i_o 均为正。在 t_1 时刻断开 S_1、S_4，同时

合上 S_2、S_3，则 u_{AB} 的极性立刻变为负值。但是，由于负载中有电感，负载电流 i_o 极性不能立刻改变而仍维持原方向。这时负载电流 i_{AB} 从直流电源负极流出，经 S_2、负载和 S_3 流回正极，负载电感中储存的能量向直流电源反馈，负载电流 i_o 逐渐减小，到 t_2 时刻降为零，之后 i_o 才反向并逐渐增大。S_2、S_3 断开，S_1、S_4 闭合时情况类似。此为 S_1 ～ S_4 均为理想开关时的分析，实际电路的工作过程要复杂一些。

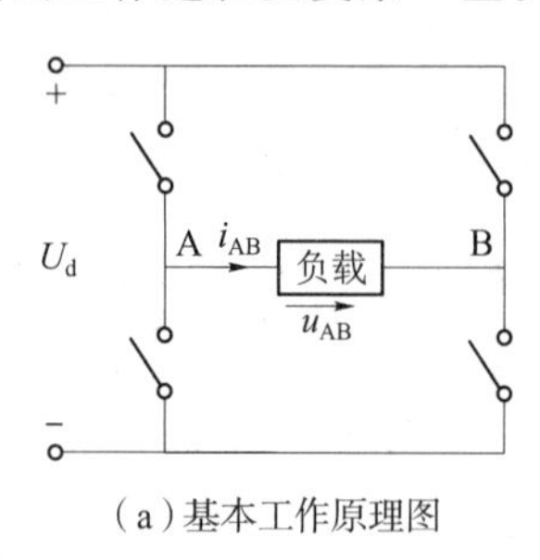

（a）基本工作原理图

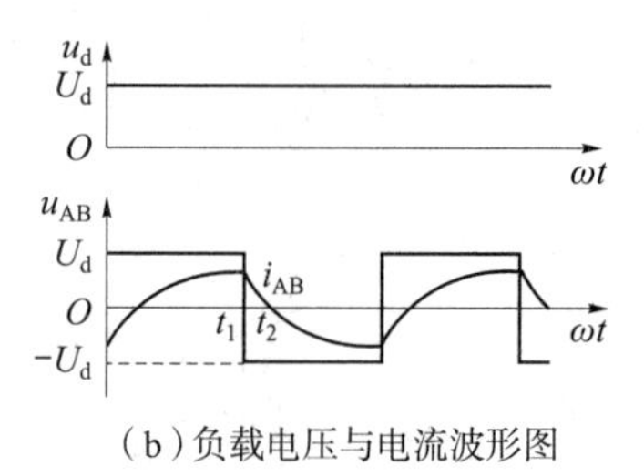

（b）负载电压与电流波形图

图 5-2　逆变电路基本工作原理及负载波形图

2. 逆变电路的理想化模型

为方便分析，对电路实际工作状况进行简化与近似，包括如下内容：

（1）将功率开关器件视为理想器件，忽略器件损耗和开关延时。

（2）输入为理想直流电压源，直流电压无脉动。

（3）直流电源侧并接电容为理想电容，无等效串并联电阻和电感。

（4）忽略电路分布、寄生参数的影响，连接线零阻抗。

（5）负载为理想线性元件，电阻无寄生电感和电容，电抗器无损耗和饱和。

5.3　电压型逆变电路

5.3.1　单相桥式方波逆变电路

单相桥式方波逆变电路原理图如图 5-3 所示，以 IGBT 为主开关器件，输入为直流电压源 U_d，又称为电压源型逆变电路。

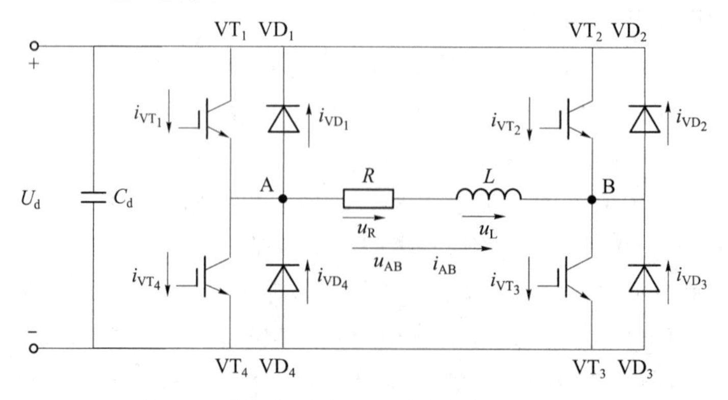

图 5-3　单相桥式电压源型逆变电路原理图

1. 控制规律

(1) 开关 VT_1、VT_3 和 VT_2、VT_4 分为两个工作组，开关工作状态互补。

(2) 输出交流电周期为 T，VT_1、VT_3 和 VT_2、VT_4 分别开通、关断 $T/2$。

2. 电路稳态工作波形分析

由图 5-3 电路可知，各桥臂由 IGBT 管与反并联二极管组成，当 IGBT 开通时，该桥臂可流过正向或反向电流(正向电流经 IGBT 流通，反向电流经二极管流通)，此时该桥臂相当于一个闭合的开关。假定一个周期内 $0\sim\pi$ 期间，VT_1 和 VT_3 开通，VT_2 和 VT_4 关断，则 $u_{AB}=U_d$。在 $\pi\sim2\pi$ 期间，VT_2 和 VT_4 开通，VT_1 和 VT_3 关断，此时 $u_{AB}=-U_d$。一个周期内电压平均值为零(直流分量为零)，因此负载上电流波形的直流分量也为零，稳态时电流瞬时值在一个周期内正负交替变化，相差半个周期的电流波形正负对称。单相桥式方波逆变电路主要参数稳态工作波形图如图 5-4 所示。

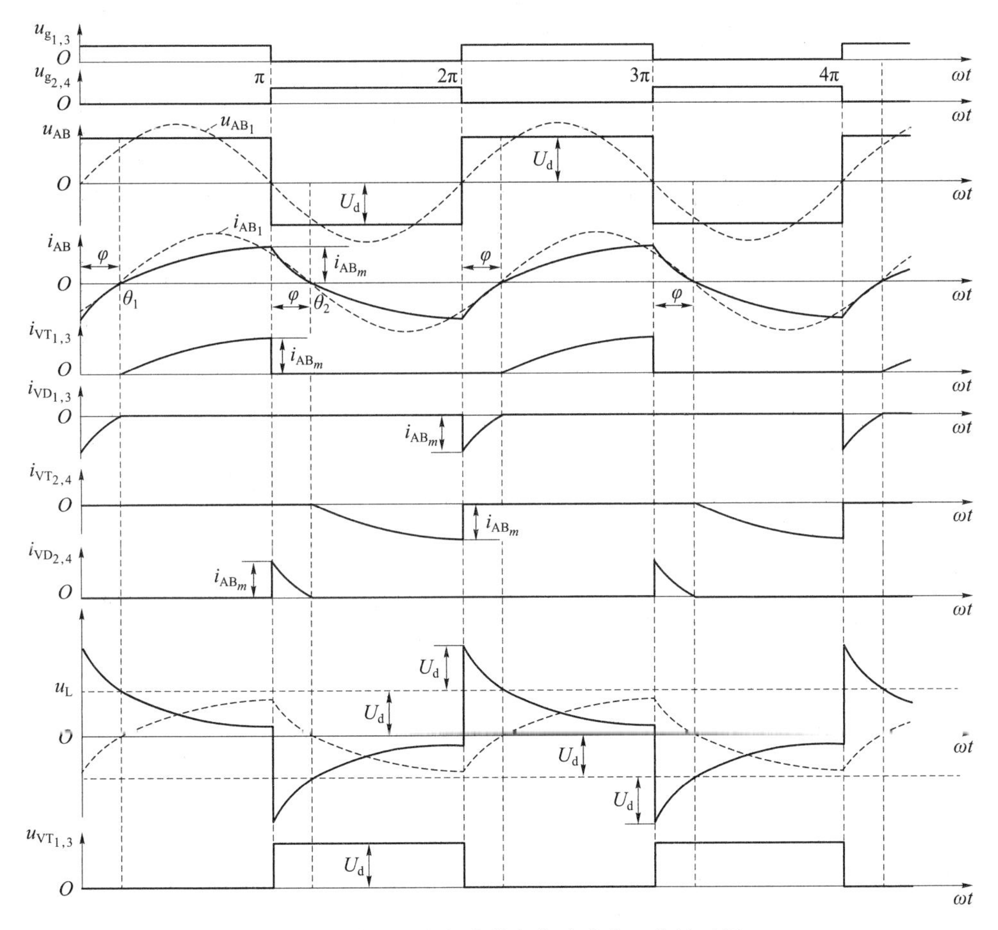

图 5-4 单相桥式方波逆变电路稳态工作波形图

(1) $0\sim\theta_1$ 时段。VT_1 和 VT_3 开通，VT_2 和 VT_4 关断，感性负载电流波形滞后于电压波形，此时电压值为正，电流值为负，电流经 VD_1、VD_3 续流，VT_1 和 VT_3 实际无电流，电流方向为 $A\rightarrow VD_1\rightarrow C_d\rightarrow VD_3\rightarrow B$。在 $u_{AB}=U_d$ 的作用下，电感电流逐渐增大。

(2) $\theta_1 \sim \pi$ 时段。VT_1 和 VT_3 开通，VT_2 和 VT_4 关断，此时在 $u_{AB}=U_d$ 的作用下，电感电流继续增大，VD_1、VD_3 电流过零关断，VT_1、VT_3 有电流流过，电流方向为 $VT_1 \rightarrow A \rightarrow B \rightarrow VT_3$，电压和电流同相。

(3) $\pi \sim \theta_2$ 时段。VT_1 和 VT_3 关断，VT_2 和 VT_4 开通，电感经 VD_2、VD_4 续流，VT_2、VT_4 实际无电流，电流方向为 $B \rightarrow VD_2 \rightarrow C_d \rightarrow VD_4 \rightarrow A$，电流为正，电压为负，在 $u_{AB}=-U_d$ 的作用下，电感电流逐渐减小。

(4) $\theta_2 \sim 2\pi$ 时段。VT_1 和 VT_3 关断，VT_2 和 VT_4 开通，在 $u_{AB}=-U_d$ 的作用下，电感电流继续减小，VD_2、VD_4 电流过零关断，VT_2、VT_4 有电流流过，电流方向为 $VT_2 \rightarrow B \rightarrow A \rightarrow VT_4$，电压和电流同相。稳态时电路的工作状态就是这 4 个过程的不断重复。

3. 主要运行参数分析

(1) 输出电压分析

逆变器的输出电压为一个周期性变化的交变方波，如图 5-4 所示，将此波形按照傅里叶级数展开分析，可得到逆变电路的输出电压表达式为

$$u_{AB}=\sum_{n=1}^{\infty}\frac{4U_d}{n\pi}\sin n\omega t\,(n=1,3,5,\cdots) \tag{5-1}$$

式中，$\omega=2\pi f$。f 为器件开关频率$(1/T)$，即输出电压的基波频率。

从傅里叶级数可以看出，输出电压只含有奇数次谐波分量，其中基波电压幅值为

$$U_{AB_{1m}}=\frac{4U_d}{\pi}=1.27U_d \tag{5-2}$$

基波电压有效值为

$$U_{AB_{1rms}}=\frac{U_{AB_{1m}}}{\sqrt{2}}=0.9U_d \tag{5-3}$$

直流电压利用率为

$$A_V=\frac{U_{AB_{1rms}}}{U_d}=0.9 \tag{5-4}$$

(2) 负载电流分析

在电路稳态工作时，参照图 5-3 和图 5-4，在 $0 \sim \pi$ 时间段内，VT_1、VT_3 所在桥臂开通，负载电流 i_{AB} 满足：

$$U_d=i_{AB}R+L\frac{di_{AB}}{dt} \tag{5-5}$$

根据 R、L 一阶电路过渡过程的三要素法求得

$$i_{AB}(t)=\frac{U_d}{R}-\left(I_{AB_m}+\frac{U_d}{R}\right)e^{-\frac{t}{\tau}} \tag{5-6}$$

式中，$\tau=L/R$，为一阶 R、L 电路的时间常数。

同理，在 $\pi \sim 2\pi$ 时间段内，有

$$i_{AB}(t)=-\frac{U_d}{R}+\left(I_{AB_m}+\frac{U_d}{R}\right)e^{-\frac{t}{\tau}} \tag{5-7}$$

从上面分析可以看出，由于输入电压的平均值为零，输出电流的平均值也为零。如图 5-4 所示，负载电流波形的正、负峰值必然相等，其电流峰值为

$$I_{AB_m}=\frac{1-e^{-\frac{T}{2\tau}}}{1+e^{-\frac{T}{2\tau}}}\times\frac{U_d}{R} \tag{5-8}$$

4. 方波逆变电路的特点

由前面的分析可以看出，方波逆变电路具有以下特点：

(1) 输出电压波形为交变方波，正负各占半个周期，与负载性质无关，开关器件驱动波形频率决定输出电压频率，输出电压波形和幅值都不可调节。

(2) 输出电压谐波含量丰富，除基波外还包含奇次谐波，如用于驱动异步电动机，会造成定子谐波电流铁损明显增加和较大幅度的转矩脉动。

(3) 直流电压利用率较高。

5. 方波逆变电路的输出电压控制

单相方波逆变电路在输入直流电压恒定情况下，输出电压形状和幅值都是不可调节的，仅有频率值可以改变。但在很多实际应用场合中，逆变输出电压波形幅值和频率都需要调节，单相方波逆变器输出电压调节一般采用调节直流输入电压，这种方式实际为两级变换的逆变电路结构，两级变换调压逆变电路结构示意图如图 5-5 所示。其中输入级的 DC-DC 变换电路也可由相控整流电路代替。前级电路的作用是调节逆变电路的直流输入电压，从而改变输出交流电压。后级逆变电路控制逆变输出电压频率。这种电路的优点是可以实现分级调压、调频，控制比较方便，缺点是电路结构复杂，效率较低。

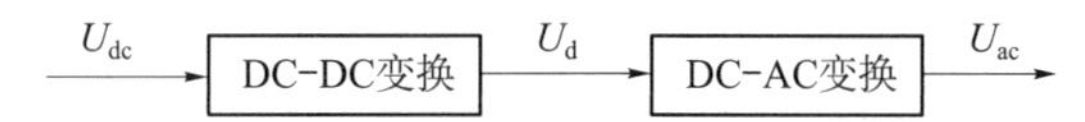

图 5-5　两级变换调压逆变电路结构示意图

5.3.2　移相控制的单相桥式方波逆变电路

如图 5-3 所示，移相控制单相方波逆变电路的原理图同单相桥式方波逆变电路相同，同样驱动感性负载。

1. 电路稳态工作波形分析

电感电流连续工作状态下，移相控制的单相桥式方波逆变电路主要参数稳态工作波形如图 5-6 所示。与前述单相方波逆变电路不同，移相控制单相方波逆变电路的控制规律为 VT_1、VT_4 驱动信号 u_{g_1}、u_{g_4} 互补输出，VT_2、VT_3 驱动信号 u_{g_2}、u_{g_3} 互补输出，两组信号错开一个相位角 τ，相位角 τ 的变化范围在 $0\sim\pi$。调整相位角 τ，逆变器输出电压波形的宽度可以变化，从而调节了输出电压和基波分量的有效值，当 $\tau=180°$ 时即为单相方波逆变。

(1) $0\sim\theta_1$ 时段。VT_1 和 VT_3 开通，VT_2 和 VT_4 关断，感性负载电流波形滞后于电压波形，此时 $u_{AB}=U_d$，负载电流为负，VD_1、VD_3 续流导通，VT_1、VT_3 无电流流过，电感储能向直流母线反馈，负载电流 i_{AB} 按照指数规律增长，直到 θ_1 时刻电流过零，此阶段直流母线的输入电流即为负载电流 i_{AB}。

(2) $\theta_1\sim\theta_2$ 时段。开关器件驱动电压与 $0\sim\theta_1$ 时段一致，VT_1、VT_3 开通，VT_2、VT_4 关断，负载电流 i_{AB} 为正，流经通路由 VD_1、VD_3 转换到 VT_1、VT_3，负载电流按照指数规律继续增长，负载电压 $u_{AB}=U_d$，直流母线的输入电流即为负载电流 i_{AB}。

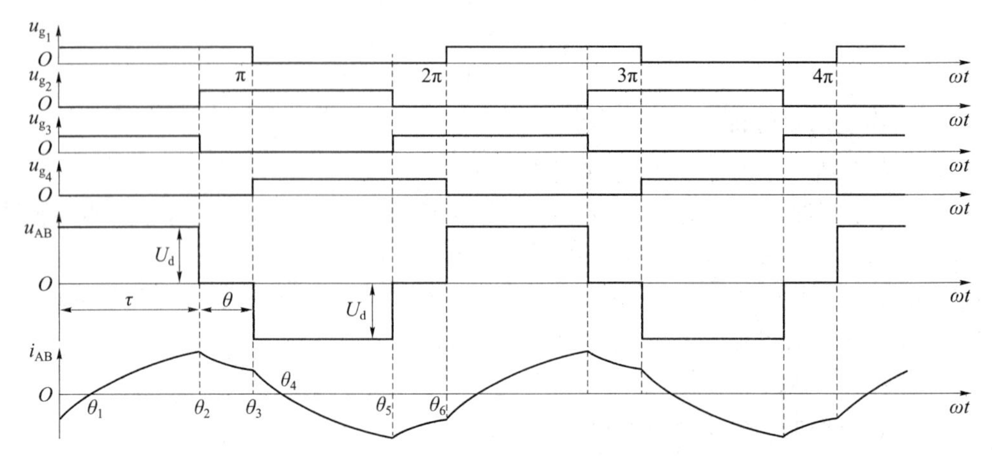

图 5-6 移相控制的单相桥式方波逆变电路稳态工作波形图

(3) $\theta_2 \sim \theta_3$时段。VT_1、VT_2开通，VT_3、VT_4关断，电感电流续流，负载电流由VT_3换流到VD_2，VT_1继续导通，此时负载被VT_1、VD_2"短路"，电感储能维持负载电流，由于没有外部电压的激励，i_{AB}以较缓的速率按指数规律减小，负载电压$u_{AB}=0$，直流母线的输入电流为零。

(4)$\theta_3 \sim \theta_4$时段。VT_1、VT_3关断，VT_2、VT_4开通，由于电感的续流作用，负载电流由VT_1管换流到VD_4，VD_2继续导通，电感储能向直流母线反馈，在输入电压的作用下，负载电流i_{AB}以较大的速率按指数规律减小，直到θ_4时刻负载电流过零，负载电压$u_{AB}=-U_d$，直流母线输入电流即为负载电流i_{AB}。

(5) $\theta_4 \sim \theta_5$时段。开关器件的驱动电压与$\theta_3 \sim \theta_4$时段一致，VT_1、VT_3关断，VT_2、VT_4开通，负载电流i_{AB}极性为负，流通路径由VD_2、VD_4切换到VT_2、VT_4，负载电流按照指数规律继续减小，负载电压$u_{AB}=-U_d$，直流母线输入电流即为负载电流i_{AB}。

(6) $\theta_5 \sim \theta_6$时段。VT_1、VT_2关断，VT_3、VT_4开通，由于电感的续流作用，负载电流由VT_2切换到VD_3，VT_4继续导通，此时负载被VT_4、VD_3"短路"，电感储能维持负载电流，由于没有外部电压的激励，i_{AB}以较缓的速率按指数增长，负载电压$u_{AB}=0$，直流母线输入电流为 0。稳态时电路的工作状态就是这 6 个过程的不断重复。

2. 输出电压分析

从上面的分析可知，移相控制的单相桥式方波逆变电路输出电压以正、负半波互差180° 的位置为中心伸缩脉冲宽度进行电压调节。为便于分析，按照图 5-7 所示设置时间坐标原点，这一输出电压是时间的偶函数，具备半波成对的特征，半个周期的函数为

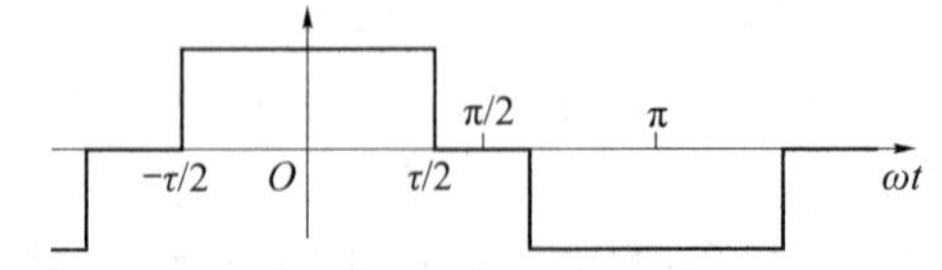

图 5-7 移相调压逆变电路输出电压波形图

$$u_{AB}=\begin{cases}U_d\,(0<\omega t<\tau/2)\\0\,(\tau/2<\omega t<\pi/2)\end{cases} \tag{5-9}$$

此输出电压按照傅里叶级数展开，有

$$u_{AB}=\sum_{n=1}^{\infty}\frac{4U_d}{n\pi}\sin\frac{n\tau}{2}\cos n\omega t(n=1,3,5,\cdots) \tag{5-10}$$

输出电压各次谐波的幅值为

$$U_{AB_{nm}}=\frac{4U_d}{n\pi}\sin\frac{n\tau}{2}(n=1,3,5,\cdots) \tag{5-11}$$

移相控制的单相桥式方波逆变电路调压通过控制脉冲错相相位角 τ 实现输出电压的调节，输出电压中谐波含量仍然比较高，各次谐波含量随 τ 的变化而变化。

5.3.3　三相方波逆变电路

三相方波逆变电路原理图如图 5-8 所示。采用的开关器件为 IGBT。直流侧实际上只要一个电容 C_d 就可以了，画成两个电容串联是为了引出直流电源中点 O'，设 O' 电位为零。

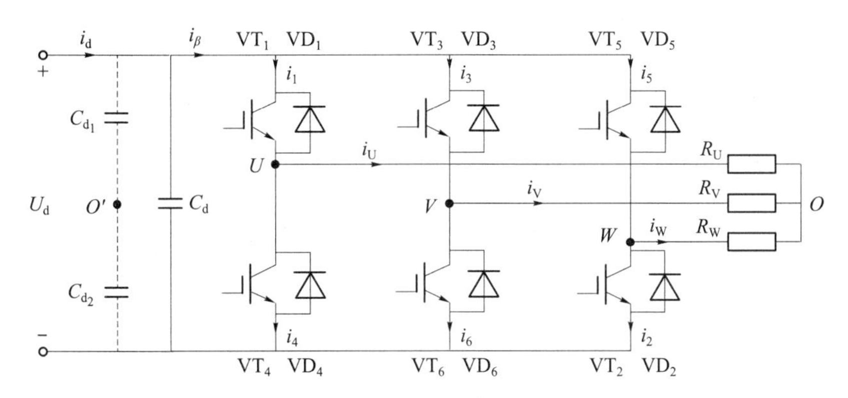

图 5-8　三相方波逆变电路原理图

1. 控制规则

每个主开关管的控制脉冲宽度为 π rad，同一桥臂上、下两个开关管互补工作。相邻桥臂之间的脉冲相序互差 2π/3 rad，即相邻序号主开关管之间的脉冲相序相差 π/3 rad，如图 5-9 所示。

2. 纯电阻负载波形分析

1）电路稳态工作分析条件设定

电路中 $R_U=R_V=R_W=R$ 为三相对称负载，设定中心点 O 为输出的相电压参考点，功率器件是理想开关器件，输入电源 U_d 为理想电压源。

2）主电路拓扑结构形态变换

三相逆变电路带纯电阻负载时，在控制脉冲作用下，三相逆变电路电阻性负载主电路拓扑结构形态变换示意图如图 5-9 所示。

3）稳态工作波形分析

三相桥式方波逆变电路电阻负载主要变量稳态工作波形如图 5-10 所示。

（1）0～π/3 时段。VT_1、VT_5、VT_6 开通，VT_2、VT_3、VT_4 关断，输出电路拓扑图如图 5-9(a) 所示，$u_{UO}=u_{WO}=U_d/3$，$u_{VO}=-2U_d/3$。

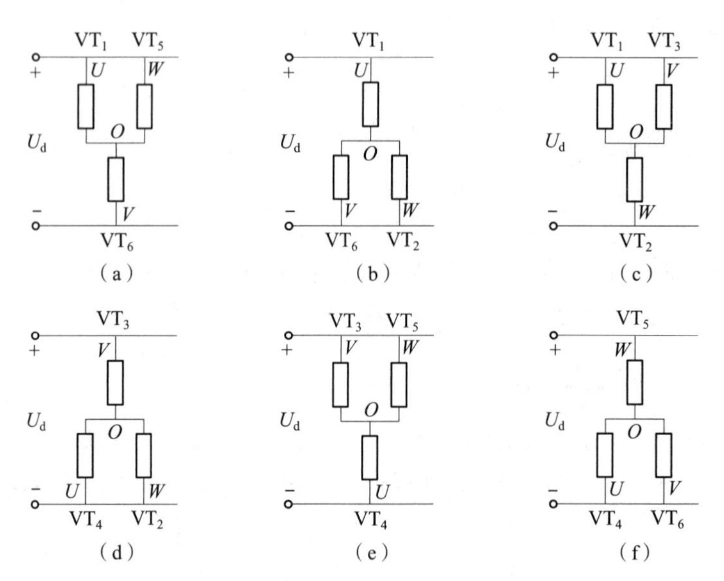

图 5-9　三相逆变电路主电路拓扑结构形态变换示意图(电阻性负载)

(2) $\pi/3 \sim 2\pi/3$ 时段。VT_1、VT_2、VT_6 开通，VT_3、VT_4、VT_5 关断，输出电路拓扑图如图 5-9(b)所示，$u_{VO}=u_{WO}=-U_d/3$，$u_{UO}=2U_d/3$。

(3) $2\pi/3 \sim \pi$ 时段。VT_1、VT_2、VT_3 开通，VT_4、VT_5、VT_6 关断，输出电路拓扑图如图 5-9(c)所示，$u_{UO}=u_{VO}=U_d/3$，$u_{WO}=-2U_d/3$。

(4) $\pi \sim 4\pi/3$ 时段。VT_2、VT_3、VT_4 开通，VT_1、VT_5、VT_6 关断，输出电路拓扑图如图 5-9(d)所示，$u_{UO}=u_{WO}=-U_d/3$，$u_{VO}=2U_d/3$。

(5) $4\pi/3 \sim 5\pi/3$ 时段。VT_3、VT_4、VT_5 开通，VT_1、VT_2、VT_6 关断，输出电路拓扑图如图 5-9(e)所示，$u_{VO}=u_{WO}=U_d/3$，$u_{UO}=-2U_d/3$。

(6) $5\pi/3 \sim 2\pi$ 时段。VT_4、VT_5、VT_6 开通，VT_1、VT_2、VT_3 关断，输出电路拓扑图如图 5-9(f)所示，$u_{UO}=u_{VO}=-U_d/3$，$u_{WO}=2U_d/3$。

4) 主要运行参数分析

(1) 输出相电压

输出相电压为六拍阶梯波(四电平波形)，呈半波对称奇函数特性，按傅里叶级数展开有

$$u_{UO}=\frac{2U_d}{\pi}\left(\sin\omega t+\frac{1}{5}\sin 5\omega t+\frac{1}{7}\sin 7\omega t+\cdots\right) \tag{5-12}$$

相电压基波幅值：

$$U_{UO_{1m}}=\frac{2U_d}{\pi}=0.637U_d \tag{5-13}$$

相电压基波有效值：

$$U_{UO_{1rms}}=\frac{U_{UO_{1m}}}{\sqrt{2}}=\frac{2U_d}{\pi\sqrt{2}}=0.45U_d \tag{5-14}$$

相电压有效值：

$$U_{UO_{rms}}=\sqrt{\frac{1}{2\pi}\int_0^{\pi}u_{UO}^2\,\mathrm{d}\omega t}=\frac{\sqrt{2}}{3}U_d=0.471U_d \tag{5-15}$$

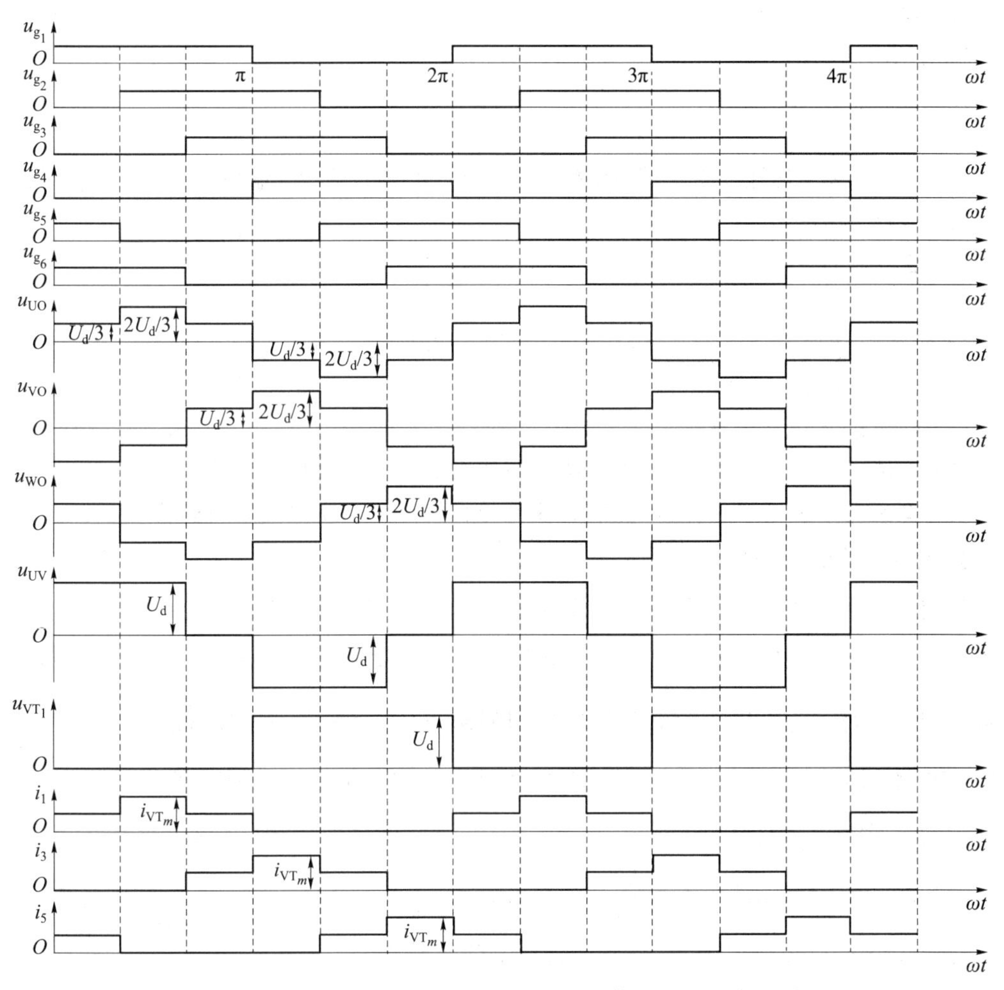

图 5-10　三相桥式方波逆变电路稳态工作波形图(电阻性负载)

(2) 输出线电压

输出线电压为调宽方波(三电平波形),呈半波对称奇函数特性,按傅里叶级数展开有

$$u_{UV}=\frac{2\sqrt{3}U_d}{\pi}\left[\sin\left(\omega t+\frac{\pi}{6}\right)-\frac{1}{5}\sin 5\left(\omega t+\frac{\pi}{6}\right)-\frac{1}{7}\sin 7\left(\omega t+\frac{\pi}{6}\right)+\cdots\right] \tag{5-16}$$

线电压基波幅值:

$$U_{UV_{1m}}=\frac{2\sqrt{3}U_d}{\pi}=1.10U_d \tag{5-17}$$

线电压基波有效值:

$$U_{UV_{1rms}}=\frac{U_{UV_{1m}}}{\sqrt{2}}=\frac{2\sqrt{3}U_d}{\pi\sqrt{2}}=0.78U_d \tag{5-18}$$

线电压有效值:

$$U_{UVrms}=\sqrt{\frac{1}{2\pi}\int_0^{2\pi}u_{UV}^2\mathrm{d}\omega t}=\sqrt{\frac{2}{3}}U_d=0.816U_d \tag{5-19}$$

(3) 输入、输出电流

输入电流：

$$i_d = i_\beta \frac{2U_d}{3R} \tag{5-20}$$

输出电流：由于是纯电阻负载，电流与输出电压有对应关系，输出电压和负载电阻的比值即为输出电流值。

(4) 直流输入功率

$$P_d = U_d I_d = \frac{2U_d^2}{3R} \tag{5-21}$$

5) 三相方波逆变电路的特点

(1) 输出谐波含量比较高。

(2) 输出电压不可调，传统解决方法是前面增加一级直流调压电路。

(3) 直流电压利用率(线电压基波有效值与直流母线电压之比)不高，为 0.78。

3. 阻感负载波形分析

假定负载为三相对称无源感性负载，有 $R_U = R_V = R_W = R$、$L_U = L_V = L_W = L$，其基波阻抗角 $\varphi_1 = \arctan(\omega L/R)$($\omega$ 为逆变角频率)，由于逆变输出电压波形与负载性质无关，逆变输出相电流可视为阶梯波相电压分段作用的结果，设 U 相电流 i_u，满足 $u_{UO} = L\frac{di_U}{dt} + i_U R$，其他各相类似。$\varphi_1 > \pi/3$ 时，三相桥式方波逆变电路阻感性负载主要变量稳态工作波形如图 5-11 所示。

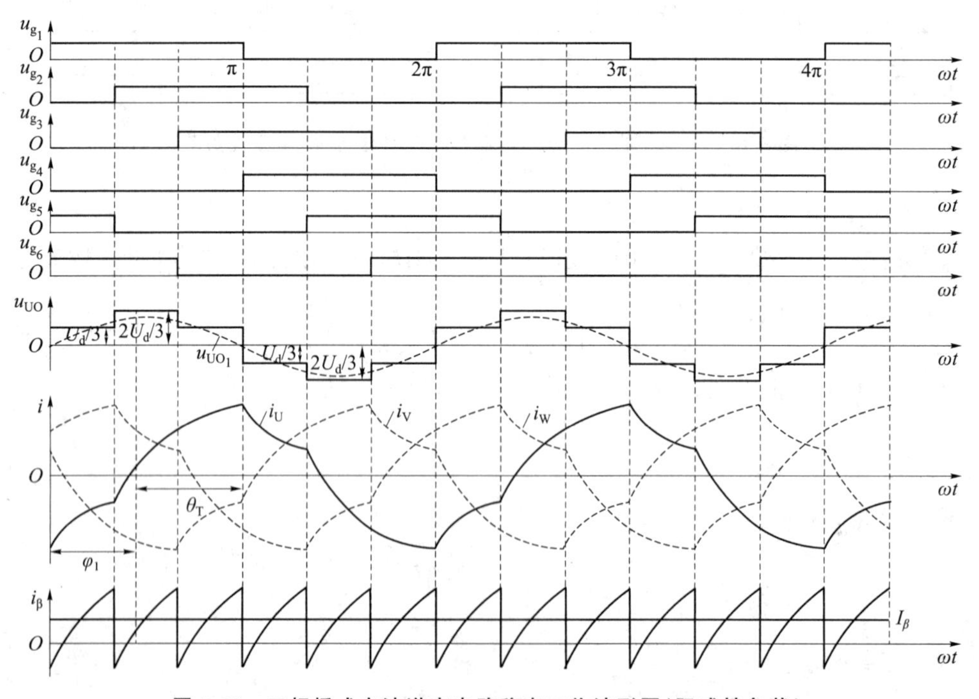

图 5-11　三相桥式方波逆变电路稳态工作波形图(阻感性负载)

(1) 0～2π/3 时段。VT_1、VT_5、VT_6所在桥臂开通，VT_2、VT_3、VT_4所在桥臂关断，$u_{UO}=U_d/3$，由于感性负载电流滞后电压，i_U的过零点在$\omega t=\varphi_1$时刻，VT_1所在桥臂实际是VD_1导通，电流i_U在u_{UO}作用下增长，$i_\beta=-i_V$。

(2) 2π/3～π 时段。VT_1、VT_2、VT_6所在桥臂开通，VT_3、VT_4、VT_5所在桥臂关断，$u_{UO}=2U_d/3$，电流i_U加速增长，在$\omega t=\varphi_1$时刻过零，此阶段VT_1所在桥臂仍然由VD_1导通，$i_\beta=i_U$。

(3) π～4π/3 时段。VT_1、VT_2、VT_6所在桥臂开通，VT_3、VT_4、VT_5所在桥臂关断，$u_{UO}=2U_d/3$，电流i_U过零后继续增长，VT_1所在桥臂VD_1关断而VT_1开通，$i_\beta=i_U$。

(4)4π/3～2π 时段。VT_1、VT_2、VT_3所在桥臂开通，VT_4、VT_5、VT_6所在桥臂关断，$u_{UO}=U_d/3$，电流i_U继续增长，但增长速率回复到与第 1、2 工作区间相同，$i_\beta=-i_W$。

(5) 2π～8π/3 时段。VT_2、VT_3、VT_4所在桥臂开通，VT_1、VT_5、VT_6所在桥臂关断，$u_{UO}=-U_d/3$，电流i_U开始下降，但电流方向未变，VT_4所在桥臂实际是VD_4导通，$i_\beta=i_V$。

(6) 8π/3～3π 时段。VT_3、VT_4、VT_5开通，VT_1、VT_2、VT_6关断，$u_{UO}=-2U_d/3$，电流i_U加速下降，但电流方向未变，VT_4所在桥臂仍然是VD_4导通，直至此阶段结束，电流i_U过零，$i_\beta=-i_U$。

其余各相的电流波形与i_U相似，相位上依次相差 2π/3。阻感负载的三相方波逆变电路输出相电压、线电压波形均与纯电阻负载相同，因此其电压分析的结论与带纯电阻负载的结论是一样的，在此不再赘述。

由图 5-11 可以看出，VD 的导通角$\theta_D=\varphi_1$，VT 的导通角$\theta_T=\pi-\theta_D=\pi-\varphi_1$。输入电流$i_\beta$可以表示为$i_\beta=i_1+i_3+i_5=i_2+i_4+i_6$，其平均值等于直流电源的输入直流，即$I_{\beta av}=I_d$，其交流分量则作为充放电电流流过电容$C_d$。

5.4 电流型逆变电路

5.4.1 电流型逆变电路的定义及特点

1. 电流型逆变电路定义

直流电源为电流源的逆变电路称为电流型逆变电路。实际上理想直流电流源并不多见，一般是在逆变电路直流侧串联一个大电感，因为大电感中的电流脉动很小，因此可近似看成直流电流源。

2. 电流型逆变电路特点

(1) 直流侧串联有大电感，相当于电流源。直流侧电流基本无脉动，直流电源呈现很高的内阻抗。

(2) 电路中开关器件的作用仅是改变直流电流流通路径，因此交流侧输出电流为矩形波，并且与负载阻抗无关，而交流侧输出电压波形和相位则因负载阻抗情况不同而不同。

(3) 当交流侧为阻感负载时需要提供无功功率，直流侧电感起缓冲无功能量的作用。因为反馈无功能量时直流电流并不反向，因此不必像电压型逆变电路那样要给开关器件反并联二极管(采用单导开关)。

5.4.2 单相电流型逆变电路

1. 电路分析

(1) 电路由4个桥臂构成,每个桥臂的晶闸管各串联一个电抗器 L_T。L_T 一般很小,用来限制晶闸管开通时的 di/dt,各桥臂的 L_T 之间不存在互感。使桥臂1、4和桥臂2、3以1000～2500 Hz的中频轮流导通,就可以在负载上得到中频交流电。单相桥式电流型逆变电路原理图如图5-12所示。

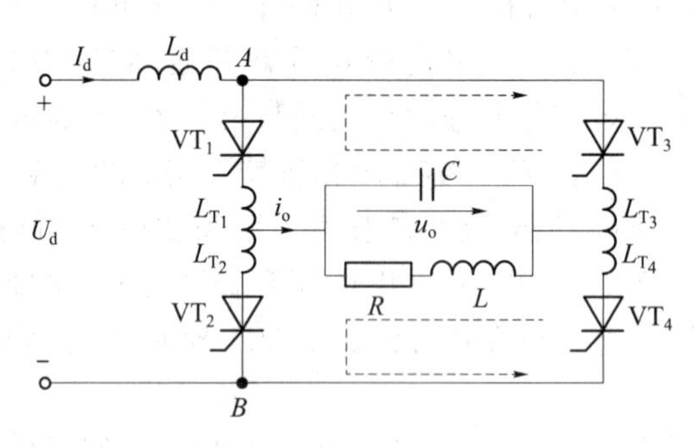

图5-12 单相桥式电流型逆变电路原理图

(2) 采用负载换流方式工作,负载电流略超前于负载电压,即负载略呈容性。

(3) 负载一般是电磁感应线圈,用来加热置于线圈内的钢料,电容 C 用来提高功率因数。

(4) 电容 C 和 L、R 构成并联谐振回路,故这种逆变电路也被称为并联谐振式逆变电路。负载换流方式要求负载电流超前于电压,因此补偿电容应使负载过补偿,使负载电路总体上工作于容性小失谐的状态。

(5) 输出电流波形接近矩形波,其中包含基波和各奇次谐波,且谐波幅值远小于基波。因基波频率接近负载电路谐振频率,故负载电路对基波呈现高阻抗,而对谐波呈现低阻抗,谐波在负载电路上产生的压降很小,因此负载电压的波形接近正弦波。

2. 工作波形分析

在交流电流的一个周期内,有两个稳定导通阶段和两个换流阶段。单相桥式电流型逆变电路(并联谐振式)主要变量稳态工作波形如图5-13所示。

(1) t_1～t_2时段。为晶闸管 VT_1 和 VT_4 稳定导通阶段,负载电流 $i_o=I_d$,近似为恒值,t_2 时刻之前在电容 C 上(负载上)建立了左正右负的电压。

(2) 在 t_2 时刻。触发晶闸管 VT_2 和 VT_3 开通,因在 t_2 前 VT_2 和 VT_3 的阳极电压等于负载电压,为正值,故 VT_2 和 VT_3 开通,开始进入换流阶段。

由于每个晶闸管都串有换流电抗器 L_T,故 VT_1 和 VT_4 在 t_2 时刻不能立刻关断,其电流有一个减小过程。同样,VT_2 和 VT_3 的电流也有一个增大过程。t_2 时刻之后,4个晶闸管全部导通,负载电容电压经两个并联的放电回路同时放电。其中一个回路是经 L_{T1}、VT_1、VT_3、L_{T3} 回到电容 C,另一个回路是经 L_{T2}、VT_2、VT_4、L_{T4} 回到电容 C,如图5-12中虚线所示。

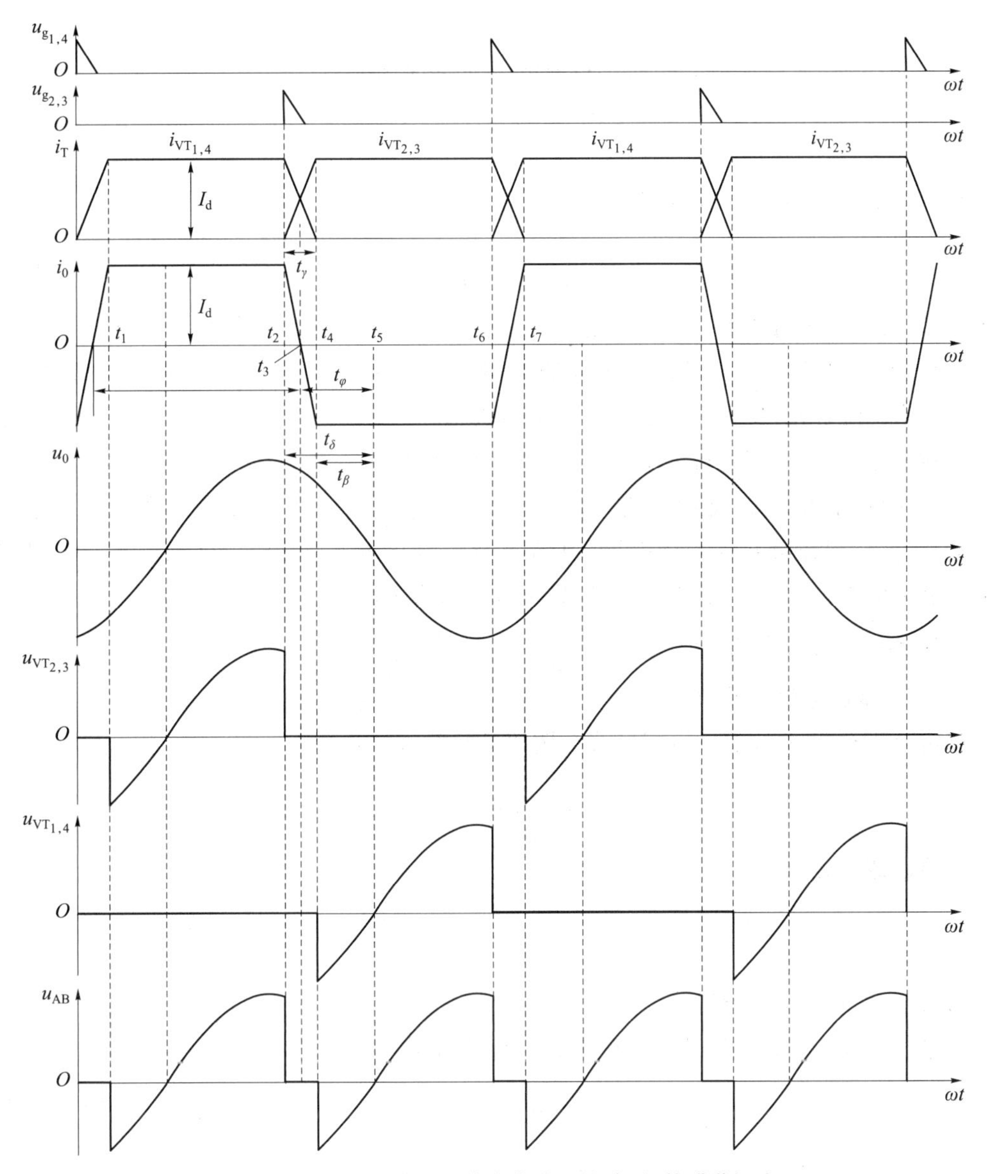

图 5-13　单相桥式电流型逆变电路工作波形(并联谐振式)

在这个过程中 VT_1、VT_4 电流逐渐减小，VT_2、VT_3 电流逐渐增大。当 $t=t_4$时，VT_1、VT_4电流减至零而关断，直流侧电流 I_d全部从 VT_1、VT_4 转移到 VT_2、VT_3，换流阶段结束。$t_4-t_2=t_\gamma$称为换流时间。因为负载电流 $i_0=i_{VT_1}-i_{VT_2}$，所以 i_o在 t_3时刻，即 $i_{VT_1}=i_{VT_2}$时刻过零，t_3时刻大体位于 t_2和 t_4的中点。

晶闸管在电流减小到零后，尚需一段时间才能恢复正向阻断能力。因此，在 t_4时刻换流结束后，还要使 VT_1、VT_4 承受一段反压时间 t_β才能保证其可靠关断。$t_\beta=t_5-t_4$应大于晶闸管的关断时间 t_q。如果 VT_1、VT_4 尚未恢复阻断能力就被加上正向电压，将会重新导通，使逆变失败。

为了保证可靠换流，应在负载电压 u_0过零前 $t_\delta=t_5-t_2$时刻触发 VT_2、VT_3。t_δ称为触发提前时间，由图 5-13 得

$$t_\delta = t_\gamma + t_\beta \tag{5-22}$$

由图 5-13 得,负载电流 i_o 超前于负载电压 u_o 的时间 t_φ 为

$$t_\varphi = \frac{t_\gamma}{2} + t_\beta \tag{5-23}$$

把 t_φ 表示为电角度 φ(弧度)可得

$$\varphi = \omega\left(\frac{t_\gamma}{2} + t_\beta\right) = \frac{\gamma}{2} + \beta \tag{5-24}$$

式中,ω 为电路工作角频率;γ、β 分别是 t_γ、t_β 对应的电角度;φ 是负载的功率因数角。

(3) $t_4 \sim t_6$ 时段。VT_2、VT_3 稳定导通阶段。t_6 以后又进入从 VT_2、VT_3 导通向 VT_1、VT_4 导通的换流阶段,其过程和前面的分析类似。

在换流过程中,上下桥臂的 L_T 上电压极性相反,如果不考虑晶闸管压降,则 $u_{AB}=0$。

u_{AB} 脉动频率为交流输出电压频率的 2 倍。在 u_{AB} 为负的部分,逆变电路从直流电源吸收的能量为负,即补偿电容 C 的能量向直流电源反馈。这实际上反映了负载和直流电源之间无功能量的交换。在直流侧,L_d 起到缓冲这种无功能量的作用。

3. 主要运行参数分析

1) 负载基波电流有效值

忽略换流过程,i_o 可近似为矩形波。按傅里叶级数展开有

$$i_o = \frac{4I_d}{\pi}\left(\sin \omega t + \frac{1}{3}\sin 3\omega t + \frac{1}{5}\sin 5\omega t + \cdots\right) \tag{5-25}$$

基波电流有效值:

$$i_{01\text{rms}} = \frac{4I_d}{\sqrt{2}\pi} = 0.9I_d \tag{5-26}$$

2) 负载基波电压有效值

忽略电抗器 L_d 的损耗、晶闸管压降,u_{AB} 的平均值应等于 U_d,有

$$\begin{aligned} U_d &= \frac{1}{\pi}\int_{-\beta}^{\pi-(\gamma+\beta)} u_{AB}\,\mathrm{d}\omega t = \frac{1}{\pi}\int_{-\beta}^{\pi-(\gamma+\beta)} \sqrt{2}U_{01\text{rms}}\sin \omega t\,\mathrm{d}\omega t \\ &= \frac{\sqrt{2}U_{01\text{rms}}}{\pi}[\cos(\beta+\gamma)+\cos\beta] \\ &= \frac{2\sqrt{2}U_{01\text{rms}}}{\pi}\cos\left(\beta+\frac{\gamma}{2}\right)\cos\frac{\gamma}{2} \end{aligned}$$

一般情况下 γ 值较小,可近似认为 $\cos(\gamma/2)=1$,再考虑式(5-24)得

$$U_d = \frac{2\sqrt{2}}{\pi}U_{01\text{rms}}\cos\varphi$$

$$U_{01\text{rms}} = \frac{\pi U_d}{2\sqrt{2}\cos\varphi} = 1.11\,\frac{U_d}{\cos\varphi} \tag{5-27}$$

即:为简化分析,设负载参数不变,逆变电路工作频率固定。实际上在中频加热和钢料熔化过程中,感应线圈参数是随时间而变化的,固定的工作频率无法保证晶闸管反压时间 t_β

大于关断时间 t_q，可能导致逆变失败。为了保证电路正常工作，必须使工作频率需随负载的变化而自动调整，这种控制方式称为自励方式，即逆变电路触发信号取自负载端，其工作触发频率受负载谐振频率控制而比后者高一个适当的值。与自励式相对应，固定工作频率控制方式称为他励方式。自励方式存在着起动的问题，因为在系统未投入运行时，负载端没有输出，无法取出信号。解决这一问题的方法之一是先用他励方式，系统开始工作后再转入自励方式。另一种方法是附加预充电起动电路，即预先给电容器充电，起动时将电容能量释放到负载上，形成衰减振荡，检测出振荡信号实现自励。

5.4.3　三相电流型逆变电路

1. 电路分析

三相电流型逆变电路原理图如图 5-14 所示。这种电路的基本工作方式是 120°导电方式，即每个臂一周期内导电 120°，按 VT_1 到 VT_6 的顺序每隔 60°依次导通。即每个时刻上桥臂组的 3 个臂和下桥臂组的 3 个臂都各有一个臂导通。换流时，在上桥臂组或下桥臂组的组内依次换流，为横向换流。

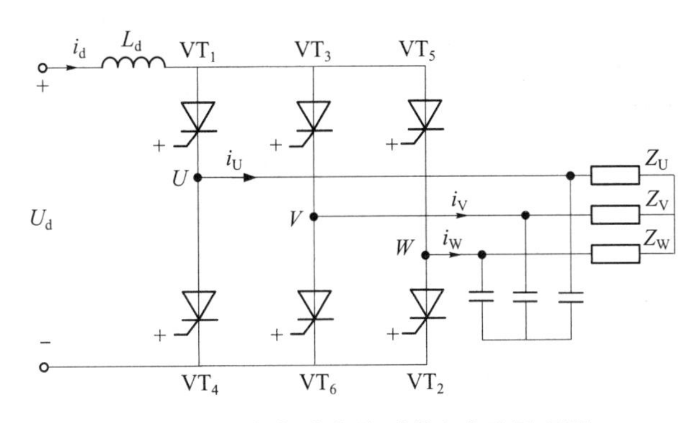

图 5-14　三相桥式电流型逆变电路原理图

2. 工作波形分析

像画电压型逆变电路波形时先画电压波形一样，画电流型逆变电路波形时，总是先画电流波形。因为输出交流电流波形和负载性质无关，是正负脉冲宽度各为 120°的矩形波。三相桥式电流型逆变电路主要变量稳态工作波形如图 5-15 所示。输出电流波形和三相桥式可控整流电路在大电感负载下的交流输入电流波形形状相同。因此，它们的谐波分析表达式也相同。输出线电压波形和负载性质有关，图 5-15 中给出的波形大体为正弦波，但叠加了一些脉冲，这是逆变器换流过程产生的。

3. 负载基波电流有效值

如图 5-15 所示。三相电流型逆变电路输出相电流的波形与电压型三相桥式逆变电路中输出线电压的波形(图 5-10)形状相同，所以两个公式的系数相同。所以输出交流电流的基波有效值 $I_{U_{1rms}}$ 与直流电流 I_d 的关系为

$$I_{U_{1rms}}=\frac{2\sqrt{3}\,I_d}{\pi\sqrt{2}}=\frac{\sqrt{6}\,I_d}{\pi}=0.78I_d \tag{5-28}$$

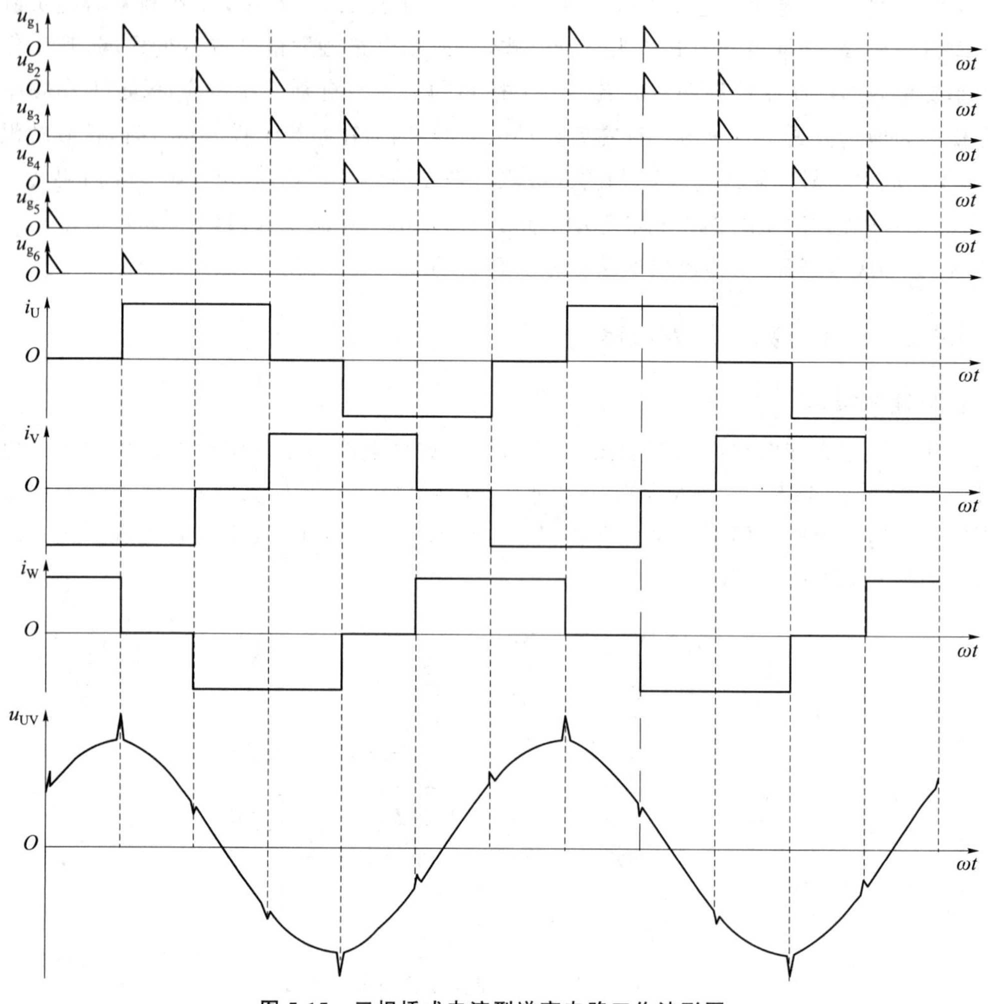

图 5-15　三相桥式电流型逆变电路工作波形图

5.5　相控整流电路的有源逆变

5.5.1　有源逆变定义及产生条件

1. 有源逆变定义

把直流电能转变为与交流电网同频率的交流电能并且直接提供给电网,这个过程称为有源逆变。有源逆变是相控整流电路的另一种工作状态。在一定条件下,同一套相控整流电路既可工作在整流状态,又可工作在有源逆变状态。把直流电转变为交流电直接供给交流负载使用,称为无源逆变。有源逆变电路常用于直流可逆调速系统、交流电动机串级调速系统以及高压直流输电系统等方面。

2. 有源逆变产生条件

整流电路能量转换的示意图如图 5-16 所示。交流侧接至交流电源。直流侧接直流负载或直流电源。电路工作时,交流侧从交流电网获取能量,经过变流电路转换为直流电能,供给直流侧的负载使用,这个过程就是整流。由于相控整流电路输出电流方向不能变,在电路不变的情况下,为了使直流侧输出电能并反馈到交流电网,整流电路输出直流端的电压极性必须反向,这样电路才可能实现有源逆变。由此可见,实现有源逆变需要以下条件:

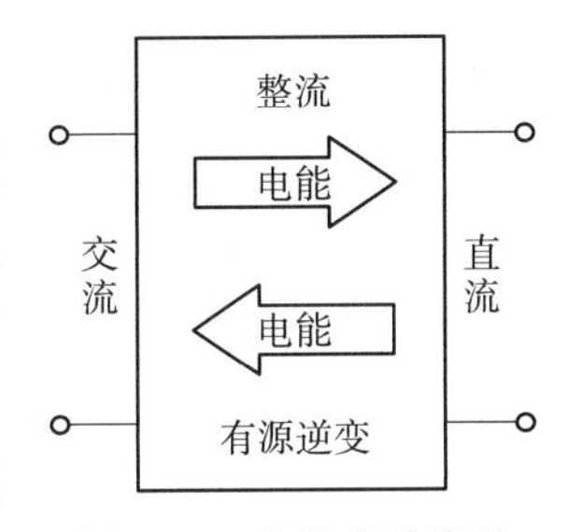

图 5-16　整流电路能量转换的示意图

(1) 外部条件。直流侧要有直流电势源 E_{M},其极性须和晶闸管的导通方向一致,其值应大于变流电路直流侧的平均电压,即满足 $|U_{\mathrm{dav}}|<|E_{\mathrm{M}}|$。

(2) 内部条件。直流侧的平均电压 U_{dav} 既能够大于零也能够小于零。

必须指出,如果整流电路不能输出负的直流电压 U_{dav},则不允许直流侧出现负极性的电动势,也就不能实现有源逆变。

5.5.2　单相桥式全控整流电路的有源逆变工作分析

1. 电路分析

单相桥式全控整流电路有源逆变电路原理图如图 5-17 所示。反向的直流电动势源 E 可以是电动机工作在发电运行状态的感应电动势,也可以是蓄电池等任意形式的直流电源。在大电感条件下,当 $90°<\alpha<180°$ 时,整流电路输出电压 u_{d} 反向,满足了逆变的条件,这时可沿用整流的办法来处理逆变时有关波形与参数计算等各项问题。

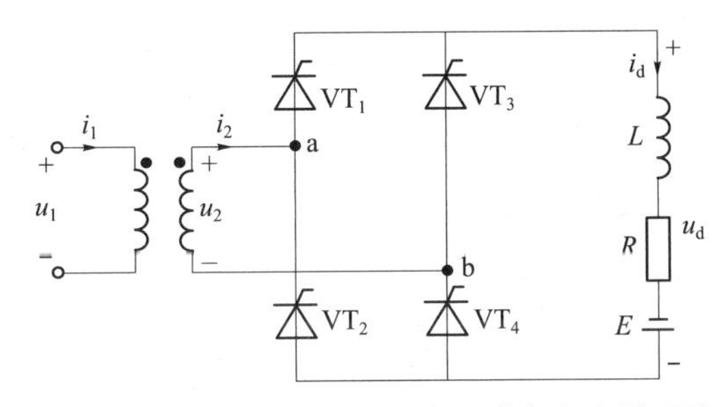

图 5-17　单相桥式全控整流有源逆变电路原理图

2. 工作波形分析

单相桥式全控整流电路有源逆变主要变量稳态工作波形如图 5-18 所示。设 t_1 时刻进入稳态,此时 VT_1、VT_4 有触发脉冲,在输入交流电压 u_{ab} 和直流侧电势 E 的共同作用下,VT_1、VT_4 导通,输出电压 $u_{\mathrm{d}}=u_2$。在 t_2 时刻,VT_2、VT_3 有触发脉冲,此时两管因承受正向电压而触发导通,并在导通后引起输出电压变化,导致 VT_1、VT_4 关断,此时输出电压 $u_{\mathrm{d}}=-u_2$。之后波形重复上述过程。

3. 主要运行参数分析

(1) 逆变电路输出直流电压平均值

$$U_{\mathrm{dav}}=0.9U_{2\mathrm{rms}}\cos\alpha \tag{5-29}$$

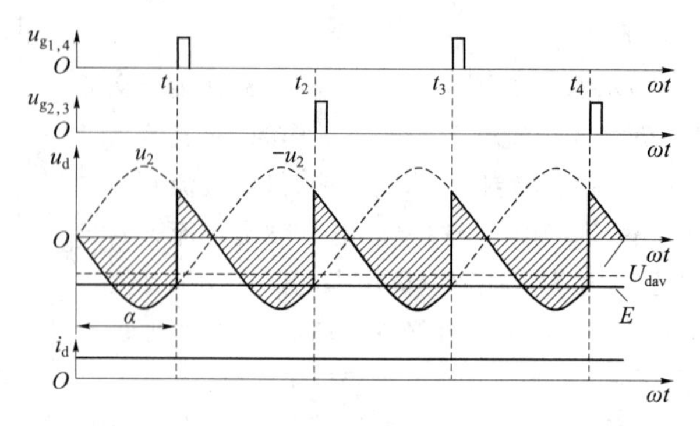

图 5-18 单相桥式全控整流有源逆变电路工作波形图

(2) 逆变电路输出直流电流平均值

$$I_{dav}=(U_{dav}-E)/R>0 \tag{5-30}$$

5.5.3 三相桥式全控整流电路的有源逆变工作分析

1. 电路分析

三相逆变电路与单相逆变电路的原理相同,其电路原理图如图 5-19 所示。在大电感状态下,输出直流电流连续,设输入交流相电压有效值为 U_{2rms},逆变电路输出电压为 $U_{dav}=2.34U_{2rms}\cos\alpha$,当 $90°<\alpha<180°$时,$U_{dav}<0$,符合有源逆变的条件。为了与整流有所区别,在逆变时通常引入逆变角 β 的概念,逆变角 β 与触发角 α 满足:

$$\alpha+\beta=180° \tag{5-31}$$

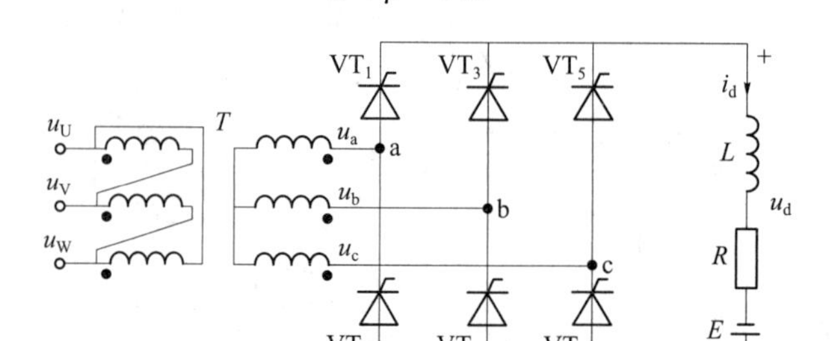

图 5-19 三相桥式全控整流有源逆变电路原理图

2. 工作波形分析

三相桥式全控整流电路有源逆变主要变量稳态工作波形如图 5-20 所示。

触发角 α 是以自然换流点作为计量起始点向右方计量,而逆变角 β 和触发角 α 的计量方向相反,其大小自 $\alpha=180°$作为起始 $\beta=0$ 向左方计量,逆变时有 $0°<\beta<90°$。电路工作过程的分析与整流状态相类似。

3. 主要运行参数分析

(1) 逆变电路输出直流电压平均值

$$U_{dav}=2.34U_{2rms}\cos\alpha=-2.34U_{2rms}\cos\beta \tag{5-32}$$

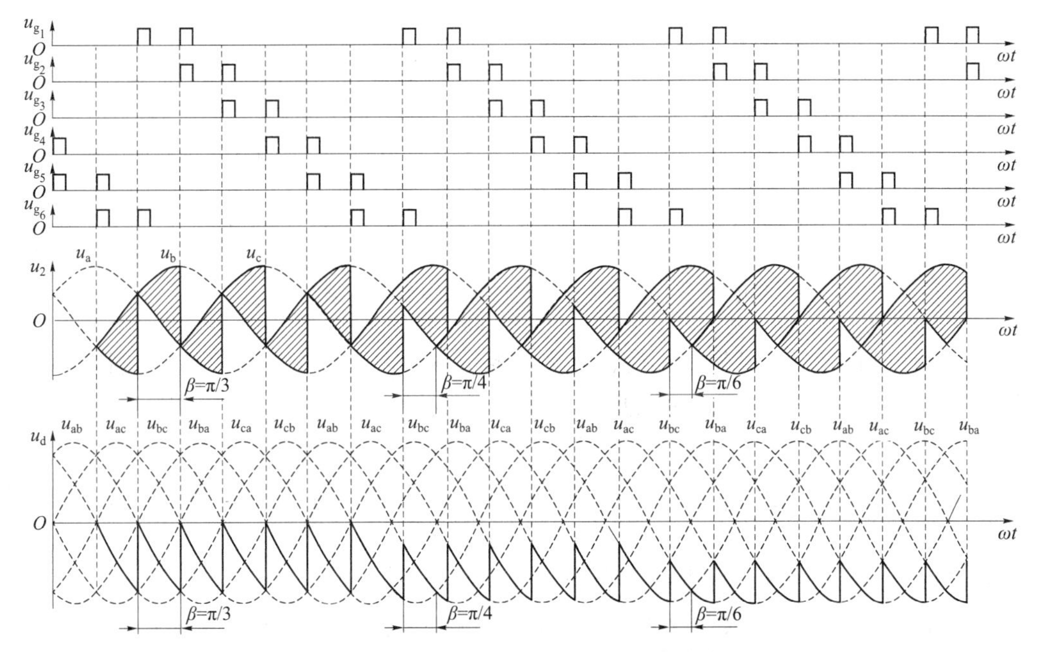

图 5-20　三相桥式全控整流有源逆变电路波形图

(2) 逆变电路输出直流电流平均值

$$I_{\mathrm{dav}}=(U_{\mathrm{dav}}-E)/R \tag{5-33}$$

(3) 流过晶闸管电流有效值

每个晶闸管导通 2π/3,故流过晶闸管电流的有效值为(忽略直流电流 i_d 的脉动)

$$I_{\mathrm{VT_{rms}}}=I_d/\sqrt{3}=0.577I_d \tag{5-34}$$

(4)交流电源送到直流侧负载的有功功率

$$P_d=RI_{\mathrm{dav}}^2+EI_{\mathrm{dav}} \tag{5-35}$$

因 EI_{dav} 为负值,故 P_d 为负值,交流电源发出负功率,表示功率由直流电源输送到交流电源。

在式(5-35)中,直流电源发出的电功率为 EI_{dav},只考虑了电流平均值 I_{dav},这是因为负载电流的交流分量在 E 上产生的功率为 0,同时由于大电感的存在,负载电流的交流分量几乎为零,基本为直流。

5.5.4　逆变失败与最小逆变角

1. 逆变失败定义

逆变时,一旦换相失败,外接直流电源就会通过晶闸管电路短路,或使变流器输出平均电压和直流电动势变成顺向串联,形成很大短路电流的现象,称为逆变失败或称逆变颠覆。

2. 典型逆变失败故障及波形

造成整流电路有源逆变失败的原因很多,现以三相半波全控整流电路有源逆变电路为例,电路原理图如图 5-21 所示,对常见典型故障及波形进行分析,三相半波全控整流有源逆变电路典型故障波形图如图 5-22 所示。

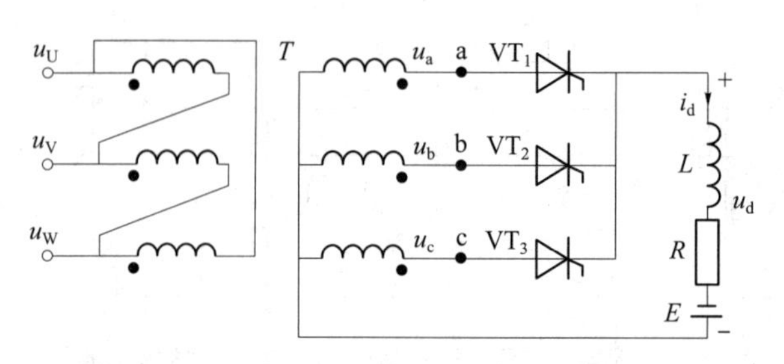

图 5-21 三相半波全控整流有源逆变电路原理图

(1) 触发电路工作不可靠,不能实时、准确地给各晶闸管分配脉冲,致使晶闸管不能正常换相,使交流电源电压与直流电动势顺相串接,形成短路。

如图 5-22(a)所示。在 ωt_1 时刻,VT_2 应触发导通,电流由 a 相换到 b 相。若在 ωt_1 时刻,VT_2 的触发脉冲丢失,VT_2 不导通,在大电感状态下,VT_1 将继续导通,并将一直持续到正半周,使电源瞬时电压与直流电动势 E 顺向串接,造成短路。

若在 ωt_1 时刻,VT_2 触发脉冲延迟到 ωt_2 时刻才出现,如图 5-22(b)所示。此时 b 相电压开始小于 a 相,VT_2 因承受反向电压而不能正常换流,VT_1 将持续导通造成短路。

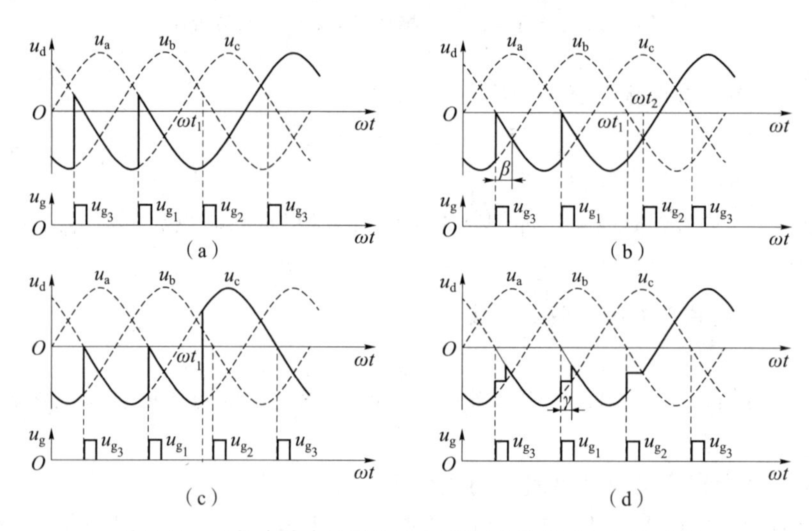

图 5-22 三相半波全控整流有源逆变电路典型故障波形图

(2) 晶闸管发生故障,该阻断时不阻断,该导通时不导通。

如图 5-22(c)所示。对于三相半波电路,在 ωt_1 时刻,VT_3 因承受线电压 U_{ca} 值较高(接近峰值电压)而误导通(失去阻断能力),则在 u_{g_2} 到来时,因 VT_3 导通输出 c 相电压高于 b 相电压而使 VT_2 不能正常导通,原来应该输出 b 相的负压,现在却输出 c 相的正压,使得输出电压在数值上大大减小,负载电流急剧增大,造成逆变失败。

(3) 交流电源发生缺项或突然消失。

在逆变工作时,交流电源发生缺相或突然消失,由于直流电动势 E 的存在,晶闸管仍可导通,此时变流器的交流侧由于失去了同直流电动势极性相反的交流电压,因此直流电动势将通过晶闸管使电路短路。

(4) 晶闸管换流时间不足或换流后反压时间不够,晶体管未可靠关断。

以 VT_1 和 VT_2 的换相过程来分析,当逆变角 β 足够大时,经过换相过程后,b 相电压 u_b 将高于 a 相电压 u_a,所以换相结束时,能使 VT_1 可靠关断。若换相的裕量角不足,如图 5-22(d)所示。换相结束时,电路的工作状态已到达自然换流点之后,$u_a \geqslant u_b$,晶闸管 VT_2 将承受反压而重新关断,使得应该关断的 VT_1 不能关断而继续导通,且 a 相电压随着时间的推迟越来越高,与直流电动势 E 顺向串接导致逆变失败。

3. 最小逆变角

为了防止逆变失败,逆变角 β 不能太小,必须限制在某一允许的最小角度内。确定最小逆变角 β_{min} 应考虑换相过程、晶闸管的开关时间、交流电源和触发脉冲的不对称度等因素的影响,因此最小逆变角应为

$$\beta_{min} = \delta + \gamma + \theta' \tag{5-36}$$

式中,δ 为晶闸管的关断时间 t_q 折合的电角度;γ 为换相重叠角;θ' 为安全裕量角。

晶闸管的关断时间为 200～300 μs,折算到电角度 δ 为 4°～5°;换相重叠角 γ 的大小与电路形式、工作电流的大小有关,一般取 15°～20°。当变流器工作在逆变状态时,由于种种原因,会影响逆变角,例如,交流电网的波动、波形畸变、触发脉冲间隔的不对称等因素都有可能破坏 $\beta \geqslant \beta_{min}$ 的关系,导致逆变失败。根据经验,θ' 一般取 10°左右。这样,β_{min} 一般取 30°～35°。设计逆变电路时,必须保证 $\beta \geqslant \beta_{min}$,因此常在触发电路中附加一保护环节,保证触发脉冲不进入小于 β_{min} 的区域内。

5.6 SPWM 逆变

方波逆变和移相调压逆变可以实现调频、调压输出,但谐波含量比较高。正弦脉宽调制(SPWM)逆变可很好抑制输出电压波形中的低次谐波含量,提高谐波频率,采用低通滤波器消除输出谐波。

5.6.1 正弦脉宽调制(SPWM)技术的理论基础

1. 面积等效原理

SPWM 控制技术的理论基础是面积等效原理。即:面积相等而形状不同的窄脉冲加在惯性环节上时,得到的输出效果基本相同。面积等效原理示意图如图 5-23 所示。脉冲为矩形、三角形、正弦半波窄脉冲和理想单位脉冲函数为波形的电压源 $u(t)$,施加于 R、L 负载上,当负载时间常数远大于激励脉冲持续时间时,响应 $i(t)$ 基本一致,只是在体现高频分量的上升段有所不同,体现低频成分的下降段几乎相同。当激励脉冲越窄(或负载惯性常数与脉冲持续时间相差越大),则响应的高频段所占比例越小,整个响应越接近。如果周期性施加上述脉冲,响应 $i(t)$ 也是周期性的,各 $i(t)$ 的低频特性将非常接近。

对于一个正弦半波分成 N 等份,就可以把正弦半波看成是由 N 个彼此相连的脉冲序列所组成的波形,利用等幅不等宽但面积相等的矩形脉冲代替这 N 等份正弦波,使矩形脉冲中点与相应正弦波中点部分重合,就形成了一系列幅值相等脉宽随正弦波瞬时值变动的

脉冲序列,这就是 PWM 波形,如图 5-23(g)所示。根据面积等效原理,PWM 波形和正弦半波是等效的。对于正弦波的负半周,也可以用同样的方法得到 PWM 波形。像这种脉冲的宽度按正弦规律变化,而且和正弦波等效的 PWM 波形,也称 SPWM 波形。

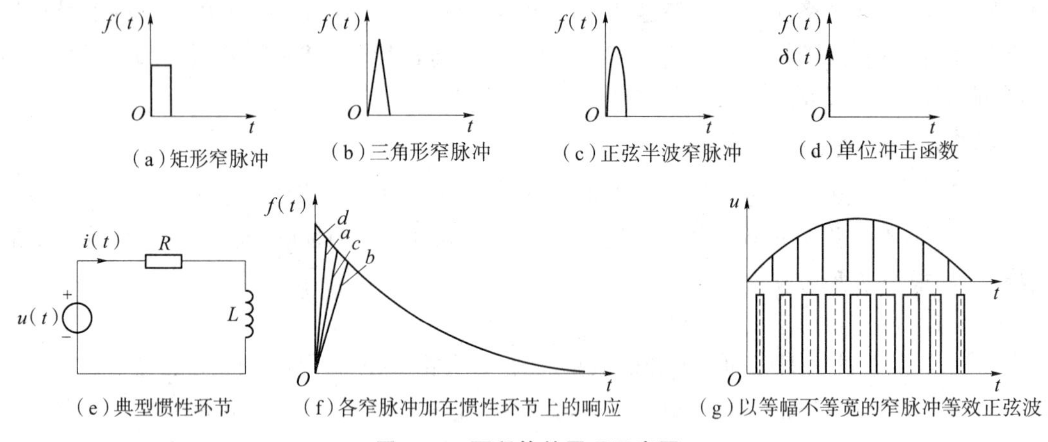

图 5-23 面积等效原理示意图

2. 产生 SPWM 波的基本方法

1) 自然采样法

将三角波(或锯齿波)与正弦波比较,产生 SPWM 脉冲序列的方法称为自然采样法。三角波(或锯齿波)称为载波,正弦波称为调制波。正弦波在不同相位角时其值不同,与三角波相交所得脉冲宽度也不同,当正弦波频率和幅值变化时,脉冲个数以及各个脉冲宽度也发生相应的变化。自然采样法生成 SPWM 波过程图如图 5-24 所示。u_C为三角载波,周期为 T_C,u_S为正弦调制波,周期为 T_S。将正弦波与三角波施加于比较器的两个输入端,当 $u_S>u_C$时,输出$+U_o$(或$-U_o$),当 $u_S<u_C$时,输出$-U_o$(或$+U_o$),其输出即为 SPWM 波。一般来讲,调制波的周期 T_S要远大于载波的周期 T_C,调制波的幅值 u_{sm}应不大于载波幅值 u_{cm}。

利用模拟电路可以方便地实现这个功能,因此这种方法在模拟控制方式中比较常见。自然采样法过程简单易懂,但在数字控制系统中,这种方法存在计算量大、实时性差、波形准确度差等缺点,因此数字控制系统一般采用改良的规则采样法。

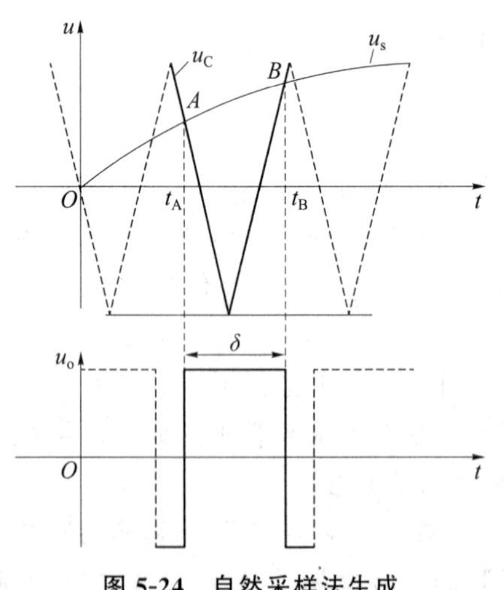

图 5-24 自然采样法生成 SPWM 波过程图

2) 规则采样法

规则采样法是数字控制系统常用的方法。规则采样法是将输出脉冲中点和三角波中点重合,使每个脉冲关于三角波峰值左右对称,这样的改进可大大减少计算工作量。

(1) 规则采样法原理

以载波周期谷点时刻对应的调制波瞬时值为整个载波周期内调制波幅值,这样调制波与载波比较得到 SPWM 信号的方法称为规则采样法。规则采样法生成 SPWM 波示意图如图 5-25 所示。

u_C为三角载波，周期为 T_C，u_S为正弦调制波，周期为 T_S。载波周期谷点时刻(t_0)对应的调制波瞬时值 $u_S(t_0)$为整个载波周期内调制波的幅值。当 $u_S(t_0)>u_C$时，输出$+U_0$(或$-U_0$)，当 $u_S(t_0)<u_C$时，输出$-U_0$(或$+U_0$)，以此形成 SPWM 波。

(2) 规则采样法特点

规则采样法等效示意如图 5-26 所示。相当于以载波周期谷点时刻对应的调制波瞬时值作为基准的阶梯波代替正弦调制波来产生 SPWM 波。在数字控制系统中，SPWM 信号由计算机产生，采用逻辑电平“1”或“0”来表示 SPWM 输出信号的两种状态。这种方法计算工作量大为减少。

在前面介绍的调制过程中，输出 SPWM 波与载波和调制波之间关系密切，存在以下定义。

幅度调制比：调制波幅值 U_{sm}与载波幅值 U_{cm}的比值，称为幅度调制比，用 m_a表示。

$$m_a=\frac{U_{sm}}{U_{cm}} \tag{5-37}$$

载波比(频率调制比)：载波频率 f_c与调制波频率 f_s的比值，称为载波比，用 m_f表示。

$$m_f=\frac{f_c}{f_s}=\frac{T_s}{T_c} \tag{5-38}$$

式中，T_s为调制波周期(频率为 f_s)；T_c为载波周期(频率为 f_c)；U_{sm}为调制波幅值；U_{cm}为载波幅值。

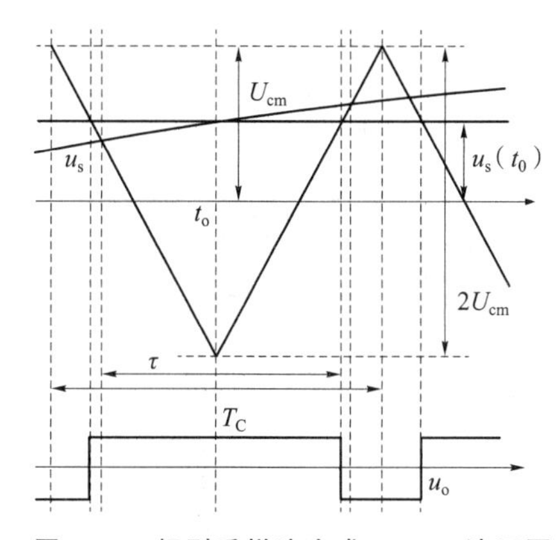

图 5-25　规则采样法生成 SPWM 波示图

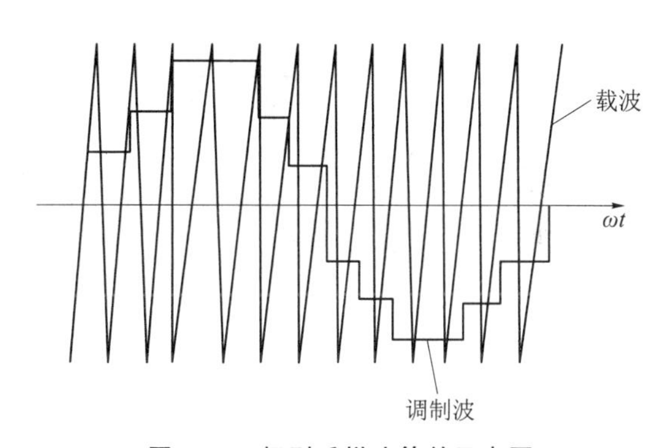

图 5-26　规则采样法等效示意图

无论是自然采样法还是规则采样法，实际应用中一般固定三角载波的频率和幅值，通过调节正弦调制波的频率和幅值来调节逆变输出的正弦基波频率与幅值。

5.6.2　单相桥式 SPWM 逆变电路

如图 5-3 所示，单相桥式 SPWM 逆变电路原理图与单相桥式电压源型逆变电路原理图相同。

1. 双极性 SPWM 控制逆变电路

1) 控制规则

电路控制规则为：将调制波 u_s与三角波 u_c进行比较，输出一列 SPWM 波，用来控制桥式逆变器的两组开关，其中 VT_1、VT_3和 VT_2、VT_4分别成组并互补工作。

$m_a=0.8$、$m_f=15$ 状态下，单相桥式双极性 SPWM 控制逆变输出电压的波形和频谱图如图 5-27 所示。具体控制规则为

当 $u_s>u_c$ 时，VT_1、VT_3 开通，VT_2、VT_4 关断，此时 VT_1、VT_3 所在桥臂导通，输出电压 $u_{AB}=+U_d$。

当 $u_s<u_c$ 时，VT_2、VT_4 开通，VT_1、VT_3 关断，此时 VT_2、VT_4 所在桥臂导通，输出电压 $u_{AB}=-U_d$。

双极性 SPWM 控制模式下，每个调制周期内的工作分析与方波逆变电路相同。从图中可以看出，每个调制周期内输出电压出现正负两种极性的电平，因此称为双极性 SPWM 控制。VT_1、VT_3 和 VT_2、VT_4 两组开关的控制规则可以互换，但输出基波的相位也随之变化。

2）输出特性分析

从图 5-27(c) 的频谱图可以看出，双极性 SPWM 控制逆变的输出波形中，主要成分是与调制波频率相同的基波，以及载波频率整数倍附近的谐波，输出基波电压幅度与幅度调制比 m_a 相关。实际上，当 $m_f\gg1$ 时，由于三角载波频率远高于正弦调制波，则在一个开关周期内正弦调制波的电压变化很小，可以视为恒定。

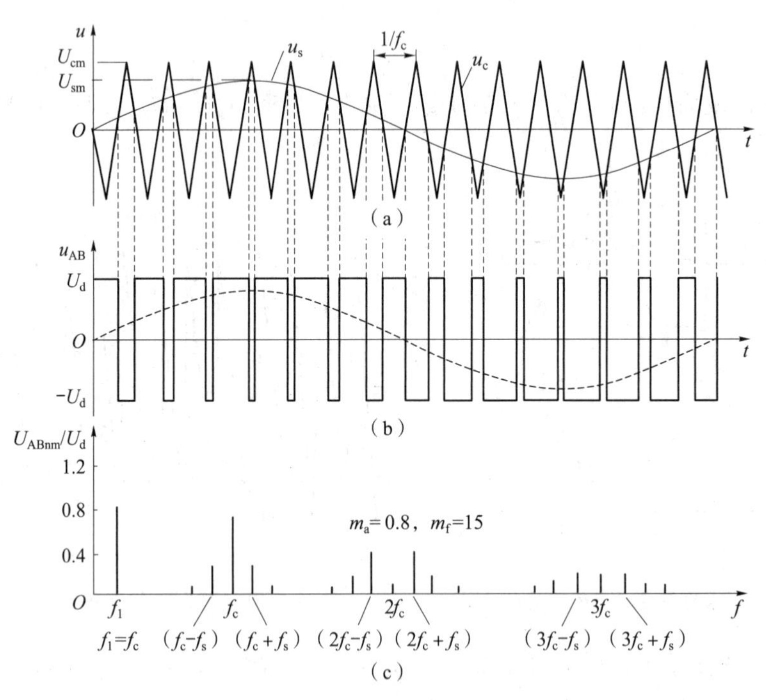

图 5-27　单相桥式双极性 SPWM 控制逆变电路输出电压波形及频谱图

假定第 k 个开关周期内调制波的瞬时值为 $u_s(k)$，如图 5-26 所示。该周期内输出电压平均值 $u_{ABav(k)}$ 有如下关系：

$$u_{ABav}(k)=\frac{u_s(k)}{U_{cm}}U_d \tag{5-39}$$

当三角载波频率足够高时，开关周期足够短，式(5-39)中 $u_s(k)$ 可以近似以 $u_s(t)$ 代替，有

$$u_{ABav}(k)=\frac{u_s(k)}{U_{cm}}U_d=\frac{U_{sm}}{U_{cm}}U_d\sin\omega t \tag{5-40}$$

可以看出，输出电压开关周期中的平均值 $u_{ABav}(t)$ 以正弦规律变化，与调制波同频同相，这个平均电压就是输出电压的基波分量。

由于输出电压每个开关周期内都进行了一次从正到负和从负到正的变化，逆变输出的谐波电压都聚集在以载波频率整数倍为中心的周围，形成边带。分析与测试表明，当 $m_f \gg 1$ 时，极性 SPWM 控制逆变电路的输出有以下关系：

（1）输出基波电压幅值与输入直流母线电压、幅度调制比的关系为

$$u_{AB_{1m}} = m_a U_d \big|_{m_a \leqslant 1} \tag{5-41}$$

由式(5-41)可看出，在幅度调制比 m_a 不超过 1 时，双极性 SPWM 的输出电压基波幅值与 m_a 和直流母线电压 U_d 成正比

（2）输出基波直流电压利用率为

$$A_V = \frac{U_{AB_{1rms}}}{U_d} = 0.707 m_a \tag{5-42}$$

2. 单极性倍频 SPWM 控制逆变电路

1）控制规则

将调制波 u_s 与三角波 u_c 进行比较，输出一列 SPWM 波作为控制信号，用来互补控制桥式逆变器的 VT_1、VT_4。将调制波 $-u_s$ 与三角载波 u_c 进行比较，输出另一列 SPWM 波，用来互补控制桥式逆变器的 VT_2、VT_3。$m_a = 0.8$、$m_f = 15$ 状态下，单相桥式单极性 SPWM 控制逆变电路输出电压波形和频谱图如图 5-28 所示。

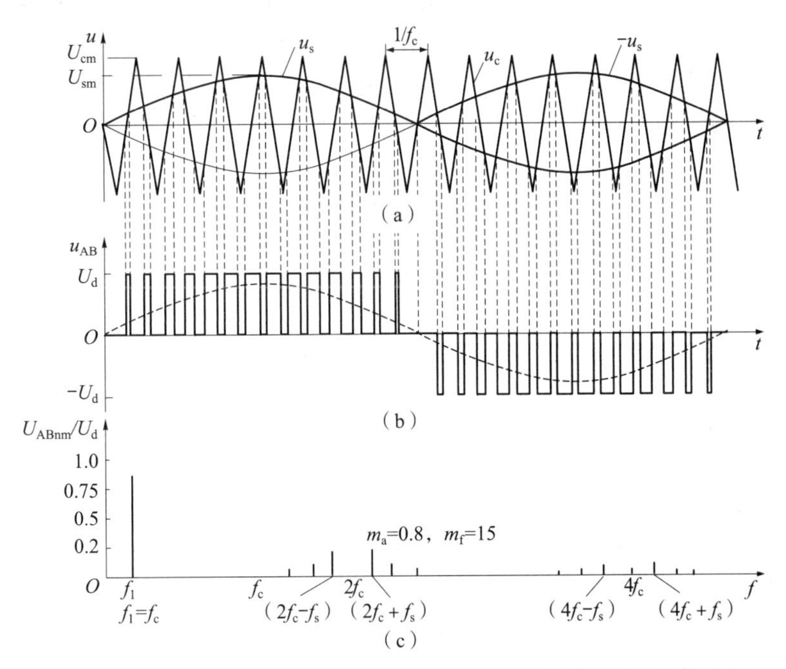

图 5-28　单相桥式单极性 SPWM 控制逆变电路输出电压波形及频谱图

具体控制规则为

当 $u_s > u_c$ 时，VT_1 开通，VT_4 关断。当 $u_s < u_c$ 时，VT_4 开通，VT_1 关断。

当 $-u_s > u_c$ 时，VT_2 开通，VT_3 关断。当 $-u_s < u_c$ 时，VT_3 开通，VT_2 关断。

典型工作过程分析如下：

(1) $t_1 \sim t_2$时间段。由于$u_s < u_c$，VT_4所在桥臂导通，VT_1所在桥臂关断。由于$-u_s < u_c$，VT_3所在桥臂导通，VT_2所在桥臂关断，输出电压$u_{AB}=0$。

(2) $t_3 \sim t_4$时间段。由于$u_s > u_c$，VT_1所在桥臂导通，VT_4所在桥臂关断。由于$-u_s < u_c$，VT_3所在桥臂导通，VT_2所在桥臂关断，输出电压$u_{AB}=U_d$。

(3) $t_5 \sim t_6$时间段。由于$u_s > u_c$，VT_1所在桥臂导通，VT_4所在桥臂关断。由于$-u_s > u_c$，VT_2所在桥臂导通，VT_3所在桥臂关断，输出电压$u_{AB}=0$。

(4) $t_7 \sim t_8$时间段。由于$-u_s > u_c$，VT_2所在桥臂导通，VT_3所在桥臂关断。由于$u_s < u_c$，VT_4所在桥臂导通，VT_1所在桥臂关断，输出电压$u_{AB}=-U_d$。

从图5-28中可以看出，这种控制方式下，前半周中输出电压为$+U_d$或0，不出现负电压。在后半周中输出电压是$-U_d$或0，不出现正电压，因此这种控制方法称为单极性SPWM控制。

从频谱分析结果可以看出，输出波形中除与调制波相同频率的基波幅值较大外，其余的谐波含量主要为与三角载波频率相关的高次谐波，最低为三角载波频率的2倍左右(所以又称为倍频控制)，由于最低次谐波频率较高，与基波频率相距较远，因此比较容易滤除谐波而得到与调制波频率相同的基波。

以上电路运行中VT_1、VT_4和VT_2、VT_3的信号控制规则也可以互换，输出基波的相位也随之变化。

2) 输出特性分析

单极性倍频SPWM控制逆变的输出波形中，包含与调制波频率相同的基波，输出基波电压与幅度调制比m_a相关，输出谐波频率分布于载波频率的偶数倍附近。与双极性控制类似，当$m_f \gg 1$时，单极性SPWM控制逆变电路输出有以下关系：

(1) 输出基波电压幅值与输入直流母线电压、幅度调制比的关系为

$$\mathrm{u}_{AB_{1m}} = m_a U_d \big|_{m_a \leqslant 1} \tag{5-43}$$

由式(5-41)可看出，在幅度调制比m_a不超过1时，双极性SPWM输出电压基波幅值与m_a和直流母线电压U_d成正比。

(2) 输出基波直流电压利用率为

$$A_V = \frac{U_{AB_{1rms}}}{U_d} = 0.707 m_a \tag{5-44}$$

从上面的分析可以看出，单极性倍频控制SPWM逆变的基波输出特性与双极性控制完全一致，区别在于谐波，单极性倍频控制模式把最低次谐波频率提升到载波频率的2倍附近，对输出滤波更有利。

3. 单相桥式SPWM控制逆变电路的特点

(1) 与方波逆变相比，谐波含量降低，谐波频率较高，但直流电压利用率较低。

(2) 输出谐波分布与开关频率(载波频率)相关，提高开关频率可以提高输出谐波频率，但开关损耗也相应增大。

(3) 桥臂互补工作的可靠性问题要求加入“死区时间”。即同一桥臂的上、下两个开关管中的开通信号需要延迟适当时间，保证另一个管子可靠关断之后才开始导通，这样虽然保证了电路的可靠工作，但是降低了直流电压利用率，并引入理论上没有的低次谐波(3，5，7，…)等不良影响。

4. SPWM 调制的相关技术

1）调制方式

根据载波和调制波是否同步及载波比的变化情况，SPWM 调制方式可分为 3 种：异步调制方式、同步调制方式、分段同步调制方式。

（1）异步调制方式。载波和调制波不保持同步关系，通常保持载波频率不变，而调制波频率可变，因此载波比（频率调制比）可变。在调制波半个周期内，脉冲个数、脉冲相位也不固定，正负半周内脉冲不对称，半周期内前后 1/4 周期的脉冲也不对称。

（2）同步调制方式。载波比（频率调制比）等于常数，在变频调节时载波和调制波相位上保持同步。在调制波半个周期内，脉冲个数、脉冲相位固定，正负半周内脉冲对称，半周内前后 1/4 周期的脉冲也对称。

（3）分段同步调制方式。把逆变电路输出频率分为多个频段，在每个频段内分别采用同步调制，各频段采用不同载波比（频率调制比）。这样可以克服同步调制低频段载波频率降低的弊端。不同调制方法的频率关系示意图如图 5-29 所示，其中 f_0 为输出基波频率（与调制波频率 f_s 一致）。

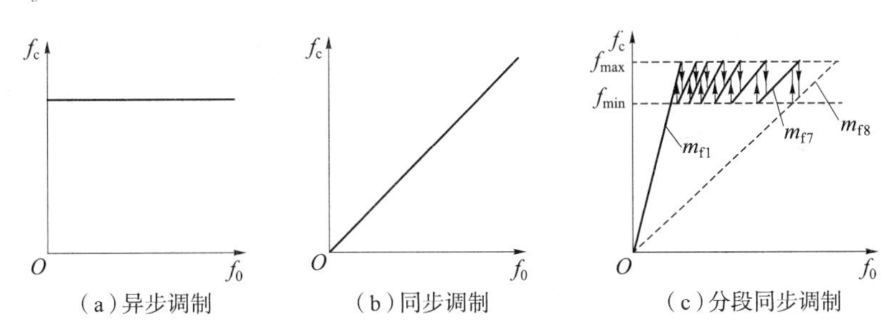

图 5-29　不同调制方法的频率关系示意图

2）提高直流电压利用率的方法

前面提到 SPWM 控制逆变的直流电压利用率较低，采用过幅度调制（$m_a>1$）可以提高直流电压利用率。具体做法是：当 $u_{sm}>u_{cm}$ 时，对于 $u_{sm}>u_{cm}$ 部分相应输出 $\pm U_d$（相当于用削顶调制波与载波相比较），此时电路谐波增加，但直流电压的利用率却得到提高，也可以利用梯形波代替正弦调制波来取得类似的效果。

在三相逆变电路对称负载状态下，一行之有效的办法是在正弦调制波中同步叠加 3 次谐波，形成马鞍波作为调制波，马鞍波示意图如图 5-30 所示。其效果也同样提高直流电压的利用率，但仅增加 3 次谐波，鉴于三相对称电路不产生 3 次谐波电流的特点，这种方法不会对负载产生 3 次谐波的影响。

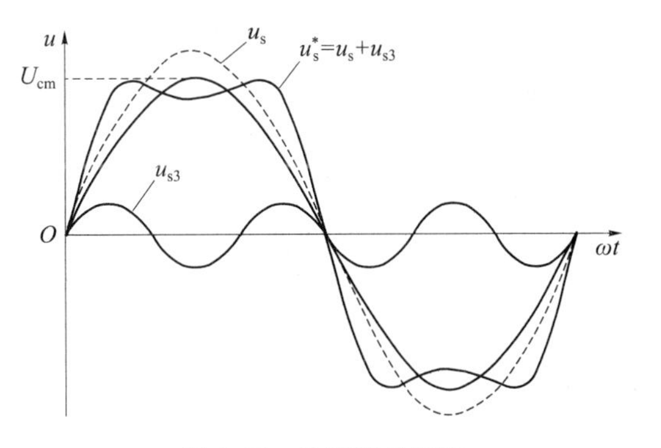

图 5-30　马鞍波示意图

5.6.3 三相桥式SPWM逆变电路

与单相逆变电路的谐波控制类似，在三相逆变电路中为了减少输出电压或输出电流的谐波含量，广泛采用SPWM调制法、电流跟踪法（Δ调制法）、特定谐波消除法、空间电压矢量（SVPWM）控制法等多种方法。三相SPWM逆变电路结构与三相方波逆变电路结构相同，如图5-8所示，所不同的是控制方法。

1. 控制规则

由一个频率固定为f_c幅值固定为U_{cm}的三角载波u_c，与三相正弦调制波u_{gu}、u_{gv}、u_{gw}（幅度为U_{gm}，频率为f，互差$2\pi/3$相位）分别进行比较，形成三路SPWM调制波，分别控制3个桥臂，其中u_{gu}与u_c比较形成的SPWM波控制VT_1、VT_4（U相桥臂），u_{gv}与u_c比较形成的SPWM波控制VT_3、VT_6（V相桥臂），u_{gw}与u_c比较形成的SPWM波控制VT_5、VT_2（W相桥臂），同桥臂上、下功率管互补工作。三相SPWM逆变电路控制输出电压波形图如图5-31所示。

2. 输出电压波形分析

三相SPWM的幅度调制比和频率调制比的定义与单相时相同。以三相负载中点O输出相电压的参考点，各桥臂输出电压之差构成输出线电压。为了分析方便，假设直流电源中点O'，电位为零，设定载波比$m_f=3$（实际应用一般远大于此值），取$m_a\leqslant 1$，按照如图5-31所示的坐标，有

$$\begin{cases} u_{gu}=U_{gm}\sin\left(\omega t-\dfrac{\pi}{6}\right) \\ u_{gv}=U_{gv}\sin\left(\omega t-\dfrac{5\pi}{6}\right) \\ u_{gw}=U_{gm}\sin\left(\omega t+\dfrac{\pi}{2}\right) \end{cases} \tag{5-45}$$

当$u_{gu}>u_c$时，控制脉冲u_{g_1}输出$+U$开通VT_1，控制脉冲u_{g_4}输出$-U$关断VT_4，反之则反。其他各桥臂脉冲产生规律与此类似。

（1）$\alpha_1\sim\alpha_2$区间。VT_1、VT_5、VT_6所在桥臂导通，VT_2、VT_3、VT_4所在桥臂关断，其输出电压为

$$u_{UO}=u_{WO}=\frac{U_d}{3} \qquad u_{VO}=-\frac{2U_d}{3} \qquad u_{OO'}=u_{ON}-u_{O'N}=\frac{2U_d}{3}-\frac{U_d}{2}=\frac{U_d}{6}$$

$$u_{UO'}=u_{UO}+u_{OO'}=\frac{U_d}{2} \qquad u_{UV}=u_{UO}-u_{VO}=U_d$$

（2）$\alpha_2\sim\alpha_3$区间。VT_1、VT_3、VT_5所在桥臂导通，VT_2、VT_4、VT_6所在桥臂关断，其输出电压为

$$u_{UO}=u_{VO}=u_{WO}=0 \qquad u_{OO'}=u_{ON}-u_{O'N}=U_d-\frac{U_d}{2}=\frac{U_d}{2}$$

$$u_{UO'}=u_{UO}+u_{OO'}=\frac{U_d}{2} \qquad u_{UV}=u_{UO}-u_{VO}=0$$

其他各时段的分析与上述类同，波形如图5-31所示。

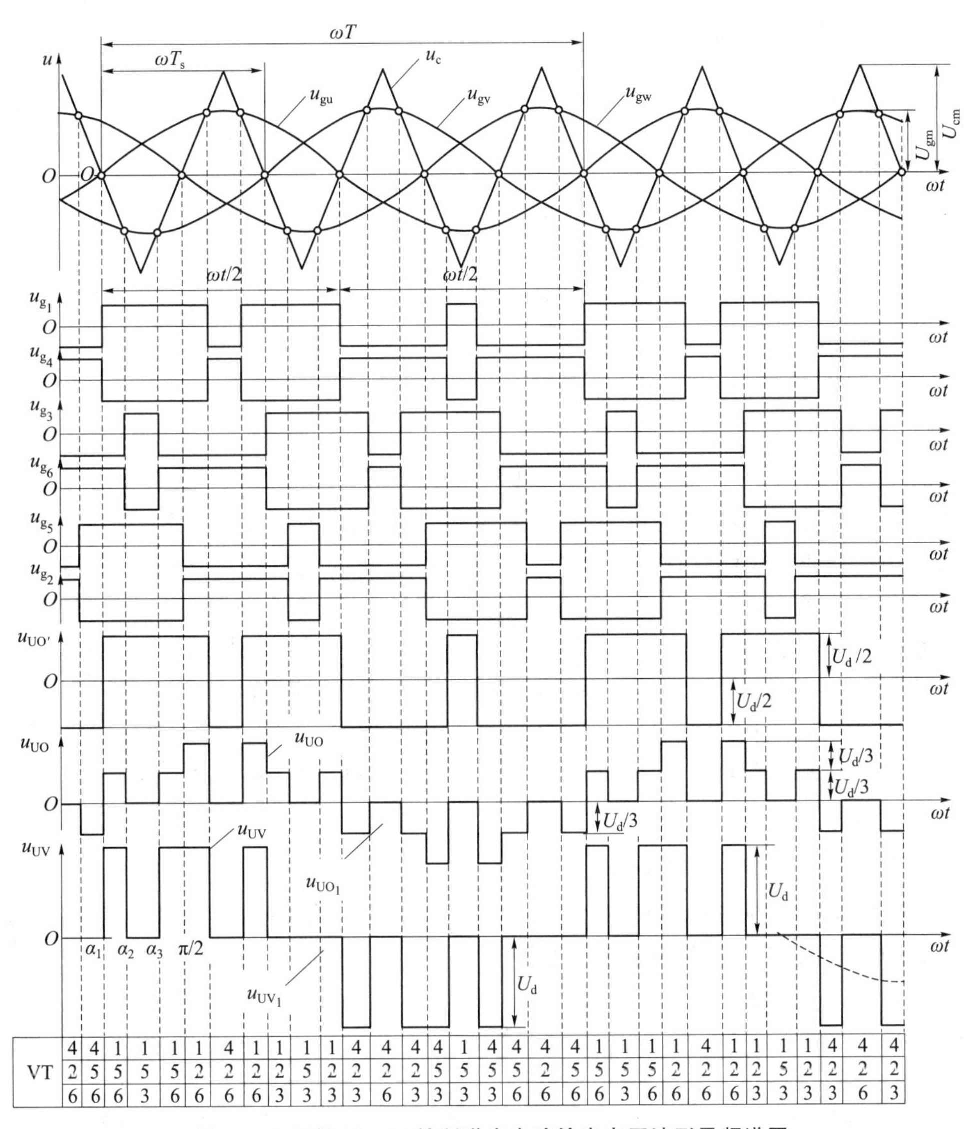

VT																															
4	4	1	1	1	1	4	1	1	1	1	4	4	4	4	1	4	4	4	4	1	1	1	1	4	1	1	1	1	4	4	4
2	5	5	5	5	2	2	2	2	5	2	2	2	2	5	5	5	5	2	5	5	5	5	2	2	2	2	5	2	2	2	2
6	6	6	3	6	6	6	6	3	3	3	3	6	3	3	3	3	6	6	6	6	3	6	6	6	6	3	3	3	3	6	3

图 5-31　三相 SPWM 控制逆变电路输出电压波形及频谱图

由图 5-31 的波形分析可知，所有的输出电压脉冲按照载波频率重复出现，并以载波周期中点为轴线对称分布，每个桥臂的输出点电压相对于 O' 点在 $\pm U_d/2$ 之间波动。输出线电压 u_{UV} 根据调制波线电压的正负半周期在 $+U_d$、0 和 $-U_d$、0 之间来回变化，总体呈现单极性特征。星形连接负载的相电压在 $\pm U_d/3$ 和 $\pm 2U_d/3$ 之间来回变化，关于载波周期中点对称。

三相 SPWM 逆变比方波逆变多出 3 个上管同时导通和 3 个下管同时导通两种电路状态，此时，直流电源和负载之间没有电流流通。

3. 输出电压分析

在满足电压调制比 $m_a \leqslant 1$、$m_f \gg 1$ 的条件下，输出电压存在如下关系：

(1) 输出相电压基波幅值

$$U_{UO_{1m}} = \frac{m_a U_d}{2} \tag{5-46}$$

(2) 输出相电压基波有效值

$$U_{UO_{1rms}}=\frac{m_a U_d}{2\sqrt{2}}=0.354 m_a U_d \tag{5-47}$$

(3) 输出线电压基波幅值

$$U_{UV_{1m}}=\sqrt{3}U_{UO_{1m}}=0.866 m_a U_d \tag{5-48}$$

(4) 输出线电压基波有效值

$$U_{UV_{1rms}}=\frac{\sqrt{3}U_{UO_{1m}}}{\sqrt{2}}=0.612 m_a U_d \tag{5-49}$$

(5) 输出线电压直流电压利用率

$$A_V=\frac{U_{UV_{1rms}}}{U_d}=0.612 m_a \tag{5-50}$$

当需要提高直流电压利用率时可以采取过调制的方法，此时三相 SPWM 与单相 SPWM 调制过程非常相似，当幅度调制比 $m_a>1$ 时，输出的线电压基波有效值会随着调制比上升，直流电压利用率与幅度调制比呈现单调非线性关系，直至接近于方波输出特性。虽然过调制时电压利用率会有所上升，但是同时也导致输出电压谐波成分增加，这种方法通常应用在谐波要求不高的场合。在三相交流传动中，由于存在 3 次谐波电流抵消的机制，常采用在三相正弦调制波中注入 3 次谐波形成三相马鞍作为调制波来提高基波直流电压利用率，当然也可以采取空间电压矢量调制方法（SVPWM 调制法）。采取空间电压矢量调制方法在此不再赘述。

4. 三相 SPWM 逆变电路的特点

(1) 采用 SPWM 控制的三相逆变电路输出电压谐波特性，相对于三相方波逆变电路大为改善，最低次谐波在开关频率（载波频率）附近。

(2) 与单相 SPWM 电路相同，单级电路实现输出电压的频率、幅度可调。

(3) 直流电压利用率不高，比单相电路更低，常采用调制波注入 3 次谐波的方法（马鞍波调制）提高直流电压利用率。

(4) 三相 SPWM 逆变电路带纯电阻性负载时，输出的相电流与相电压波形相似，幅值有所变化，但带感性负载时，输出的电流波形分析比较复杂。感性负载的时间常数一般远远大于逆变器开关周期，输出电流可以看成是平滑的基波正弦电流，其幅度和相位都由电压基波和负载阻抗决定。

本章习题

1. 有源逆变和无源逆变的区别是什么？

2. 单相电压型方波逆变电路采用 180°调制方式控制时，交流输出电压含有哪些次数谐波？

3. 移相调压逆变电路中在半导体器件旁边并联的二极管有什么作用？

4. 逆变电路如图 5-3 所示，如果将 IGBT 的反并二极管去掉，此电路能工作吗？如负载改为纯电阻，此电路工作吗？为什么？

5. 什么是电压型逆变电路？什么是电流型逆变电路？两者各有何特点？

6. 电压型逆变电路中反馈二极管有什么作用？为什么电流型逆变电路中没有反馈二极管？

7. 三相桥式电压型逆变电路，180°导电方式，$U_d=100$ V，试求输出相电压的基波幅值和有效值、输出线电压的基波幅值和有效值。

8. 使变流器工作于有源逆变状态的条件是什么？

9. 为什么要限制有源逆变时的触发控制角？根据什么原则确定有源逆变的最大触发角 a_{max}？

10. 什么是逆变失败？典型的逆变失败包括哪些形式？如何防止逆变失败？

11. 正弦脉宽调制 SPWM 的基本原理是什么？载波比 m_f 和电压调制比 m_a 的定义是什么？如何调节输出电压基波的幅度与频率？

12. 单极性 SPWM 调制与双极性 SPWM 调制各有什么特点？

13. 什么是异步调制？什么是同步调制？什么是分段同步调制？各有什么特点？

14. 什么是规则采样法？什么是自然采样法？两者相比各有什么特点？

15. 三相 SPWM 逆变电路如图 5-8 所示，直流输入电压 $U_d=650$ V，输出交流基波线电压有效值为 280～390 V，假定 SPWM 的三角载波幅值为 $U_{cm}=10$ V，确定正弦调制波的变化范围。

第6章　交流-交流变换电路

6.1　交流-交流变换电路定义及分类

1. 交流-交流变换电路定义

把一种形式的交流变成另一种形式交流的电路(改变相关的交流电压、电流、频率和相数等),称为交流-交流变换电路。

2. 交流-交流变换电路分类

(1) 交流调压电路。在交流-交流变换电路中,只改变电压大小的电路,称为交流调压电路。常用的交流调压技术主要分为相控调压和斩控调压两类。相控交流调压电路采用两个反并联晶闸管(或双向晶闸管)构成双向可控开关,以移相控制来调节输出交流电压。PWM斩控调压则采用全控型器件构成交流开关斩波电路,以PWM占空比调节输出交流电压。

(2) 交流调功电路。仅对交流电源实现通断控制的电路称为交流调功电路或无触点开关电路。其电路结构与相控交流调压类似,采用两个反并联晶闸管(或双向晶闸管)构成双向可控开关。区别在于调功电路的电子器件仅在交流电过零时刻通断,使输出交流电间隔若干的整周期时间,实现输出平均功率的调节。

交流调压和交流调功技术统称为交流开关控制技术或交流电力控制技术,广泛应用于交流电动机的调压调速、降压起动、电加热控制、调光以及电气设备的交流无触点开关等场合。

(3) 交流变频电路。在交流-交流变换电路中,从一种频率交流电直接变换成另一种频率交流电的电路称为交-交变频电路。交-交变频电路可以分为直接方式(无中间直流环节)和间接方式(有中间直流环节)两种。典型的直接变频技术有晶闸管相控直接变频技术和矩阵式直接变频技术。间接方式通常又称为交-直-交变换技术,其原理是首先把交流电采用整流技术变换为直流电,再用逆变技术把直流电转换成需要的交流电形式,这种方法虽然电路结构较为复杂,但由于控制方便、适应性强,在实际中应用非常普遍,交-交变频技术主要应用于交流电动机的变频调速。

6.2　单相交流调压电路

6.2.1　相控单相交流调压电路

1. 电阻性负载

1）电路工作原理及稳态工作波形分析

电阻性负载单相交流调压电路电阻性负载原理图如图 6-1 所示。图中两个晶闸管反并连接在交流电路中，无论电源是正还是负，总有一个晶闸管承受正向电压，只要给予适当的触发脉冲，相应晶闸管就能被触发导通，从而传递和控制交流电能。图中两个反并联的晶闸管也可由一个双向晶闸管来替代，两者对交流电能的调节作用完全相同，仅在触发电路上略有差别。

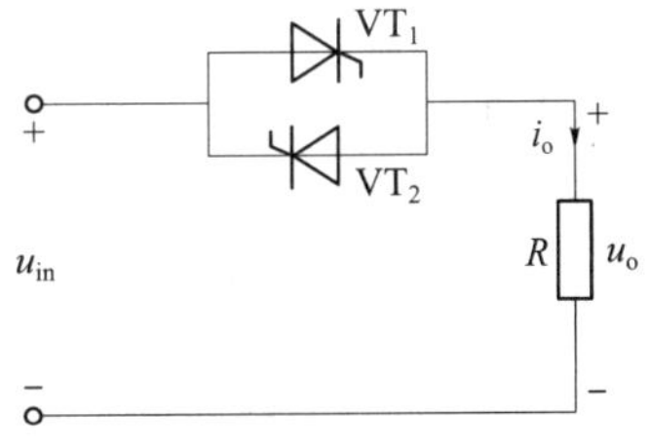

图 6-1　相控单相交流调压电路原理图（电阻性负载）

相控单相交流调压电路带电阻性负载输出波形如图 6-2 所示。从图中可以看出，该电路的自然换流点为电压波形的过零点（$\alpha=0$ 时刻），晶闸管的触发移相角 α 的范围为 $0\sim\pi$。

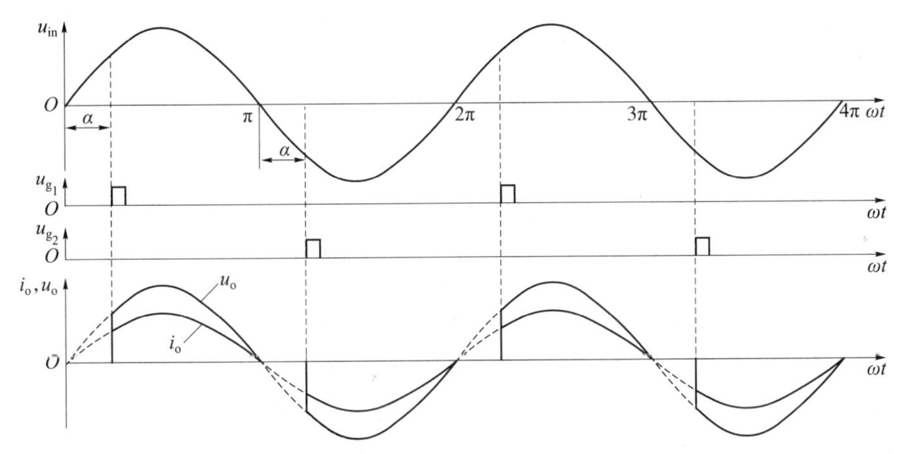

图 6-2　相控单相交流调压电路输出波形图（电阻性负载）

（1）$0\sim\alpha$ 时段。电路工作在 u_{in} 正半周，晶闸管 VT_1 没有触发脉冲，晶闸管 VT_2 承受反压，因此 VT_1、VT_2 均关断，负载电压 $u_o=0$。

（2）$\alpha\sim\pi$ 时段。电路仍工作在 u_{in} 正半周，在 α 时刻给 VT_1 施加触发信号，且 VT_1 承受正向电压而触发导通，负载电压 $u_o=u_{in}>0$，阻性负载时 $i_o=u_o/R>0$。此过程延续到 $\omega t=\pi$ 时刻，此时 u_{in} 过零，$u_o=u_{in}=0$，$i_o=0$，VT_1 自然关断。

（3）$\pi\sim\pi+\alpha$ 时段。电路工作在 u_{in} 负半周，晶闸管 VT_1 承受反压，晶闸管 VT_2 没有触发脉冲，因此 VT_1、VT_2 均关断，载电压 $u_o=0$。

（4）$\pi+\alpha\sim2\pi$ 时段。电路仍工作在 u_{in} 负半周，在 $\pi+\alpha$ 时刻给 VT_2 施加触发信号，VT_2 由于承受正向电压而触发导通，负载电压 $u_o=u_{in}<0$，阻性负载时 $i_o=u_o/R<0$；此过程延续到 2π 时刻，此时 u_{in} 又一次过零，$u_o=u_{in}=0$，$i_o=0$，VT_2 自然关断。

在一个周期内，VT_1 和 VT_2 各导通、关断一次，完成交流电能的传递，负载上得到缺了角的正弦交流电压，即 u_{in} 波形的片段。如此循环往复，形成稳定的输出电压波形。改变晶闸管的导通时刻，即通过移相控制改变 α，可改变输出电压的波形，从而来调节输出电压的大小。当调节 $\alpha=0$ 时，负载上得到完整的正弦波电压，此时输出电压最大。当 $\alpha=\pi$ 时，输出电压为 0。

单相相控交流调压电路 α 的移相范围与单相桥式可控整流电路相同，触发电路也可通用，但两路触发输出必须隔离并有足够的绝缘耐压，如果交流调压电路用的是双向晶闸管，则要用专门的触发电路。

2）主要运行参数分析

由图 6-2 所示的电路输出电压、电流波形可知，负载上电压电流波形为正负对称的交流波形，故平均值为零，但有效值不为零。

设输入电压 $u_{in}=\sqrt{2}U_{rms}\sin\omega t$，由输出波形可得：

（1）负载电压有效值

$$U_{orms}=\sqrt{\frac{1}{\pi}\int_{\alpha}^{\pi}(\sqrt{2}U_{rms}\sin\omega t)^2\mathrm{d}(\omega t)}=U_{rms}\sqrt{\frac{\sin 2\alpha}{2\pi}+\frac{\pi-\alpha}{\pi}} \tag{6-1}$$

（2）负载电流有效值

$$I_{orms}=\frac{U_{orms}}{R}=\frac{U_{rms}}{R}\sqrt{\frac{\sin 2\alpha}{2\pi}+\frac{\pi-\alpha}{\pi}} \tag{6-2}$$

（3）晶闸管电流有效值

$$I_{VTrms}=\sqrt{\frac{1}{2\pi}\int_{\alpha}^{\pi}\left(\frac{\sqrt{2}U_{rms}\sin\omega t}{R}\right)^2\mathrm{d}(\omega t)}=\frac{U_{rms}}{R}\sqrt{\frac{\sin 2\alpha}{4\pi}+\frac{\pi-\alpha}{2\pi}}=\frac{1}{\sqrt{2}}I_{orms} \tag{6-3}$$

（4）交流电源输入功率因数

$$\lambda=\frac{P}{S}=\frac{I_{orms}U_{orms}}{I_{inrms}U_{inrms}}=\frac{U_{orms}}{U_{rms}}=\sqrt{\frac{\sin 2\alpha}{2\pi}+\frac{\pi-\alpha}{\pi}} \tag{6-4}$$

式中，I_{inrms} 和 U_{inrms} 分别为电源输入电流有效值和输入电压有效值。

由图 6-2 和以上计算式看出，单相交流调压电路电阻负载时，α 的移相范围是 $0\leqslant\alpha\leqslant\pi$。当 $\alpha=0$ 时，两个晶闸管一个周期内各导通半个周期，相当于晶闸管直通，输出电压就是交流电源电压，U_{orms} 达到最大值。随着 α 的增大，输出电压 U_{orms} 降低。当 $\alpha=\pi$ 时，输出电压最小，$U_{orms}=0$。电路的功率因数也随着 α 的变化而变化，当 $\alpha=0$ 时，功率因数最大，$\lambda=1$。随着 α 的增大，功率因数降低，当 $\alpha=\pi$ 时，功率因数最小，$\lambda=0$。

3）谐波分析

（1）输出电压表达式

由图 6-2 可知，输出电压为

$$u_o=\begin{cases}0 & (k\pi<\omega t<k\pi+\alpha)\\ u_{in}=\sqrt{2}U_{rms}\sin\omega t & (k\pi+\alpha<\omega t<k\pi+\pi)\end{cases}(k=0,1,2,3,\ldots) \tag{6-5}$$

（2）输出电压傅里叶级数展开式

由于 u_o 正负半波对称，因此不含直流分量和偶次谐波，其傅里叶级数展开式为

$$u_o=\sum_{n=1}^{\infty}(a_n\cos n\omega t+b_n\sin n\omega t)(n=1,3,5,\cdots) \tag{6-6}$$

式中：

$$a_n=\frac{2}{\pi}\int_0^{\pi}u_o\cos(n\omega t)\mathrm{d}(\omega t),b_n=\frac{2}{\pi}\int_0^{\pi}u_o\sin(n\omega t)\mathrm{d}(\omega t) \tag{6-7}$$

（3）基波电压系数（$n=1$）为

$$a_1=\frac{\sqrt{2}U_{\mathrm{rms}}}{2\pi}\cos(2\alpha-1),b_1=\frac{\sqrt{2}U_{\mathrm{rms}}}{2\pi}[\sin 2\alpha+2(\pi-\alpha)] \tag{6-8}$$

（4）基波电压幅值为

$$U_{1m}=\sqrt{a_1^2+b_1^2}=\frac{\sqrt{2}U_{\mathrm{rms}}}{\pi}\sqrt{(\pi-\alpha)^2+(\pi-\alpha)\sin 2\alpha+\frac{1-\cos 2\alpha}{2}} \tag{6-9}$$

（5）n 次谐波电压系数为

$$a_n=\frac{\sqrt{2}U_{\mathrm{rms}}}{\pi}\left\{\frac{1}{n+1}[\cos(n+1)\alpha-1]-\frac{1}{n-1}[\cos(n-1)\alpha-1]\right\}\quad(n=3,5,7,\cdots)$$

$$b_n=\frac{\sqrt{2}U_{\mathrm{rms}}}{\pi}\left\{\frac{1}{n+1}\sin(n+1)\alpha-\frac{1}{n-1}\sin(n-1)\alpha\right\}\quad(n=3,5,7,\cdots) \tag{6-10}$$

（6）n 次谐波电压幅值为

$$U_{nm}=\sqrt{a_n^2+b_n^2} \tag{6-11}$$

（7）基波和 n 次谐波电压有效值、电流有效值为

$$U_{n\mathrm{rms}}=\frac{1}{\sqrt{2}}\sqrt{a_n^2+b_n^2}\,(n=1,3,5,7,\cdots) \tag{6-12}$$

$$I_{n\mathrm{rms}}=\frac{U_{n\mathrm{rms}}}{R}(n=1,3,5,7,\cdots) \tag{6-13}$$

4）电源电压谐波特点

根据式(6-12)的计算结果，可以绘出电压基波和各次谐波的标幺值随 α 变化的曲线，如图6-3所示。其中，基准电压为 $\alpha=0$ 时的基波电压有效值 U_{rms}。

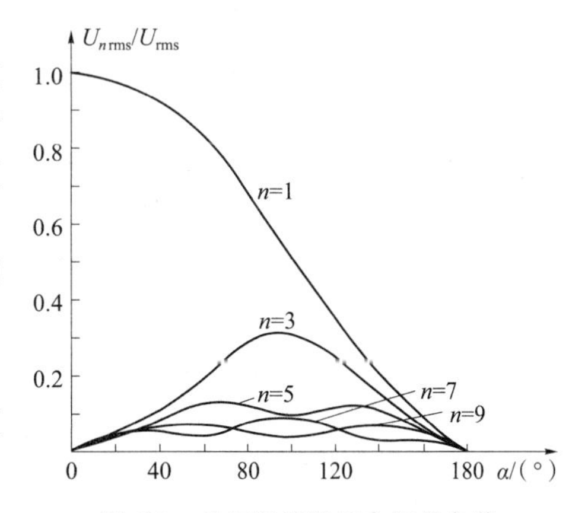

图6-3 单相相控调压电阻性负载输出电压谐波示意图

由于在电阻负载下，电流波形与电压波形相同，由谐波分布图可知，电源电压谐波有如下特点：

（1）谐波次数越低，谐波幅值越大。

（2）3次谐波的最大值出现在 $\alpha=90°$ 时，幅值约占基波分量的0.3倍。

（3）5次谐波的最大值出现在 $\alpha=60°$ 和 $\alpha=120°$ 的对称位置。

2. 阻感性负载

1）电路工作原理及稳态工作波形分析

单相相控交流调压电路阻感性负载电路原理图如图6-4所示，晶闸管的触发控制方式与电阻负载时相同，由于电感的作用，负载电流 i_o 在电源电压过零后，还要延迟一段时间才

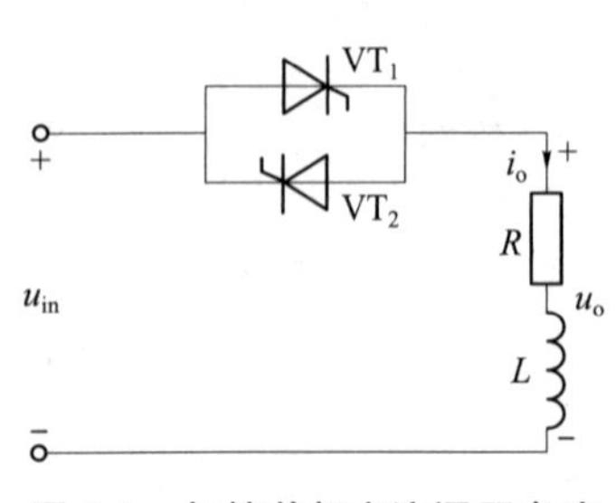

图 6-4 相控单相交流调压电路原理图(阻感性负载)

能降为 0,延迟时间与负载阻抗角 φ 有关。电流过零时晶闸管才能关断,所以晶闸管的导通角 θ 不仅与控制角 α 有关,而且还与负载阻抗角 $\varphi=\arctan(\omega L/R)$有关,下面分 3 种情况进行分析。

(1) $\alpha>\varphi$ 的情况。此状态下电感在电压过零后有续流,但续流过程在下一个触发脉冲到来之前就已经结束,前一个晶闸管在后续晶闸管开通之前已经关断,输出电压有断续。相控单相交流调压电路阻感性负载输出波形图如图 6-5 所示。

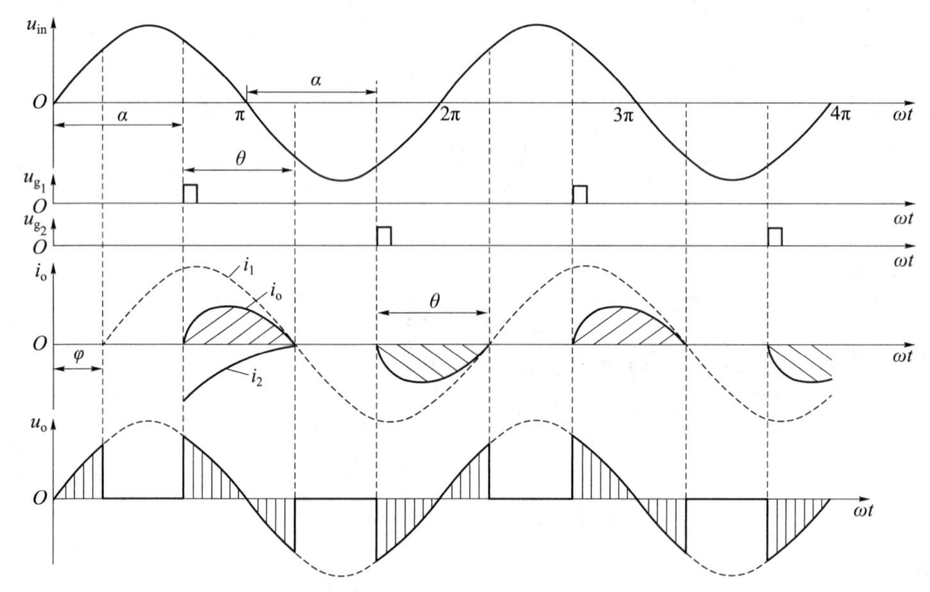

图 6-5 相控单相交流调压电路输出波形图(阻感性负载)

在 $\omega t=\alpha$ 时刻,VT_1 开通,负载电流微分方程为

$$L\frac{di_o}{dt}+i_oR=\sqrt{2}U_{rms}\sin\omega t \tag{6-14}$$

其初始条件为 $i_o|_{\omega t=\alpha}=0$,解方程得

$$i_o=\frac{\sqrt{2}U_{rms}}{Z}\left[\sin(\omega t-\varphi)-\sin(\alpha-\varphi)e^{\frac{\alpha-\omega t}{\tan\varphi}}\right](\alpha\leqslant\omega t\leqslant\alpha+\theta) \tag{6-15}$$

式中,$Z=\sqrt{R^2+(\omega L)^2}$;$\theta$ 为晶闸管导通角;负载电流 i_o 由两部分(即稳态分量和暂态分量)叠加而成,分别表示为

$$i_1=\frac{\sqrt{2}U_{rms}}{Z}[\sin(\omega t-\varphi)],i_2=-\frac{\sqrt{2}U_{rms}}{Z}\left[\sin(\alpha-\varphi)e^{\frac{\alpha-\omega t}{\tan\varphi}}\right] \tag{6-16}$$

利用边界条件:$\omega t=a+\theta$ 时,$i_o=0$,求解 θ 值

$$\sin(\alpha+\theta-\varphi)=\sin(\alpha-\varphi)e^{-\frac{\theta t}{\tan\varphi}} \tag{6-17}$$

以 φ 为参变量,可得到晶闸管导通角 $\theta=f(\alpha,\varphi)$ 曲线簇。相控单相交流调压电路阻感性负载 $\theta=f(\alpha,\varphi)$ 时的关系曲线如图 6-6 所示。通过关系曲线很容易得到晶闸管的导通角。例如,当 $\varphi=30°$,$\alpha=60°$ 时,查图可得晶闸管的导通角 $\theta\approx146°$。

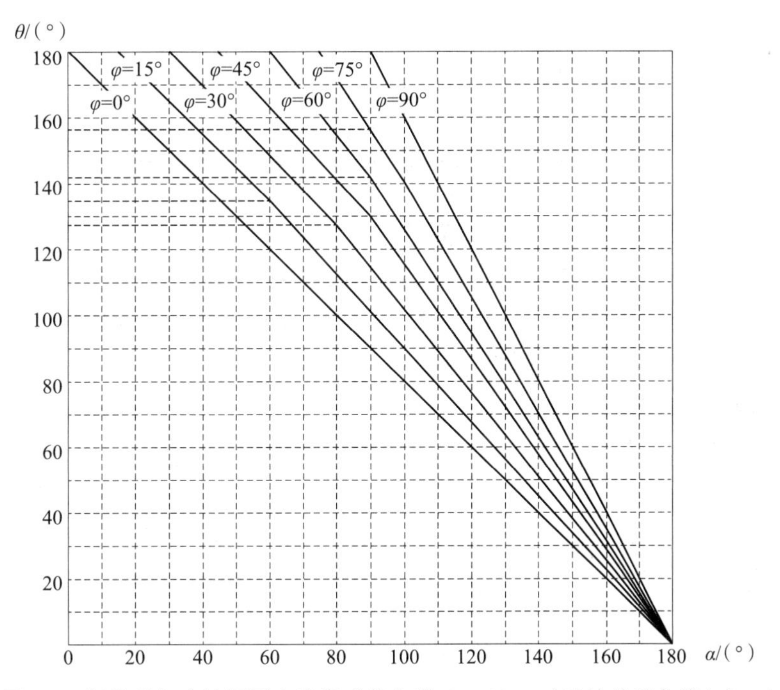

图 6-6　相控单相交流调压电路阻感性负载 $\theta=f(\alpha,\varphi)$ 时的关系曲线($\alpha>\varphi$)

(2) $\alpha=\varphi$ 的情况。由式(6-16)可知,暂态分量 $i_2=0$,负载电流只有稳态分量 i_1,且可解得导通角 $\theta=\pi$,电流连续。在这种状态下,电感续流结束时刻正好是下一个控制脉冲到来的时刻,负载电流处于临界连续状态,负载电压是完整的正弦波($u_o=u_{in}$),而负载电流则是一个滞后于电压 φ 角的纯正弦波,电路无调压作用。

(3) $0<\alpha<\varphi$ 的情况。此时电路运行与触发脉冲的形状密切相关,当触发脉冲为单窄脉冲时,由于电感续流作用,晶闸管导通角 $\theta>\pi$。因为 VT_1 与 VT_2 的触发脉冲相位相差为 π,假定在 α 时刻 VT_1 首先触发导通,在 VT_2 触发脉冲到来时刻,由于电感续流作用 VT_1 仍处在正向导通状态,这时的 VT_2 承受反方向电压并不能开通。当 VT_1 电流过零关断后,VT_2 的触发脉冲已经消失,因此 VT_2 还是不能开通,如图 6-7 所示。待第二个 VT_1 脉冲到来后,又将重复正向电流流过负载的过程。这个过程与单相半波整流的情况完全一样,这将使整个回路中有很大的电流直流分量,它会对交流电动机类负载及电源变压器的运行带来严重危害。

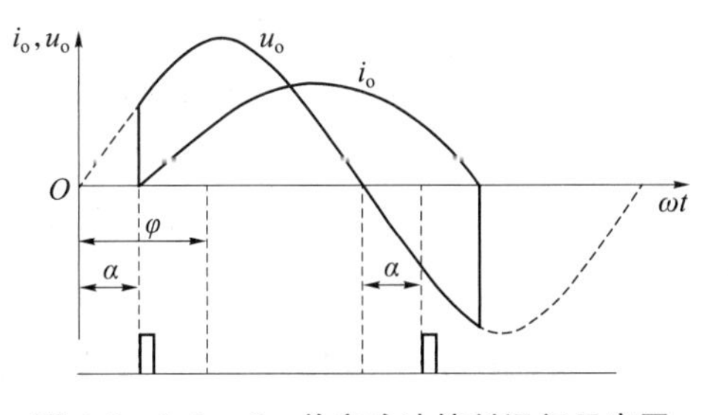

图 6-7　$0<\alpha<\varphi$ 单窄脉冲控制运行示意图

当触发脉冲为宽脉冲或脉冲序列时,情况就完全不同。当 VT_1 电流过零关断后,VT_2 的触发脉冲依然存在,VT_2 能接着导通,电流能一直保持连续。首次开通所产生的电流自由分量,在衰减到零以后,电路中也就只存在电流稳态分量 i_1。由于电流连续,电路稳态时无调压作用,输出电压 $u_o=u_{in}$,如图 6-8 所示。

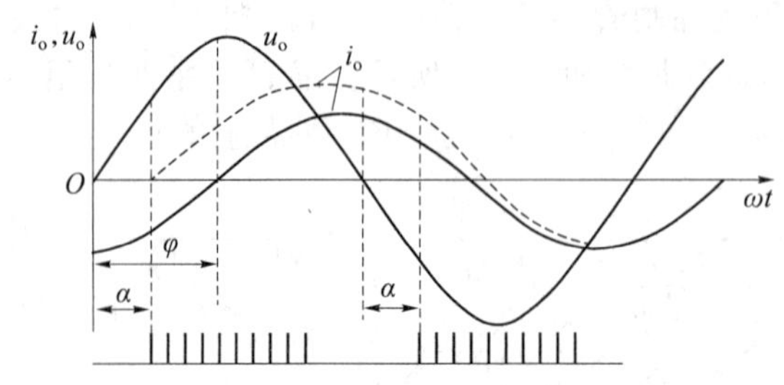

图 6-8　$0<\alpha<\varphi$ 宽脉冲或脉冲序列控制运行示意图

综上所述单相相控交流调压电路带阻感性负载时，控制角 α 能起到调压作用的移相范围为 $\varphi\leqslant\alpha\leqslant\pi$，电压有效值调节范围为 $0\sim U_{rms}$。为避免 $\alpha<\varphi$ 时出现电流直流分量，实际应用时，交流调压电路的晶闸管的触发脉冲通常采用后沿固定在 π 的宽脉冲(一般为高频调制脉冲列)，通过改变前沿来调节控制角。

2）主要运行参数分析

当 $\alpha>\varphi$ 时，根据负载端电压、电流波形如图 6-5 所示，设：$u_{in}=\sqrt{2}U_{rms}\sin\omega t$ V，则

(1)负载电压有效值

$$U_{orms}=\sqrt{\frac{1}{\pi}\int_{\alpha}^{\theta+\alpha}(\sqrt{2}U_{rms}\sin\omega t)^2\mathrm{d}\omega t}=U_{rms}\sqrt{\frac{\theta+\sin 2\alpha-\sin 2(\alpha+\theta)}{\pi}} \tag{6-18}$$

(2)负载电流有效值

$$\begin{aligned}I_{orms}&=\sqrt{\frac{1}{\pi}\int_{\alpha}^{\theta+\alpha}\left\{\frac{\sqrt{2}U_{rms}}{Z}\left[\sin(\omega t-\varphi)-\sin(\alpha-\varphi)\mathrm{e}^{\frac{\alpha-\omega t}{\tan\varphi}}\right]\right\}^2\mathrm{d}\omega t}\\&=\frac{\sqrt{2}U_{rms}}{Z}\sqrt{\frac{\theta}{\pi}-\frac{\sin\theta\cos(2\alpha+\varphi+\theta)}{\pi\cos\varphi}}\end{aligned} \tag{6-19}$$

(3)晶闸管电流有效值

$$I_{VTrms}=I_{orms}/\sqrt{2} \tag{6-20}$$

3）电源电流谐波特点

在阻感性负载下，根据电路输出波形，可以用前面电阻负载情况下的分析方法，只是公式复杂得多。经分析可知，电源电流谐波具有以下特点：

(1) 谐波次数与电阻负载时相同，只含有 3、5、7 等奇次谐波。

(2) 谐波次数越低，谐波幅值越大。

(3) 与电阻负载时相比，电流谐波含量要少些，在 α 角相同时，随阻抗角 φ 的增大，谐波含量有所减少。

6.2.2　PWM 斩控单相交流调压电路

1. 交流斩波调压工作原理

PWM 斩控单相交流调压电路原理图如图 6-9 所示，采用交流开关与负载串联或并联结构，其基本工作原理和直流斩波电路类似，开关 S_1 为斩波开关，S_2 为负载电感续流的开关，S_1 和 S_2 不允许同时导通，通常两者在导通时序上互补。PWM 斩控单相交流调压电路输出波形如图 6-10 所示，由图可知，输出电压为

$$u_o=\begin{cases}\sqrt{2}U_{rms}\sin\omega t\,(S_1\text{ 通},S_2\text{ 断})\\0\,(S_1\text{ 断},S_2\text{ 通})\end{cases}$$

定义开关函数为

$$G=\begin{cases}1\,(S_1\text{ 通},S_2\text{ 断})\\0\,(S_1\text{ 断},S_2\text{ 通})\end{cases}$$

在如图 6-9 所示电路的条件下，有

$$u_o=Gu_{in}=\sqrt{2}GU_{rms}\sin\omega t \tag{6-21}$$

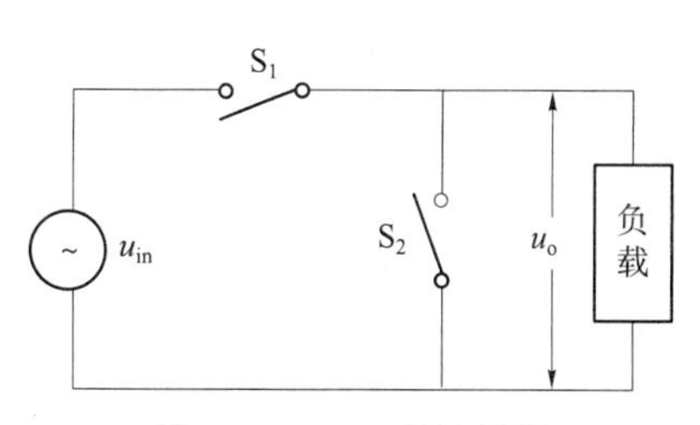

图 6-9　PWM 斩控单相交流调压电路原理图

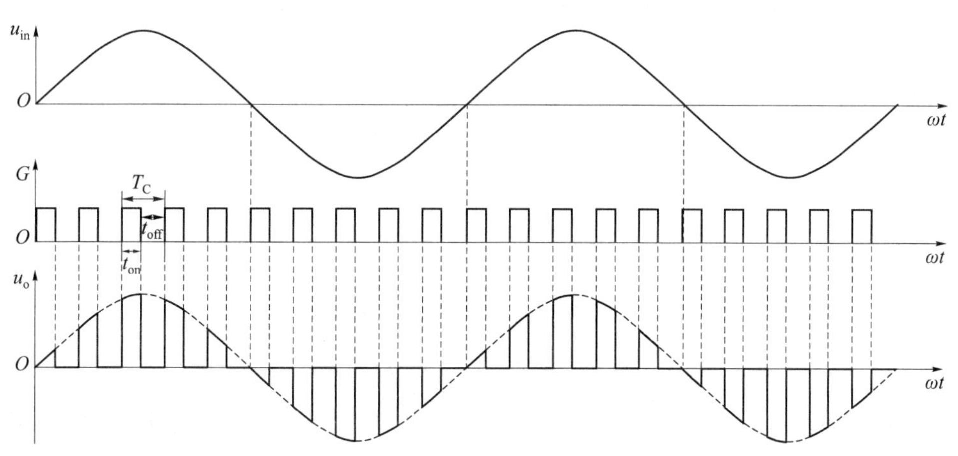

图 6-10　PWM 斩控单相交流调压电路输出波形示意图

设交流开关 S_1 导通时间为 t_{on}，关断时间为 t_{off}，开关周期为 T_c，则占空比为 $D=t_{on}/T_c$。开关函数 G 傅里叶级数表示为

$$G=a_0+\sum_{n=1}^{\infty}(a_n\cos n\omega t+b_n\sin n\omega t)$$

式中：

$$a_0=\frac{1}{T_c}\int_0^{T_c}G(t)\mathrm{d}(t)=\frac{t_{on}}{T_c}=D,a_n=\frac{2}{T_c}\int_0^{T_c}G(t)\cos(n\omega t)\mathrm{d}(t),$$

$$b_n=\frac{2}{T_c}\int_0^{T_c}G(t)\sin(n\omega t)\mathrm{d}(t)$$

则有

$$G=D+\frac{2}{\pi}\sum_{n=1}^{\infty}\frac{\sin\varphi_n}{n}\cos(n\omega_c t-\varphi_n) \tag{6-22}$$

式中：$\varphi_n=n\pi D$，$\omega_n=2\pi/T_c$。

将式(6-22)代入式(6-22)中，得

$$u_o=\sqrt{2}U_{rms}\sin\omega t\left[D+\frac{2}{\pi}\sum_{n=1}^{\infty}\frac{\sin\varphi_n}{n}\cos(n\omega_c t-\varphi_n)\right]$$

$$=\sqrt{2}DU_{rms}\sin\omega t+\frac{\sqrt{2}U_{rms}}{\pi}\sum_{n=1}^{\infty}\frac{\sin\varphi_n}{n}\{\sin[(n\omega_c+\omega)t-\varphi_n]-\sin[(n\omega_c-\omega)t-\varphi_n]\} \tag{6-23}$$

式(6-23)表明,u_o含有基波及各次谐波。谐波频率在开关频率及其整数倍两侧$\pm\omega$处分布,开关频率越高,谐波与基波距离越远,越容易被滤掉。改变占空比D就可以改变基波电压的幅值,达到交流调压的目的。

2. 交流斩波调压控制

1) 开关结构

交流斩波调压电路使用交流开关,一般采用全控型器件,如GTO、GTR、IGBT等。这类器件静特性均为非对称,反向阻断能力很低,甚至不具备反向阻断能力,为此常利用二极管来提供开关的反向阻断能力,常用的交流开关电路结构示意图如图6-11所示。

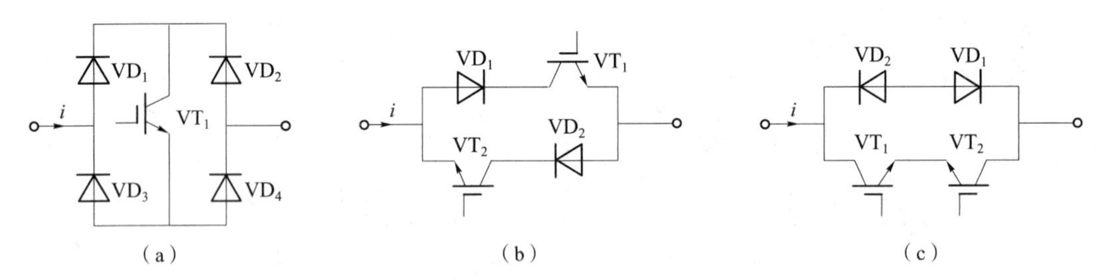

图6-11　常用交流开关电路结构示意图

图6-11(a)所示电路中,只使用一个全控开关器件。当负载电流方向改变时,二极管桥中导通的桥臂自然换相,而流过开关器件中的电流方向不会改变。采用这种结构的双向开关,控制电路简单,无同步要求,斩波开关与续流开关可采用互补控制。

图6-11(b)、图6-11(c)所示电路中,每一个双向开关中含有两个全控开关。它们被分别控制在负载电流的不同方向上导通。控制电路必须有严格的同步要求,两个开关可独立控制,因此控制方式比较灵活。图6-11(b)和图6-11(c)所示电路的不同之处为:一方面,图6-11(c)所示电路的两个全控开关的公共极接在一起,因此栅极控制信号可以共地;另一方面,图6-11(c)这种接法还可使用带有反并联二极管的功率开关模块,使主电路结构简单,减少电路引线造成的电感在高频运行时的影响。

2) 控制方式

交流斩波调压电路的控制方式与交流主电路开关结构、主电路结构及相数有关。但按照对交流斩波开关和续流开关的控制时序而言,交流斩波调压电路的控制方式可分为互补控制和非互补控制两大类。

(1) 互补控制。在一个开关周期内,斩波开关和续流开关只能有一个导通。若采用图6-11(b)所示交流开关结构,构成的交流斩波调压电路原理图如图6-12所示。这种控制方法与电流可逆直流斩波电路的控制类似,按电源正、负半周分别考虑,其控制时序如图6-13所示。

在图6-13中u_{inp}和u_{inn}分别为交流正、负半周对应的同步信号,作用是交流开关导通的参考方向,即当u_{inp}有效时,VT_1和VT_3交替施加驱动信号,当u_{inn}有效时,VT_2和VT_4交替施加驱动信号。从图中可看出,斩波信号发生器可以同时提供给VT_1和VT_3作为触发信号,是否施加触发信号由u_{inp}是否有效决定。VT_2和VT_4的情况也一样。

由于实际开关为非理想开关,很可能会因开关导通、关断延时造成斩波开关和续流开关直通而短路,为防止短路,需增设死区时间,这样又会造成两者均不导通,对于感性负载,电流断续会产生过电压。同时，感性负载电流滞后，电压过零点附近，电感电流方向与电压方向相反，此时开关组的切换也造成电流的断续。因此，为防止过电压还需要采取其他措施，如使用缓冲电路、电压电流过零检测等，这是互补控制方式的不足之处。

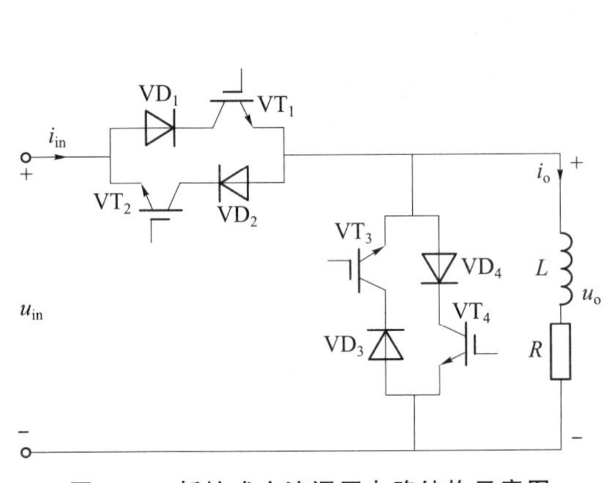

图 6-12　斩控式交流调压电路结构示意图

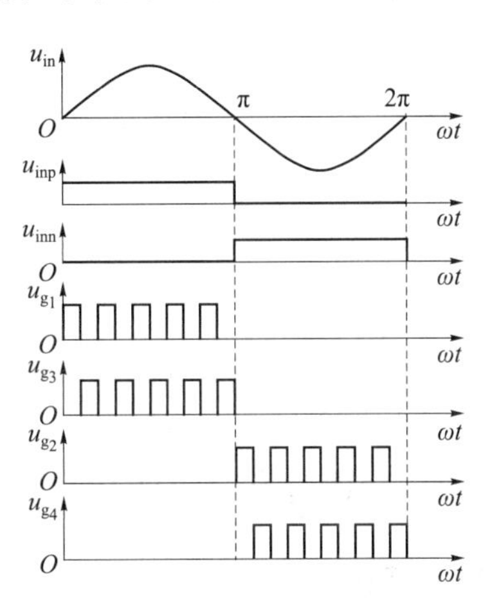

图 6-13　斩控式交流调压电路互补控制波形图

(2) 非互补控制。非互补控制方式的控制时序及电阻负载工作波形图如图 6-14 所示，电路原理图如图 6-12 所示。

在 u_{in} 正半周时，用 VT_1 进行斩波控制，VT_1、VT_3 一直施加控制信号导通，提供续流通道，VT_4 始终处于断态。

在 u_{in} 负半周时，用 VT_2 进行斩波控制，VT_1、VT_4 一直施加控制信号导通，提供续流通道，VT_3 始终处于断态。

在非互补控制方式中，不会出现电源短路和负载断流情况。以 u_{in} 正半周为例，VT_1 进行斩波控制，VT_4 总处于断态，不会产生直通；VT_2、VT_3 一直施加控制信号导通，无论负载电流是否改变方向，当斩波开关关断时，负载电流都能维持导通，防止了因斩波开关和续流开关同时关断造成的负载电流断续。

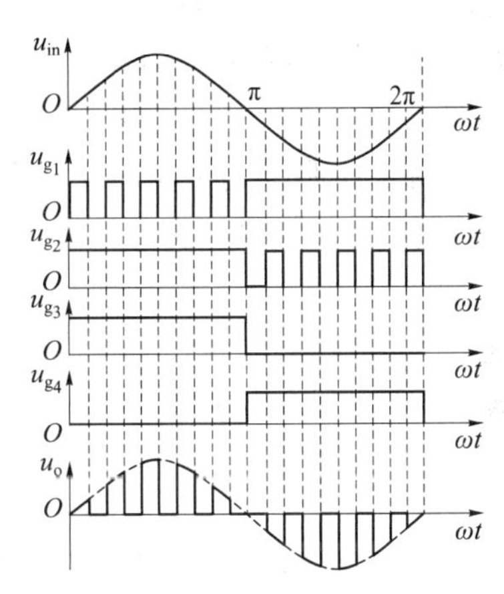

图 6-14　斩控式交流调压阻性负载非互补控制波形图

当负载为感性时，由于电压、电流相位不同，若按图 6-14 给出的控制时序，则在 u_{in} 正半周时，对 VT_1 和 VT_3 一直施加控制信号导通。当在电流为负半周时，VT_2 导通，会造成 VT_1 反偏，斩波控制失败，即输出电压不受斩波开关控制，出现输出电压失真的情况，如图 6-15 所示。

为了避免出现这种失控现象，在感性负载下，电路时序控制中应加入电流信号，由电压、电流的方向共同决定控制时序。因控制时序较复杂，在此不再赘述，详情请读者参看有关书籍。

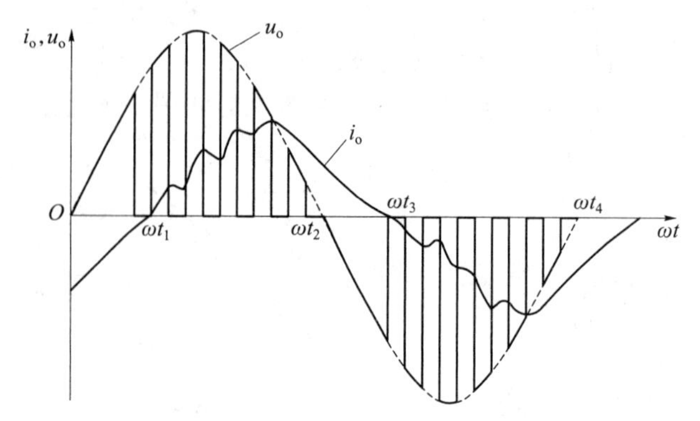

图 6-15　斩控式交流调压阻感性负载非互补控制波形图

6.2.3　晶闸管交流调功器和交流无触点开关

1. 晶闸管交流调功器

移相触发控制使得电路中的正弦波形出现缺角，包含较大的高次谐波。为了克服这种缺点，可采用过零触发的通断控制方式。这种方式的开关对外界的电磁干扰较小。其控制方法是在设定的周期内，使晶闸管开关接通几个周波，然后再断开几个周波，通过改变通断时间比，来改变负载上的交流平均电压，达到调节负载功率的目的，因此这种装置也称为交流调功器。

图 6-16 所示为两种通断工作方式，如在设定周期 T_c 内导通的周波数为 m，每个周波的周期为 T，输出电压有效值为

$$U_{orms}=\sqrt{\frac{mT}{T_c}}U_{rms} \tag{6-24}$$

调功器的输出功率为

$$P_o=\frac{mT}{T_c}P_1 \tag{6-25}$$

式中，P_1 为设定周期 T_c 内全部周波导通时电路输出的功率，单位 W；U_{rms} 为设定周期 T_c 内全部周波导通时，电路输出电压的有效值，单位 V；m 为在设定周期 T_c 内导通的周波数。因此改变导通周波数 m，即可改变输出电压和功率。

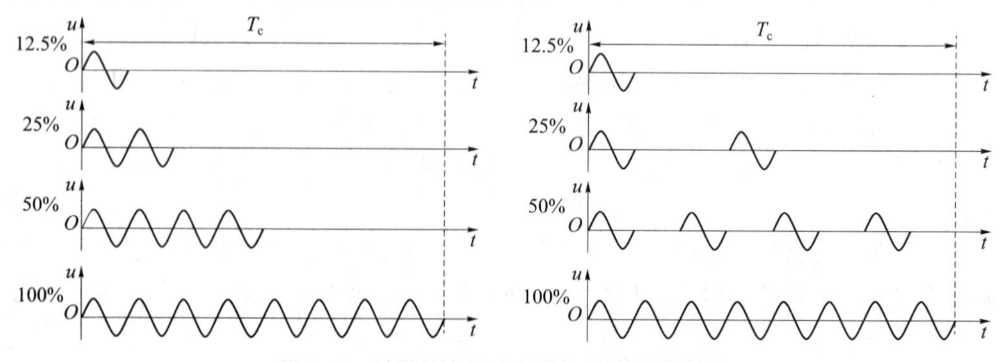

图 6-16　过零触发调功电路输出波形示意图

图 6-17 所示为采用通断控制的电阻负载下电谐波图(通两个周波、断一个周波,电源频率为 50 Hz 的整数倍)。图中,I_n 为 n 次谐波有效值,I_{om} 为导通时电路负载电流幅值。以电源周期为基准,电流中不含整数倍频率的谐波,但含有非整数倍频率的谐波,而且在电源频率附近,非整数倍频率谐波的含量较大。

过零触发虽然没有移相触发时的高次谐波(移相触发主要是 3、5、7 次)干扰,但其通断频率比电源频率低,特别当通断比太小时,会出现低频干扰,使照明出现人眼能察觉到的闪烁,电表指针出现摇摆等。因此,调功器通常用于热惯性较大的电热负载。

2. 晶闸管交流元触点开关

晶闸管交流开关是将两个晶闸管反并联或单个双向晶闸管串入交流电路,代替机械开关,起接通和断开电路的作用,由于没有机械开关的机械接触点,又称交流无触点开关。

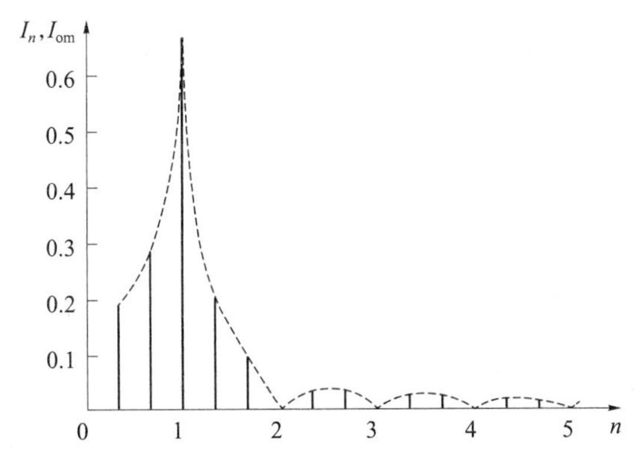

图 6-17　通断控制电阻负载电流谐波示意图

与交流调功电路相比,交流无触点开关并不控制电路的平均输出功率,通常没有明确的控制周期,只是根据需要控制电路的接通和断开,控制频度通常比交流调功电路低得多。常见晶闸管交流开关基本形式的电路原理图如图 6-18 所示。

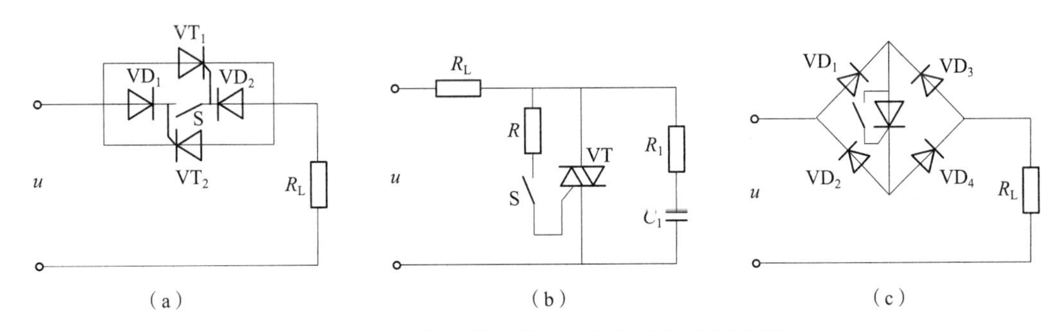

图 6-18　晶闸管交流元触点开关的基本形式原理图

图 6-18(a)为普通晶闸管反并联形式。当开关 S 闭合,两个晶闸管均以管子本身的阳极电压作为触发电压进行触发。随着交流电源的正负交变,两晶闸管轮流导通,在负载上得到基本为正弦波的电压。图 6-18(b)为采用双向晶闸管的交流开关,双向晶闸管触发极正负电压均可触发。图 6-18(c)为带整流桥的晶闸管交流开关,该开关只用了一个普通晶闸管,但串联的器件较多,压降损耗较大。

晶闸管交流开关是一种快速、理想的交流开关，它响应速度快、无触点、无噪声、寿命长。晶闸管交流开关总是在电流过零时关断，在关断时，不会因负载或线路电感储存能量，而造成暂态过电压和电磁干扰，因此特别适用于操作频繁、可逆运行及有易燃气体和多粉尘的场合。

6.3 三相交流调压电路

与单相交流调压电路类似，常用的三相交流调压电路也可以分为相控调压电路和PWM斩控调压电路两类。

6.3.1 三相相控交流调压电路

若把3个单相调压电路接在对称的三相电源上，让其互差120°相位工作，则构成了三相交流调压电路。根据三相连接形式不同，三相交流调压电路具有多种形式。三相交流调压电路基本形式原理图如图6-19所示。

图6-19(a)为带有中性线的Y形联结。每个单相交流调压电路分别接在相应的相电源上，每相工作过程与单相交流调压电路完全一样。各相电流所有谐波分量都能经中性线流通，而加在负载上。由于三相中的3倍频谐波电流的相位相同，因此它们在中线上叠加而使中性线流过相当大的3次谐波电流。$\alpha=90°$时，零线电流甚至和各相电流的有效值接近，这会给电源变压器及其他负载带来不利影响，因此很少采用。

图6-19(b)为无中性线的Y形联结，又称线路控制Y形联结。它的波形正负对称，负载和各电路中都没有3次谐波电流，因此得到广泛的应用。

图6-19(c)为支路控制的△形联结，又称内三角联结。每个带负载的单相交流调压电路跨接在线电压上，每相工作时的电压、电流波形也与单相交流调压电路相同，但3次及3的倍数次谐波电流在线电流中无法流通，而在三角形内自成环流流通，因此线电流中将不会出现3次及3的倍数次谐波电流，但负载必须是3个独立线路，有6个抽头引出才能应用。因此，其应用范围存在一定局限性。

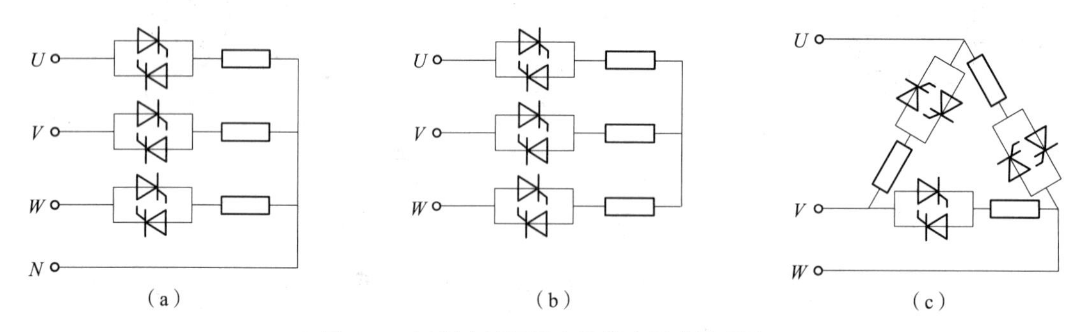

图6-19 三相交流调压电路基本形式原理图

1. Y形联结三相交流调压电路

Y形联结三相交流调压电路原理图如图6-20所示。为了分析方便起见，晶闸管按VT_1、VT_3、VT_5阳极和VT_4、VT_6、VT_2阴极，依次接到交流电源u_U、u_V、u_W。交流调压电路是靠改变施加到负载上的电压波形实现调压，因此得到负载电压波形是最重要的。波形分析的方法如下。

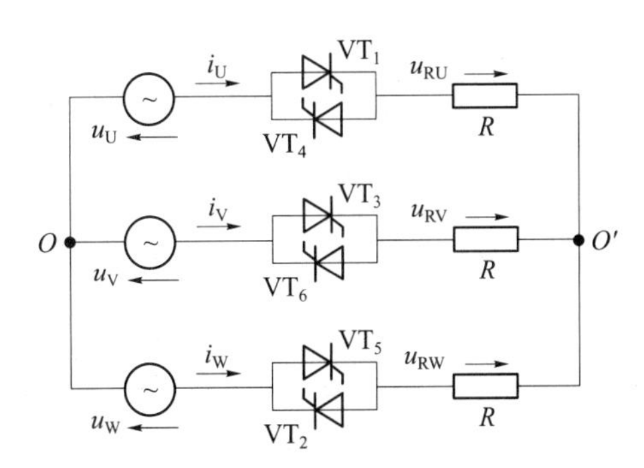

图 6-20 Y形联结三相交流调压电路原理图

1）触发控制信号的要求

（1）相位条件。对于三相对称负载，负载中点O'在平衡供电时处于零电位，因此各支路晶闸管的自然换流点处于相电压的过零点，控制角α是从各自的相电压过零点开始算起，触发信号与相电压同步。3个正向晶闸管VT_1、VT_3、VT_5的触发信号互差$2\pi/3$。3个反向晶闸管VT_2、VT_4、VT_6的触发信号也互差$2\pi/3$。同一相的两个晶闸管触发信号互差π。总的触发顺序是VT_1、VT_2、VT_3、VT_4、VT_5、VT_6其触发信号依次各差$\pi/3$，如图6-21所示。

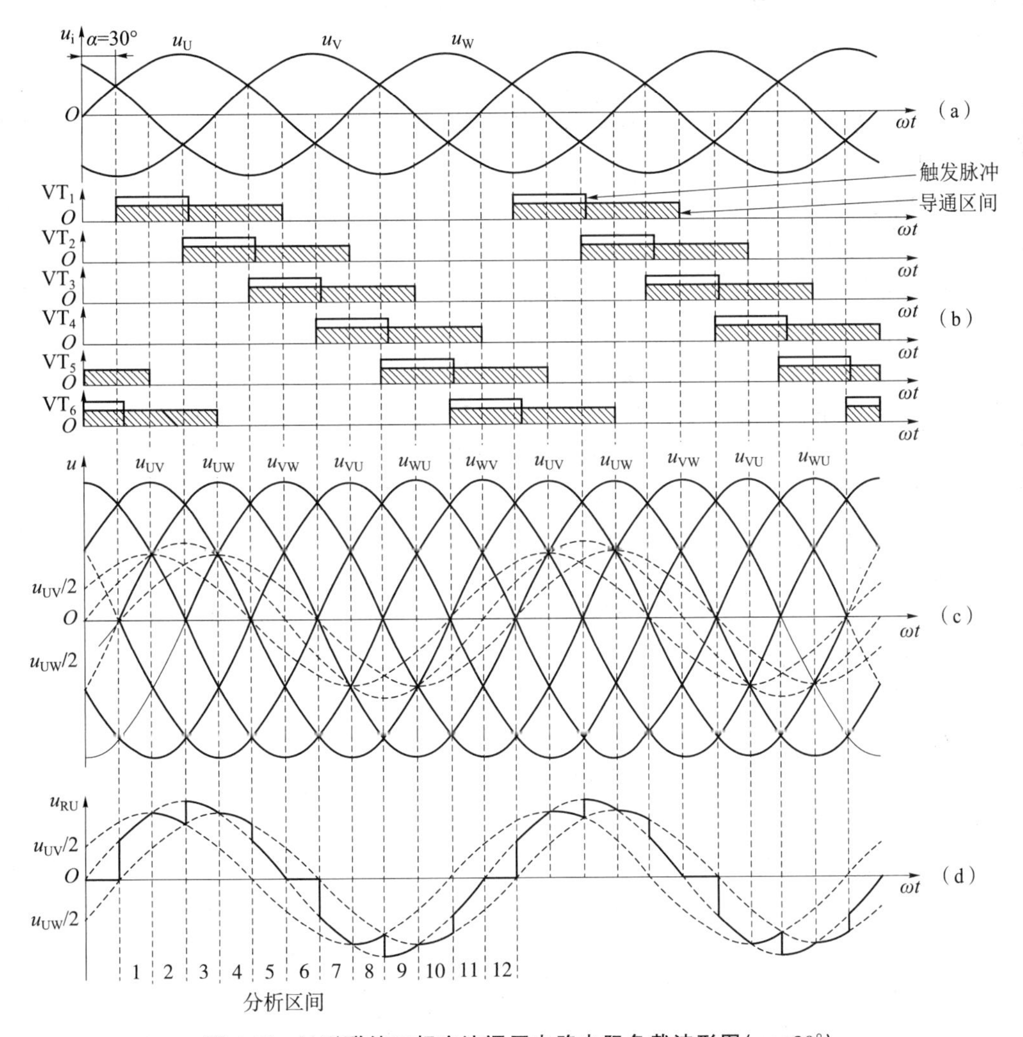

图 6-21 Y形联结三相交流调压电路电阻负载波形图($\alpha=30°$)

(2) 脉宽条件。Y形联结时三相中至少要有两相导通才能构成电流通路,因此单窄脉冲是无法启动三相交流调压电路的。为了保证起始工作电流的流通,并在控制角较大、电流不连续的情况下仍能按要求使电流流通,触发信号应采用大于 $\pi/3$ 的宽脉冲(或脉冲列),或采用间隔 $\pi/3$ 的双窄脉冲。

2) 电路工作分析

对Y形联结的三相交流调压电路中的某一相而言,只要两个反并联晶闸管中有一个导通,则该支路就是导通的。从三相来看,任何时候电路只可能是下列 3 种情况中的一种。

情况一:三相全不通,调压电路开路,每相负载上的电压都为 0。

情况二:三相全导通,调压电路直通,则每相负载上的电压是所接相的相电压。

情况三:两相导通,在电阻负载时,导通相负载上的电压是该两相线电压的 1/2,非导通相负载的电压为 0。在带电动机类负载时,则可由电动机的约束条件(电动机方程)来推导各相电压值。因此,只要能判断各晶闸管的通断情况,就能确定该电路的导通相数,也就能得到该时刻的负载电压值。判别一个周波就能得到负载电压波形,根据波形可以分析交流调压电路的工作情况。

为简单起见,下面以电阻负载下 $\alpha=30°$ 工作状态为例说明分析过程。分析中忽略器件的开关时间,假定器件的开关过程瞬间完成,假定输入电源为理想的交流电源,忽略电源内阻,忽略电路中各种分布参数的影响。

(1) 区间 1($\omega t=\pi/6\sim\pi/3$)。在 $\omega t=\pi/6$ 时刻,VT_1 和 VT_6 存在触发脉冲,在电路开始启动时,VT_5 无触发信号,由于 $u_U>u_V$,VT_1 和 VT_6 满足导通条件开通。$u_{RU}=u_{UV}/2$、$u_{RV}=-u_{UV}/2$。而在电路进入稳态运行时,VT_5 此时仍维持导通,三相均衡输出,$u_{O'O}=0$,因此,$u_{RU}=u_U$、$u_{RV}=u_V$。

(2) 区间 2($\omega t=\pi/3\sim\pi/2$)。此时 $u_W<0$,VT_5 无电流过零后反偏关断,而由于 $u_U>u_V$,VT_1 和 VT_6 仍导通,$u_{O'O}=(u_U+u_V)/2=-u_W/2$、$u_{RU}=u_{UV}/2$、$u_{RV}=-u_{UV}/2$。

(3) 区间 3($\omega t=\pi/2\sim2\pi/3$)。在 $\omega t=\pi/2$ 时刻,VT_1 和 VT_2 存在触发脉冲,由于 $u_U>u_V$,VT_1 继续维持导通,VT_2 承受电压 $u_{VT_2}=u_{O'O}-u_W=-3u_W/2>0$,$VT_2$ 满足导通条件开通,此时三相均衡输出。O′点电位改变为 $u_{O'O}=0$,而 $u_U>0$、$u_V<0$、$u_W<0$,继续满足三相导通条件,故负载电压为 $u_{RU}=u_U$、$u_{RV}=u_V$,其他区间的工作状态分析方法相同。

(4) 区间 4($\omega t=2\pi/3\sim5\pi/6$)。$VT_1$ 和 VT_2 仍导通,VT_6 反偏关断,因 VT_1 和 VT_2 对应 u_U 和 u_W,故负载电压为 $u_{RU}=u_{UW}/2$。

(5) 区间 5($\omega t=5\pi/6\sim\pi$)。VT_2 和 VT_3 触发并导通,VT_1 正偏,VT_1 仍导通,因三相全通,故负载电压为 $u_{RU}=u_U$。

(6) 区间 6($\omega t=\pi\sim7\pi/6$)。VT_2 和 VT_3 仍导通,VT_1 反偏关断,因 VT_2 和 VT_3 对应 u_W 和 u_V,故负载电压为 $u_{RU}=0$。

同理可以分析负载的负半周波形。

从以上分析及图 6-21 所示波形可以看出,在 $\alpha=\pi/3$ 时,每个晶闸管导通 5 个区间,即 $5\pi/6$。电路工作在 3 个晶闸管导通和 2 个晶闸管交替导通的状态。

在其他触发控制角 α 下,负载相电压、相电流波形的分析方法和上述方法相同。

当 $\alpha\geqslant5\pi/6$ 以后,负载上没有交流电压输出。以 VT_1 和 VT_6 为例,在电路启动时,同时给 VT_1 和 VT_6 施加触发脉冲,从图 6-21 可以看出,这时 $u_V>u_U$,VT_1 和 VT_6 处于反偏状态,不可能导通,因此输出电压为 0 。故Y形联结三相交流调压电路电阻负载下移相范围为 $0\sim5\pi/6$。

在电阻电感负载情况下，可参照电阻负载和单相电阻电感负载时的分析方法，只是分析相对更复杂一些。

3）谐波情况

在电阻负载下，电流谐波次数为 $6k\pm1$ ($k=1,2,3,\cdots$)，与三相桥式全控整流电路交流侧电流所含谐波的次数完全相同。谐波次数越低，谐波含量越大。与单相交流调压电路相比，没有 3 倍次谐波，因三相对称时，它们不能流过三相三线电路。在电阻电感负载情况下谐波电流含量相对小一些。

2. 支路控制的△形联结三相交流调压电路

电路如图 6-19(c)所示，是 3 个由线电压供电的单相交流调压电路组成。无论是电阻负载，还是电阻电感负载，每一相都可当成单相交流调压电路来分析，单相交流调压电路的分析方法和结论完全适用，只是将单相相电压改成线电压，输入线电流（电源电流）为与该线相连的两个负载相电流之和。

谐波情况：由于三相对称负载相电流中 3 的倍数次谐波的相位和大小都相同，所以它们在三角形回路中流动，而不出现在线电流中。因此，线电流中谐波次数为 $6k\pm1$ (k 为正整数)。在相同负载和控制角时，线电流中谐波含量少于三相三线 Y 形电路。

6.3.2　PWM 斩控三相交流调压电路

PWM 斩控三相交流调压电路原理图如图 6-22 所示。由 3 个串联开关 VT_1、VT_2、VT_3 以及一个续流开关 VT_N 组成，串联开关共用一个控制信号 u_g，它与续流开关的控制信号 u_{g_N} 在相位上互补。这样当 VT_1、VT_2、VT_3 导通时，VT_N 即关断，负载电压等于电源电压，反之，当 VT_N 导通时，VT_1、VT_2、VT_3 均关断，负载电流沿 VT_N 续流，负载电压为零。PWM 斩控三相交流调压电路工作波形如图 6-23 所示。

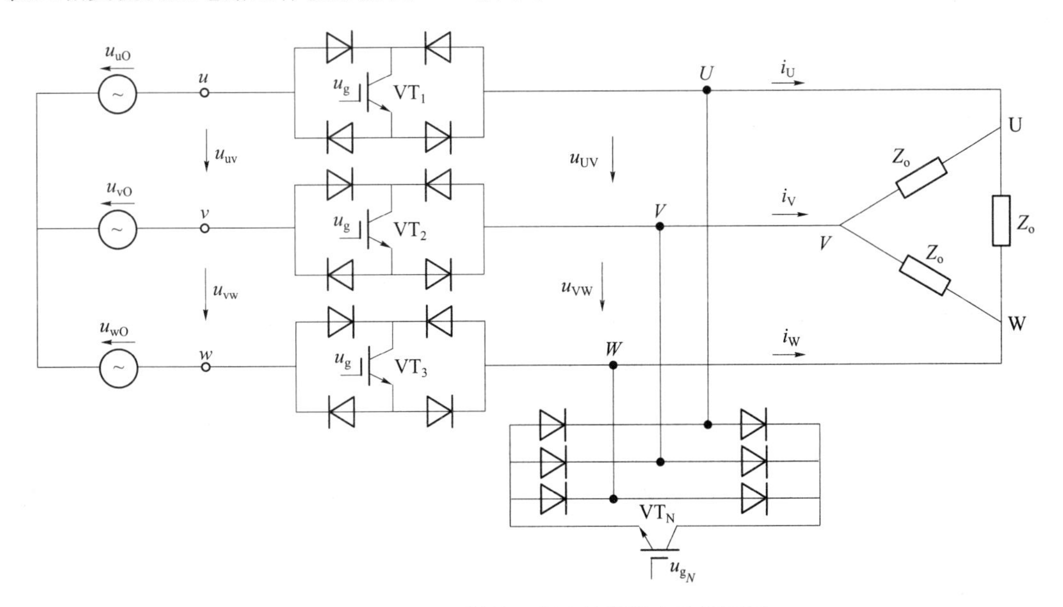

图 6-22　PWM 斩控三相交流调压电路原理图

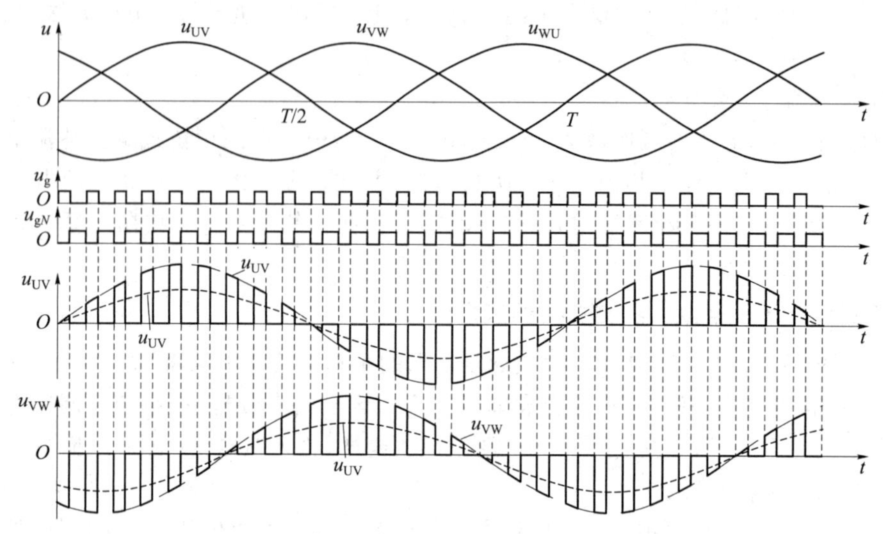

图 6-23 PWM 斩控三相交流调压电路工作波形图

本章习题

1. 晶闸管单相交流调压电路，输入交流电源电压 220 V，阻感负载，$R=1\ \Omega$，$L=5.516$ mH，试求：

（1）实现有效交流调压的控制角 α 的移相范围；

（2）负载电流的最大有效值；

（3）最大输出功率和功率因数。

2. 晶闸管单相交流调压器，电源为工频 220 V，阻感串联作为负载，其中电阻为 0.5 Ω，感抗为 0.5 Ω，试求：

（1）开通角 α 的变化范围；

（2）负载电流的最大有效值；

（3）最大输出功率及此时电源侧的功率因数；

（4）当 $\alpha=\pi/2$ 时，晶闸管的导通角（提示：利用 $\theta\sim\alpha$ 曲线关系）。

3. 晶闸管单相交流调压器，用于电源 220 V，阻感负载，$R=9\ \Omega$，$L=14$ mH，当 $\alpha=20°$ 时，求负载电流有效值及电流瞬时表达式。

4. 一调光台灯由单相交流调压电路供电，设该台灯可看成电阻负载，在 $\alpha=0°$时输出功率为最大值，试求功率为最大输出功率的 80%、50% 时的开通角 α。

5. 一台 220 V、10 kW 的电炉，采用晶闸管单相交流调压，现使其工作在 5 kW，试求该电路的控制角 α、负载电流和电源侧功率因数。

6. 结合图 6-6 所示 $\theta\sim\alpha\sim\varphi$ 关系曲线，试对如下概念加以说明：

（1）在负载一定情况下，随 α 角的增大，导通角 θ 会减小。

（2）在 α 角一定情况下，随阻抗角 φ 的增大，导通角 θ 会增大。

7. 试说明晶闸管交流调压的主要缺点。

8. 交流调压电路和交流调功电路有什么区别？两者各运用于什么样的负载？为什么？

9. 单相斩波式交流调压电路中的续流开关起何作用，是否可以不用？为什么？

10. 斩波式交流调压与晶闸管交流调压相比，输出波形有何区别？其优点是什么？

第7章 软开关技术

7.1 软开关基本概念

7.1.1 硬开关与软开关

1. 硬开关

在电力电子电路中，开关器件一般都工作在开关状态。为便于分析工作原理，通常将电路理想化，即假设开关器件状态切换是瞬间完成的，这样就可忽略开关过程对电路的影响。但实际上开关器件从开通状态切换到关断状态，或从关断状态切换到开通状态都需要一个过程，开关过程中电压、电流不同时为零，出现了一部分重叠区，因此会产生明显的开关损耗。同时，开关器件在开通和关断过程中伴随着电压和电流的剧烈变化，会产生较大的开关噪声，这样的开关过程称为硬开关。硬开关开通、关断过程中的电压和电流波形图如图7-1所示。

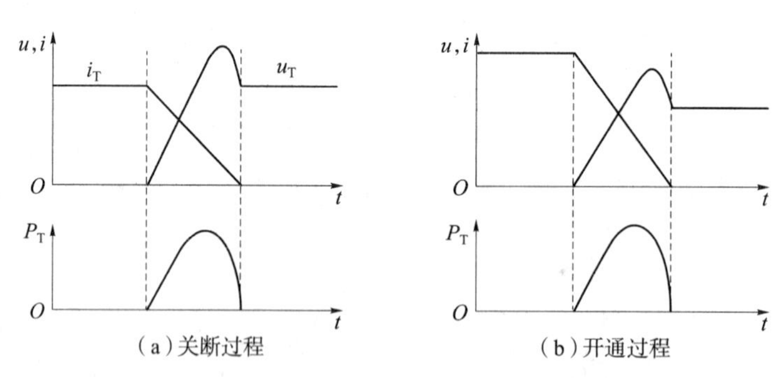

图7-1 硬开关开通、关断过程中的电压和电流波形图

2. 软开关

在开关器件导通之前，通过某种控制方式使其两端电压 u_T 先降为零，然后施加驱动信号使器件的电流行逐渐上升。器件关断时，过程正好相反，即通过某种控制方式先使器件电

流 i_T 下降为零后，再撤除驱动信号，使电压 u_T 逐渐上升。由于不存在电压和电流的交叠，开关损耗 P_T 为零，这样的开关过程称为软开关。软开关开通、关断过程中的电压和电流波形图如图 7-2 所示。

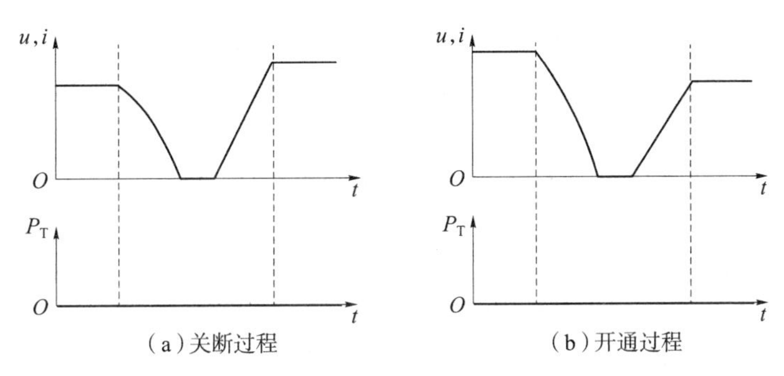

(a)关断过程　　(b)开通过程

图 7-2　软开关开通、关断过程中的电压和电流波形图

要在实际电路中，实现软开关开通或关断，通常需要引入软开关技术。软开关技术实质就是在开关状态变换过程中适时引入谐振，利用电感与电容谐振，使开关器件中的电流(或电压)按正弦或准正弦规律变化。开关开通前电压先降到零，关断前电流先降到零，就可以消除开关过程中电压、电流的重叠，降低它们的变化率，从而大大减小甚至消除开关损耗。同时，谐振过程限制了开关过程中电压、电流的变化率，这使得开关噪声也显著减小。

7.1.2　零电压开关与零电流开关

根据开关器件开通或关断时电压、电流的状态，适应于 DC-DC 和 DC-AC 变换器的软开关技术大体上可分为两大类：零电流开关(ZCS)和零电压开关(ZVS)。

1. 零电流开关

在开关器件关断前使其电流为零，则器件关断时不会产生损耗和噪声，这种关断方式称为零电流关断，又称零电流开关，如图 7-2(a)所示。

2. 零电压开关

在开关器件导通前使其两端电压为零，则器件开通时就不会产生损耗和噪声，这种开通方式称为零电压开通，又称零电压开关，如图 7-2(b)所示。

零电压开通和零电流关断要靠电路中的谐振来实现。与开关器件并联的电容能使开关关断后电压上升延缓，从而降低关断损耗，这种关断过程称为零电压关断。而与开关器件相串联的电感能使开关开通后电流上升延缓，从而降低开通损耗，这种开通过程称为零电流开通。简单利用并联电容实现零电压关断和利用串联电感实现零电流开通一般会造成电路总损耗增加及关断过电压增大等负面效应。

7.2　软开关电路的分类

随着软开关技术的不断发展和完善，随之产生的软开关电路也层出不穷。由于电路种类繁多，各自又有不同的特点和应用场合，因此有必要对这些软开关电路进行分类。根据软开关技术的发展历程，可以将软开关电路分成准谐振变换电路、零开关 PWM 变换电路和零转换 PWM 变换电路三大类。

1. 准谐振变换电路

准谐振变换电路是最早出现的软开关电路。在这类变换电路中，仅在主要开关管中加入谐振电感 L_r 和谐振电容 C_r，谐振元件只参与能量变换的某一阶段而不是全过程，并且只能改善电路中一个开关器件的开关特性，电路中电压或电流的波形为正弦半波，因此称之为准谐振。根据开关管与谐振电感和谐振电容的不同组合，准谐振变换电路又分为以下 3 种电路。准谐振电路原理图如图 7-3 所示。

（1）零电压开关准谐振变换电路（ZVSQRC）。将谐振电容与开关并联，利用电容两端谐振电压过零时，使开关零电压开通。

（2）零电流开关准谐振变换电路（ZCSQRC）。将谐振电感与开关串联，利用电感中谐振电流过零时，使开关零电流关断。

（3）零电压开关多谐振变换电路（ZVSMRC）。在开关内综合准谐振零电流和准谐振零电压。实际常常采用零电压多谐振变换电路，以同时实现开关管和二极管的零电压开关。

准谐振变换电路在降低开关损耗和开关噪声的同时，也给实际电路工作增加一些负担。一是谐振电压峰值很高，要求器件的耐压必须提高；二是谐振电流有效值很大，电路中存在大量无功功率的交换，使电路导通损耗增大；三是谐振周期随输入电压、负载变化而改变，因此电路只能采用脉冲频率调制方式来控制，开关频率的变化增加了电路设计的难度。

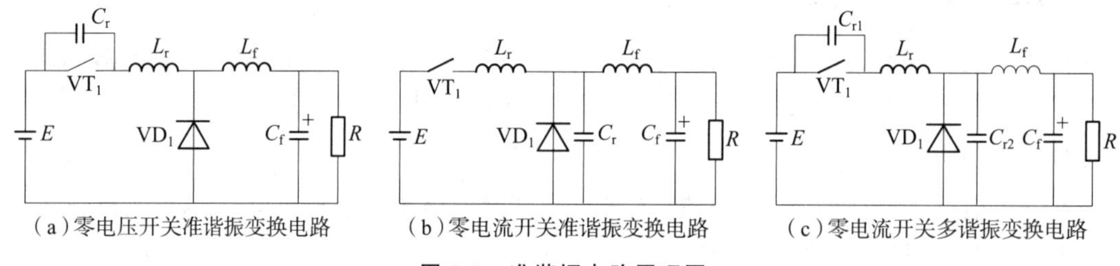

（a）零电压开关准谐振变换电路　（b）零电流开关准谐振变换电路　（c）零电流开关多谐振变换电路

图 7-3　准谐振电路原理图

2. 零开关 PWM 变换电路

在准谐振变换器中加入一个辅助开关管来控制谐振元件的谐振过程，使谐振仅发生在开关过程前后，实现 PWM 控制。为区别于准谐振变换电路，这类变换器被命名为零开关 PWM 变换电路。零开关 PWM 变换电路又分为零电压开关 PWM 变换电路（ZVS PWM）和零电流开关 PWM 变换电路（ZCS PWM），零开关 PWM 变换电路原理图如图 7-4 所示。同准谐振变换电路相比，零开关 PWM 变换电路的电压和电流波形基本是方波，只是波形的上升沿和下降沿变化较缓慢，开关承受的电压明显降低。电路采用开关频率固定的 PWM 控制方式，易于优化设计输入和输出滤波器。

3. 零转换 PWM 变换电路

零转换 PWM 变换电路特点是谐振网络与主开关器件并联，采用辅助开关管控制谐振的起始时刻，在开关转换期间，并联的谐振网络产生谐振获得零开关条件。开关转换结束后，电路又恢复到正常的 PWM 工作方式。零转换 PWM 变换电路又分为零电压转换

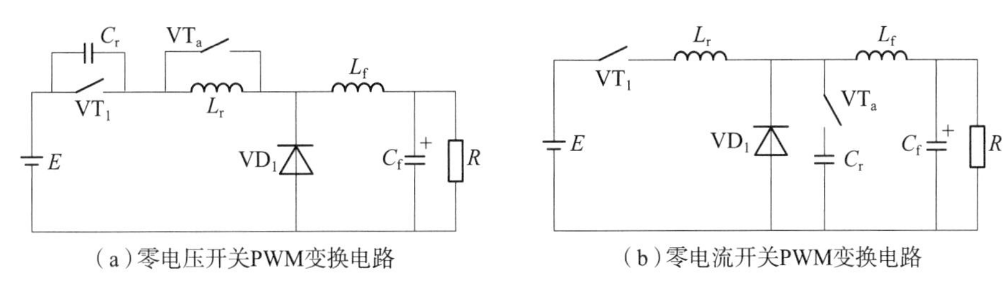

（a）零电压开关PWM变换电路　　（b）零电流开关PWM变换电路

图 7-4　零开关 PWM 变换电路原理图

PWM 变换电路（ZVT PWM）和零电流转换 PWM 变换电路（ZCT PWM）。零转换 PWM 变换电路原理图如图 7-5 所示。

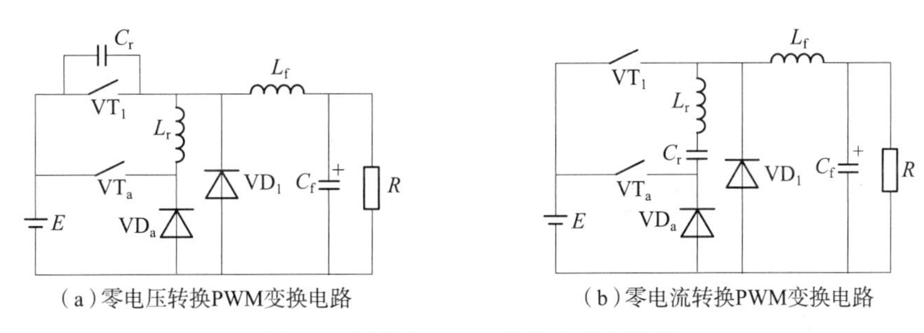

（a）零电压转换PWM变换电路　　（b）零电流转换PWM变换电路

图 7-5　零转换 PWM 变换电路原理图

零转换 PWM 变换器既克服了硬开关 PWM 和谐振技术的缺点，电路在很宽的输入电压范围内和从零负载到满载都能工作在软开关状态下，电路中无功功率的交换被削减到最小，电路的效率进一步提高。

本章习题

1. 什么是硬开关？什么是软开关？各有什么特点？

2. 什么是零电压开关？什么是零电流开关？结构上各有什么特点？

3. 软开关电路可以分为哪几类？其典型拓扑结构分别是什么样的？各有什么特点？

4. 高频化的意义是什么？为什么提高开关频率可以减小滤波器和变压器的体积和重量？

5. 准谐振变换电路可分为哪几种电路？准谐振变换电路有什么特点？

6. 零开关 PWM 变换电路哪两类？有什么特点？

7. 零转换 PWM 变换电路哪两类？有什么特点？

第8章　电力电子技术的应用

8.1　典型的软开关电路

8.1.1　零电压准谐振变换电路

1. 电路原理图

在传统的 Boost 变换电路中加入零电压谐振开关，可以得到零电压开关准谐振变换电路(半波模式)，开关管 VT_1 与谐振电容 C_r 并联，谐振电感 L_r 与开关管 VT_1 串联。零电压准谐振 Boost 变换电路原理图如图 8-1 所示，稳态工作过程波形图如图 8-2 所示。

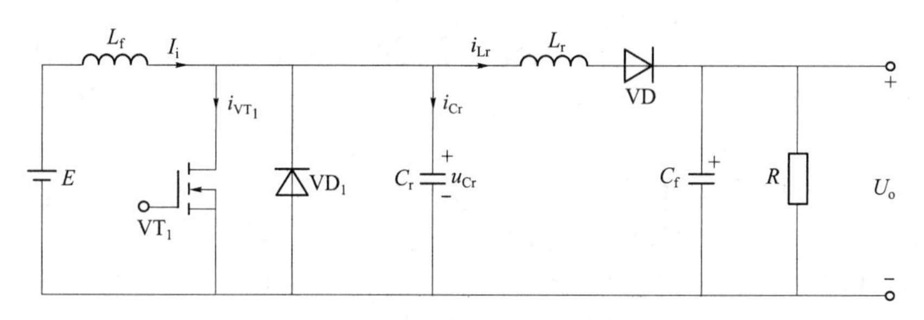

图 8-1　零电压准谐振 Boost 变换电路原理图

2. 工作过程分析

1) 设定条件

(1) 所有元器件、电源均为理想器件。

(2) $L_f \gg L_r$，且 L_f 足够大，在一个开关周期内其电流为 I_i 维持不变。

(3) C_r 足够大，在一个开关周期内其电压为 U_o 维持不变。

2) 工作过程分析

电路的初始状态为 t_0 时刻之前，开关管 VT_1 导通，$u_{Cr}=0$，二极管 VD_1 截止，$i_{Lr}=0$，二极管 VD 截止。

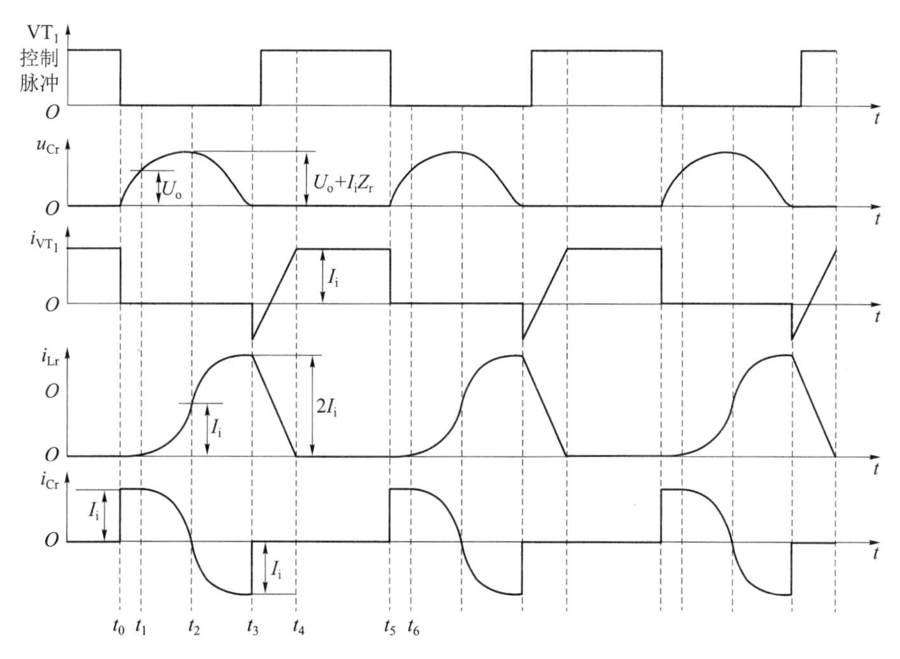

图 8-2　零电压准谐振 Boost 变换电路工作波形

在 t_0 时刻关断 VT_1，在一个开关周期 T_S 中电路的通、断运行过程可以分为 4 个工作模态。

(1) 工作模态 1($t_0 \sim t_1$)。电容充电阶段。

t_0 时刻，VT_1 关断，输入电流从 VT_1 转移到 C_r，u_{Cr} 从零开始缓慢上升，VT_1 就实现了零电压关断。到 t_1 时刻，u_{Cr} 上升到输出电压 U_o。

(2) 工作模态 2($t_1 \sim t_3$)。谐振阶段。

从 t_1 时刻起，VD 开始导通，L_r、C_r 组成串联谐振回路；谐振电感电流 i_{Lr} 从零开始增加，谐振过程中 i_{Lr} 与 u_{Cr} 的表达式分别为

$$i_{Lr} = I_i[1 - \cos\omega_r(t - t_1)] \tag{8-1}$$

$$u_{Cr}(t) = U_o + I_i Z_r \sin\omega_r(t - t_1) \tag{8-2}$$

式中，特征阻抗 $Z_r = \sqrt{L_r/C_r}$；谐振角频率 $\omega_r = 1/\sqrt{L_r/C_r}$。

当串联谐振到达 t_2 时刻($t_1 - t_2 = T_r/2$，$T_r = 2\pi\sqrt{L_r C_r}$，为谐振周期)，u_{Cr} 达到峰值，$i_{Lr} = I_i$。

从 t_2 时刻开始，i_{Lr} 大于 I_i，C_r 开始放电，电压逐渐下降，直到 t_3 时刻，$u_{Cr}=0$，i_{Lr} 达到最大(约 $2I_i$)，谐振结束，与 VT_1 反并联的二极管 VD_1 开始导通，VT_1 两端电压被钳位到零，此时给 VT_1 加触发脉冲，就可以实现 VT_1 的零电压开通。

(3) 工作模态 3($t_3 \sim t_4$)。电感放电阶段。

在 t_3 时刻之后，开通 VT_1，输入电流流过 VT_1，此时加在谐振电感 L_r 两端的电压为 $-U_o$，i_{Lr} 开始线性减小。

$$i_{Lr}(t) = i_{Lr}(t_3) - \frac{U_o}{L_r}(t - t_3) \tag{8-3}$$

到 t_4 时刻，i_{Lr} 减小到零，由于二极管 VD 的阻断作用，i_{Lr} 不能反向流动，该过程结束。

(4) 工作模态 4(t_4～t_5)。续流阶段。

从 t_4时刻开始,L_r、C_r组成的串联谐振回路停止工作,输入电流通过 VT_1续流,负载由输出滤波电容提供能量。直至 t_5时刻,VT_1零电压关断,开始重复下一个开关周期。

8.1.2 零电压转换 PWM 电路

1. 电路原理图

在 Boost 电路主开关管 VT_1两端并联一个由谐振电容 C_r(包含主开关 VT_1的输出电容和二极管 VD_1的结电容)、谐振电感 L_r、辅助开关 VT_a及二极管 VD_a组成的辅助谐振网络,就构成了 Boost 零电压转换 PWM 电路拓扑结构,Boost 零电压转换 PWM 电路原理图如图 8-3 所示,稳态工作过程波形图如图 8-4 所示。

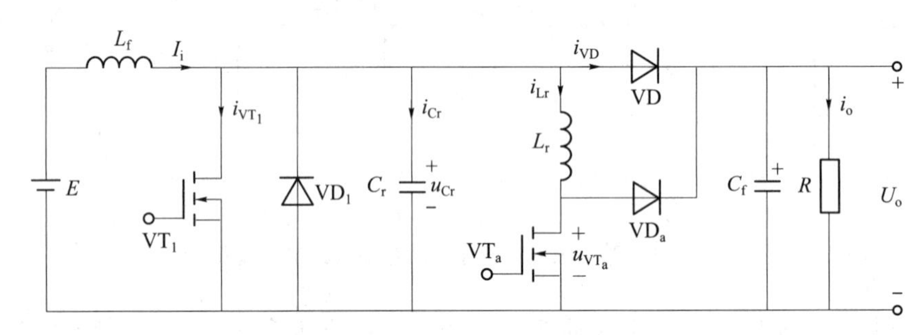

图 8-3 Boost 零电压转换 PWM 电路原理图

2. 工作过程分析

1) 设定条件

(1) 所有元器件、电源均视为理想。

(2) 滤波电容 C_f足够大,在一个开关周期 T_S内,输出负载电流 I_o和输出电压 U_o都恒定不变。

(3) 电感 L_f足够大,可以忽略其电流波动,在一个开关周期内其电流为 I_i维持不变。

2) 工作过程分析

假设电路的初始状态为:t_0时刻之前,开关管 VT_1和辅助开关管 VT_a处于关断状态,升压二极管 VD 导通。在 t_0时刻开通 VT_a,一个开关周期 T_S中的通、断过程可以分成 7 个工作模态进行分析。

(1) 工作模态 1(t_0～t_1)。t_0时刻,开通 VT_a,谐振电感电流 i_{Lr}从零开始线性增加,而 VD 的电流开始线性下降。到 t_1时刻,i_{Lr}上升到升压电感电流 I_i,VD 的电流下降到 0,VD 自然关断。

(2) 工作模态 2(t_1～t_2)。从 t_1时刻起,L_r、C_r组成串联谐振回路,谐振电感电流 i_{Lr}继续上升,C_r上的电压 u_{Cr}开始下降,谐振过程中 i_{Lr}与 u_{Cr}的表达式分别为

$$i_{Lr}(t)=I_i+\frac{U_o}{Z_r}\sin\omega_r(t-t_1) \tag{8-4}$$

$$u_{Cr}(t)=U_o\cos\omega_r(t-t_1) \tag{8-5}$$

式中,特征阻抗 $Z_r=\sqrt{L_r/C_r}$;谐振角频率 $\omega_r=1/\sqrt{L_r/C_r}$。

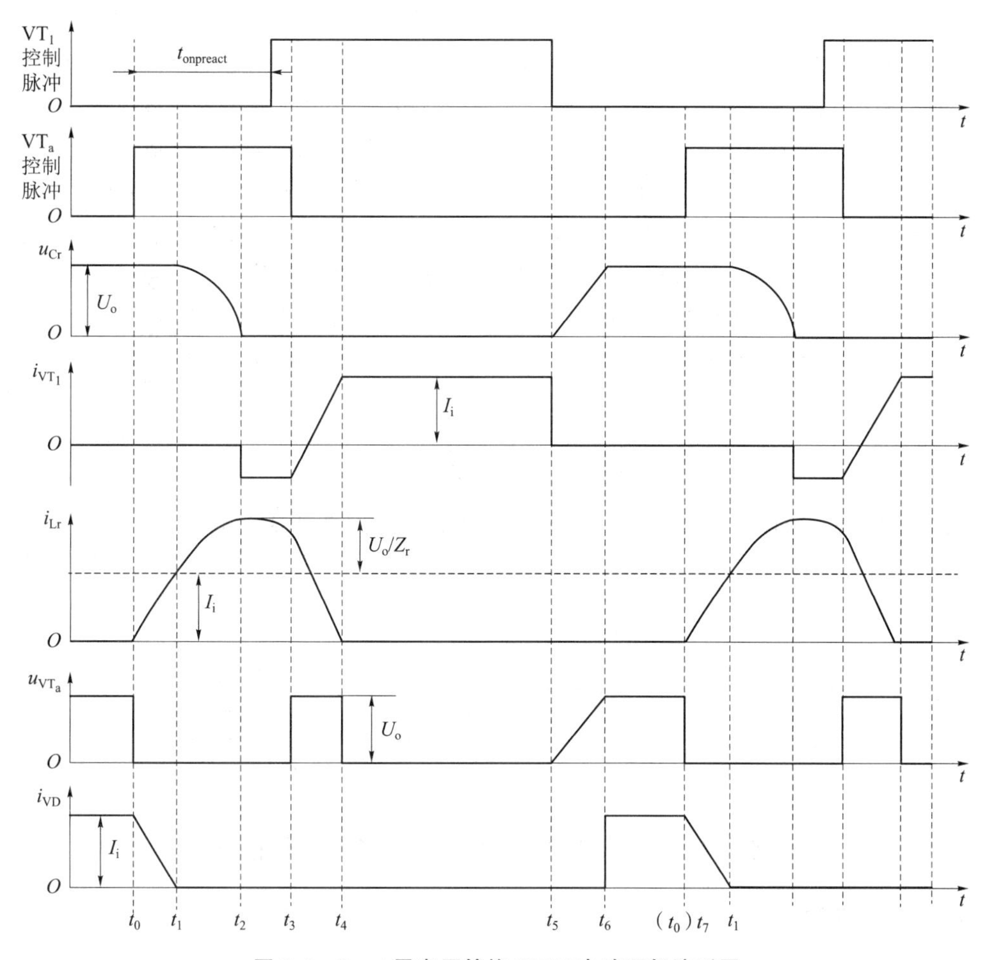

图 8-4　Boost 零电压转换 PWM 电路理想波形图

当 u_{Cr} 下降到 0 时，与 VT_1 反并联的二极管 VD_1 导通，VT_1 两端电压被钳位到 0，提供了零电压开通条件。

(3) 工作模态 3($t_2 \sim t_3$)。VD_1 导通，i_{Lr} 通过 VD_1 续流，此时开通 VT_1 即为零电压开通。

(4) 工作模态 4($t_3 \sim t_4$)。t_3 时刻，关断 VT_a，由于 VT_a 关断时，i_{Lr} 电流不为零，故 VD_a 导通续流，因此 VT_a 两端电压迅速上升到 U_o，VT_a 属于硬关断。VT_a 关断后，L_r 两端承受的电压为 $-U_o$，L_r 向负载释放能量，i_{Lr} 开始线性下降，VT_1 的电流开始线性上升。直到 t_4 时刻，i_{Lr} 下降到 0，VD_a 关断，流过 VT_1 的电流线性增长达到 I_i。

(5) 工作模态 5($t_4 \sim t_5$)。VT_1 导通，VD、VD_a 保持关断。升压电感电流流过 VT_1，滤波电容给负载供电，其规律与不加辅助电路的 Boost 电路完全相同。

(6) 工作模态 6($t_5 \sim t_6$)。在 t_5 时刻，关断 VT_1，此时升压电感电流给 C_r 充电，C_r 上电压 u_{Cr} 从 0 开始线性上升。由于 C_r 的存在，所以 VT_1 是零电压关断。到 t_6 时刻，u_{Cr} 上升到 U_o，此时 VD 自然导通。

(7) 工作模态 7($t_6 \sim t_7$)。该工作模式与不加辅助电路的 Boost 电路完全相同，电源 E 和电感 L 给滤波电容和负载供电。在 t_7 时刻，VT_a 开通，开始重复下一个开关周期的工作。

零电压转换 PWM 电路采用 PWM 控制方式，实现恒定频率控制。辅助电路只是在开关管开关时工作，其他时间不工作，大大减小了辅助电路的损耗。辅助电路与开关主电路相并联，这样也可以减小电路本身的损耗。辅助电路的工作不会增加主开关管的电压和电流应力，主开关管的电压和电流应力很小，这使得零电压转换 PWM 电路在中大功率场合得到广泛应用。

为了保证 VT_1 实现零电压开通，需要在 VT_1 开通之前使得谐振电容两端电压下降至零，为此需要辅助管 VT_a 的导通时间超前于 VT_1 一定时间。超前开通的时间 $t_{onpreact}$ 应该大于二极管 VD 电流下降至零的时间（$t_0 \sim t_1$）和谐振电容与谐振电感谐振的时间（$t_1 \sim t_2$）之和。

由于在二极管 VD 电流下降至零的时间（$t_0 \sim t_1$），二极管 VD 仍然导通且 VT_a 导通，有 $U_{Cr} \approx U_o$，即谐振电感 L_r 在输出电压 U_o 的作用下电流线性上升至输入电感电流的过程，所以该过程时长为

$$t_1 - t_0 = \frac{I_i L_r}{U_o} \tag{8-6}$$

之后谐振电容与谐振电感谐振的时间由两者的谐振周期所决定，电容电压下降至零的时间为开关周期的 1/4，即

$$t_2 - t_1 = \frac{\pi \sqrt{L_r C_r}}{2} \tag{8-7}$$

所以辅助管 VT_a 提早于 VT_1 开通的时间 $t_{onpreact}$ 应为

$$t_{onpreact} \geqslant \frac{I_i L_r}{U_o} + \frac{\pi \sqrt{L_r C_r}}{2} \tag{8-8}$$

8.1.3 移相控制零电压开关 PWM DC-DC 全桥变换电路

1. 电路原理图

移相控制零电压开关 PWM DC-DC 全桥变换电路（PS ZVS FB Converter），是利用变压器的漏感或一次绕组串联电感与开关管的并联电容谐振来实现开关管的零电压开关，移相控制零电压开关 PWM DC-DC 全桥变换电路原理图如图 8-5 所示，开关稳态工作过程中主要波形如图 8-6 所示。其中 $C_{r1} \sim C_{r4}$ 分别为 $VT_1 \sim VT_4$ 的谐振电容（包括寄生电容与外接电容）。L_r 为谐振电感（包括变压器漏感和外加电感）。每个桥臂中上下两个开关管成 180°互补导通，两个桥臂的导通角相差一个相位，即移相角，通过调节移相角的大小来调节输出电压。VT_1 和 VT_3 分别超前于 VT_2 和 VT_4 一个相位，称 VT_1 和 VT_3 组成的桥臂为超前桥臂，VT_2 和 VT_4 组成的桥臂则称为滞后桥臂。

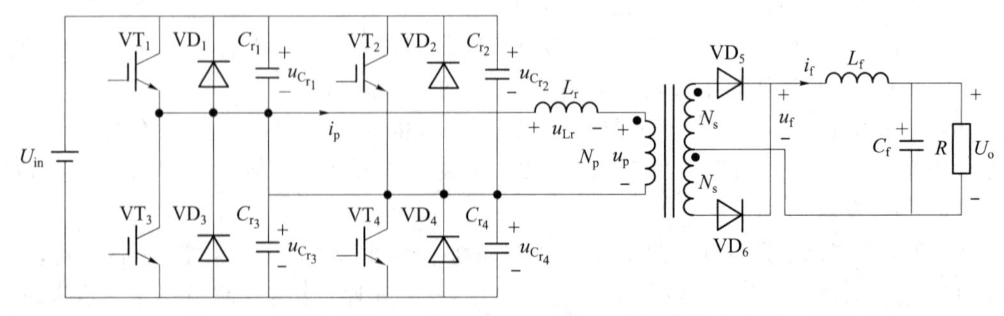

图 8-5 移相控制零电压开关 PWM DC-DC 全桥变换电路原理图

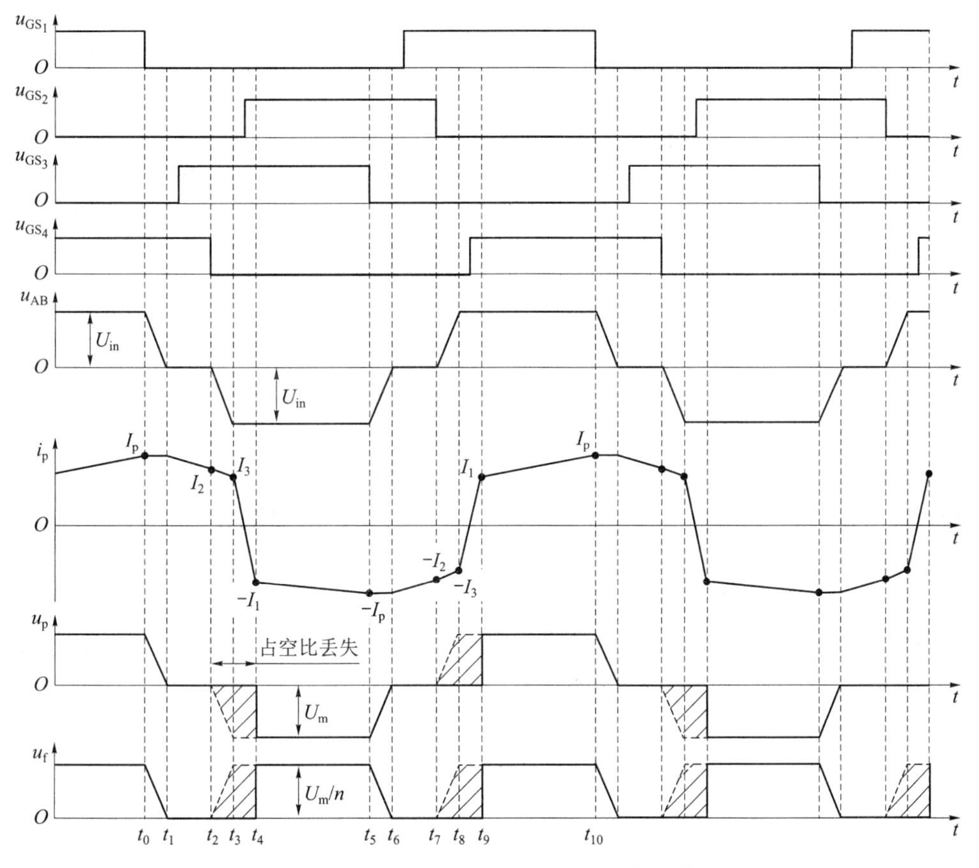

图 8-6　移相控制零电压开关 PWM DC-DC 全桥变换电路工作波形图

2. 工作过程分析

1）设定条件

(1) 所有元器件、电源均视为理想。

(2) 忽略电路中的损耗，变压器一次绕组与二次绕组之间的匝比 $N_p/N_s=n$。

2）工作过程分析

在一个开关周期中，移相控制零电压开关 PWM DC-DC 全桥变换电路可以分成 10 个工作模态进行分析。

在 t_0 时刻之前，VT_1 和 VT_4 导通。一次绕组电流 i_p 流经 VT_1 谐振电感 L_r、变压器一次绕组以及 VT_4，整流管 VD_5 导通，功率经一次绕组传递给负载。

(1) 工作模态 1($t_0 \sim t_1$)。在 t_0 时刻关断 VT_1，流经 VT_1 的电流转移到 C_{r_1} 和 C_{r_3} 中，电感 $L_\Sigma=L_r+n^2L_f$ 与 C_{r_1} 和 C_{r_3} 谐振。在这一区间，由于谐振电感 L_Σ 很大，可近似认为 $i_p=I_p\approx I_0/n$ 不变，相当于一个恒流源，C_{r_1} 的电压 u_{cr1} 从零开始线性增长，C_{r_3} 的电压 u_{cr_3} 从 U_{in} 开始线性下降，VT_1 实现零电压关断，VT_4、VT_5 维持导通。电容 C_{r_3} 上电压方程为

$$u_{Cr_3}(t)=U_{in}-\frac{I_p}{(C_{r_1}+C_{r_3})}(t-t_0) \tag{8-9}$$

在 t_1 时刻电容 C_{r_3} 的电压 u_{cr_3} 下降到零，$u_{AB}=0$，本阶段时间长度为

$$T_1=t_1-t_0=\frac{(C_{r_1}+C_{r_3})U_{in}}{I_p} \tag{8-10}$$

(2) 工作模态 2($t_1\sim t_2$)。在 t_1时刻,C_{r_3} 的电压 u_{cr_3} 下降到零,C_{r_1} 充电到 U_{in},VT_3 的反并联二极管 VD_3 自然导通,此阶段实现 VT_3 零电压开通。在这段时间里,电感 L_Σ 续流,VD_3 和 VD_4 导通,AB 两点电压 $u_{AB}=0$,VD_5 维持导通。在输出电压作用下 i_p 线性下降,变压器一次侧电流方程为

$$i_p(t)=\frac{-nU_o}{L_\Sigma}(t-t_1)+I_p \tag{8-11}$$

式中,$L_\Sigma=L_r+n^2L_f$。

在 t_2时刻关断 VT_4,假定 t_2时刻 i_p线性下降到 I_2,则本阶段时间长度为

$$T_2=t_2-t_1=\frac{(I_p-I_2)L_\Sigma}{nU_o} \tag{8-12}$$

(3) 工作模态 3($t_2\sim t_3$)。在 t_2时刻关断 VT_4,i_p从 VT_4中转移到 C_{r_2} 和 C_{r_4} 中,由于 C_{r_2} 和 C_{r_4} 的存在,VT_4两端电压是从零慢慢上升的,因此 VT_4是零电压关断。由于 u_{AB}的极性自零变为负,变压器一次侧电流 i_p下降,导致 VD_5 电流下降并小于 i_f,由于电感电流 i_f不能突变,一部分电流经 VD_6导通补充,VD_5 和 VD_6 开始换流,变压器二次侧绕组短路,导致一次侧亦短路。L_r与 C_{r_2}、C_{r_4} 谐振,使 C_{r_4} 充电 C_{r_2} 放电,这个阶段电路方程为

$$(C_{r_2}+C_{r_4})\frac{du_{C_{r_4}}}{dt}=i_p \tag{8-13}$$

$$L_r\frac{di_p}{dt}=-u_{C_{r_4}} \tag{8-14}$$

解方程并代入初始条件 $u_{C_{r_4}}(t_2)=0,i_p(t_2)=I_2$得

$$u_{C_{r_4}}(t)=I_2Z_2\sin\omega_2(t-t_2) \tag{8-15}$$

$$i_p(t)=I_2\cos\omega_2(t-t_2) \tag{8-16}$$

式中,$\omega_2=1/\sqrt{L_r(C_{r_2}+C_{r_4})}$;$Z_2=\sqrt{L_r/(C_{r_2}+C_{r_4})}$。

t_3时刻一次侧电感电流为

$$I_3=i_p(t_3)=I_2\cos\omega_2(t_3-t_2) \tag{8-17}$$

假定 L_r储能足够,在 t_3时刻,$u_{c_{r_4}}$ 上升到 U_{in},$u_{c_{r_2}}$ 下降到零,二极管 VD_2 自然导通,$u_{AB}=-U_{in}$,本阶段结束。本阶段待续时间为

$$T_3=t_3-t_2=\frac{1}{\omega_2}\arcsin\frac{U_{in}}{I_2Z_2} \tag{8-18}$$

(4) 工作模态 4($t_3\sim t_4$)。在 t_3时刻,C_{r_4} 的电压上升到 U_{in},VD_2 自然导通,此阶段实现 VT_2零电压开通。谐振电感 L_r的电流在输入电压 U_{in}作用下继续减小。当谐振电感 L_r的电流正方向过零后,便向负方向不断增加。直到 t_4时刻,一次绕组电流达到二次绕组折算到一次绕组的负载电流值($-I_1$),此时,整流管 VD_5的电流下降到零而关断,VD_6流过全部负载电流,该开关模态结束。变压器一次侧电流为

$$i_p(t)=I_3-\frac{U_{in}}{L_r}(t-t_3) \tag{8-19}$$

本阶段待续时间为

$$T_4=t_4-t_3=\frac{L_r(I_1+I_3)}{U_{in}} \tag{8-20}$$

(5) 工作模态 5($t_4\sim t_5$)。从 t_4 时刻开始,U_{in} 向负载提供能量,所有负载电流均流过 VD_6。在 t_5 时刻关断 VT_3,本阶段结束。i_p 从 $-I_1$ 开始负增长,变压器一次侧电路方程为

$$L_{\Sigma}\frac{di_p}{dt}=-(U_{in}-nU_o) \tag{8-21}$$

解方程并代入初始条件 $i_p(t_4)=-I_1$,可得

$$i_p(t)=\frac{U_{in}-nU_o}{L_{\Sigma}}(t-t_4)-I_1 \tag{8-22}$$

在 t_5 时刻关断 VT_3,i_p 达到反向峰值 $-I_p$,本阶段时间长度为

$$T_5=t_5-t_4=\frac{(I_1-I_p)}{U_{in}-nU_o}L_{\Sigma} \tag{8-23}$$

从 $t_5\sim t_{10}$ 也分为 5 个工作模态,状态与工作模态 1～5 类似,此处不再赘述。

从上述分析中可知,零电压开通是通过电感 L_r 与主开关的并联电容产生谐振实现的。为了实现零电压开通,滞后臂需要满足两个条件:一是在谐振阶段应保持能通过谐振使得主开关的谐振电容完全放电。二是驱动信号必须在主开关谐振电容电压下降为零之后给出,即上下桥臂的驱动信号死区时间应大于谐振电容的充放电时间。

实际上,在一个开关周期中,超前臂(VT_1 和 VT_3)的开关过程与滞后臂(VT_2 和 VT_4)的开关过程是有区别的。在超前臂开关管关断后形成的谐振电路中,给谐振电容充电的电感由变压器漏感 L_r 和折算到原边的输出滤波电感 n^2L_f 构成。由于 L_f 储能大,有足够的电能使得谐振电容完成充放电转换,因此超前臂比较容易满足实现零电压开通的条件。而在滞后臂关断后形成的谐振回路中,由于变压器副边两个整流二极管同时导通,变压器的副边被短路,谐振回路的谐振电感为变压器漏感 L_r,谐振时仅依靠变压器漏感释放储能给谐振电容充放电。为了保证谐振过程中谐振电容充放电的完成,关断时刻谐振电感 L_r 的储能应大于谐振电容的储能,即

$$\frac{1}{2}L_rI_2^2\geqslant(C_{r_2}+C_{r_4})U_{in}^2 \tag{8-24}$$

增大 L_r 或负载电流可使滞后臂更容易实现 ZVS。移相控制零电压开关全桥变换电路中,变压器一次侧电压的占空比和二次侧电压的占空比是不一样的,如图 8-6 所示。

由于谐振电感 L_r 的存在,变压器一次电流在正负间切换的时候需要一定时间即图 8-6 中的 $t_2\sim t_4$ 和 $t_7\sim t_9$ 两个阶段。在这两个阶段中,二次侧整流管换流,尽管变压器一次侧施加了电压 U_{AB},但由于此期间二次侧整流二极管 VD_5 和 VD_6 同时导通,二次绕组输出电压被钳为零,一次绕组亦被短路,出现了二次侧输出电压的占空比丢失。有效占空比 D_{eff} 为

$$D_{eff}=D-\Delta D \tag{8-25}$$

假定在一个开关周期中输出滤波电感很大,电感电流近似为恒定值 I_o,则丢失的占空比 ΔD 可近似表示为

$$\Delta D\approx\frac{4L_rf_sI_o}{nU_{in}} \tag{8-26}$$

由式(8-26)可知,在输入电压最低,负载电流最大时占空比丢失最严重。

8.1.4 有源钳位正激式变换电路

1. 电路原理图

有源钳位正激式变换电路是将钳位开关和钳位电容串联后，并联到主开关管或主变压器绕组两端，来实现开关管和钳位开关的零电压开关。VT_1为主开关管，VT_2为钳位开关管，C_c为钳位电容，L_m为激磁电感，L_r为变压器一次侧漏感（L_r远远小于L_m）。VD_a和VD_b为副边整流二极管，L_f和C_f为输出滤波器，主开关管VT_1和钳位二极管VT_2互补导通，通过调节VT_1的占空比的大小来实现输出电压的调整。有源钳位正激式变换电路原理图如图8-7所示，开关稳态工作过程中主要波形如图8-8所示。

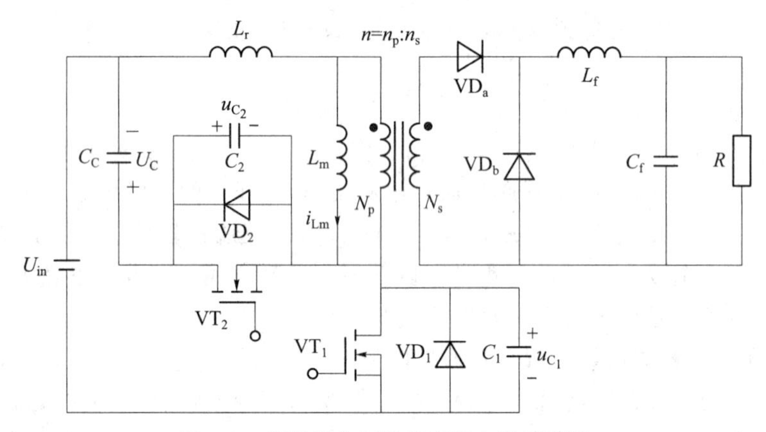

图8-7 有源钳位正激式变换电路原理图

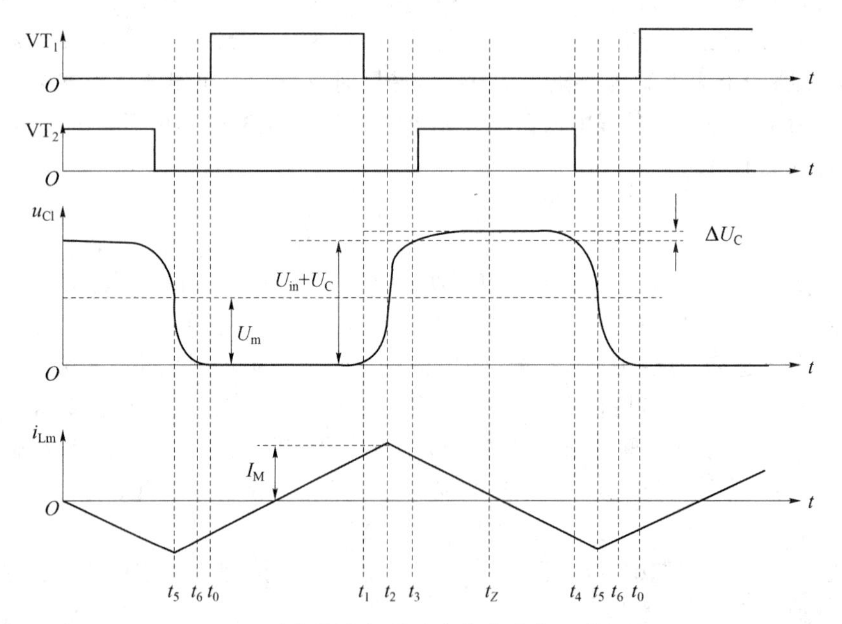

图8-8 有源钳位正激式变换电路主要波形图

2. 工作过程分析

在一个开关周期中，有源钳位正激式变换电路可以分为个 6 工作模态进行分析。

(1) 工作模态 1($t_0 \sim t_1$)。在 t_0时刻，主开关管 VT_1 开通，副边二极管 VD_a 导通，VD_b 关断，输入能量通过变压器和二极管 VD_a 传递到输出负载。在 U_{in}作用下，变压器正向激磁，激磁电流 i_{Lm}线性增长。

(2) 工作模态 2($t_1 \sim t_2$)。在 t_1时刻，主开关管 VT_1 关断，副边二极管 VD_a继续导通。激磁电感 L_m与电容 C_1、C_2 谐振，在折合至一次绕组的电流 I_o/n 和激磁电流 i_{Lm}的共同作用下，C_1 充电，C_2 放电，直至电容 C_1 两端电压上升至 U_{in}，本阶段结束。

(3) 工作模态 3($t_2 \sim t_3$)。在 t_2时刻，C_1 两端电压等 U_{in}，变压器一次侧电压为零，这时副边二极管 VD_a关断，续流二极管 VD_b 导通，变压器励磁电感 L_m继续与 C_1、C_2 谐振，i_{Lm}开始下降。直至 t_3时刻 C_1 两端电压上升到 $U_{in}+U_C$时，钳位二极管 VD_2 导通，为 VT_2 零电压开通创造了条件，本阶段结束。

为了实现开关管 VT_2 的零电压开通，开通之前结电容 C_2 两端的电压必须能够谐振到零，由此可以导出以下条件：

$$1-D \geqslant 2f_s\sqrt{L_m C_2} \tag{8-27}$$

式中，D 为 VT_1 的导通占空比，f_s为开关频率。

(4) 工作模态 4($t_3 \sim t_4$)。t_3时刻，VD_2 导通将开关管 VT_2 两端电压钳位至零，C_1 两端电压为 $U_{in}+U_C$，在此之后 VT_2 导通，即实现了零电压开通。本阶段激磁电流在 U_C电压的作用下继续线性下降，变压器进入磁复位过程，在 t_z时刻 i_{Lm}降为零，之后继续负增长，至 t_4时刻 VT_2 关断，本阶段结束。

(5) 工作模态 5($t_4 \sim t_5$)。在 t_4时刻之后，钳位开关管 VT_2 关断。于是励磁电感 L_m与 C_1、C_2 重新开始谐振，C_1 放电，C_2 充电，在 t_5时刻 C_1 两端电压下降至 U_{in}时，本阶段结束。

在 t_2时刻，激磁电流达到正峰值，而在本阶段结束的 t_5时刻，达到负峰值。忽略谐振过程在 t_2 至 t_5阶段可近似地将励磁电流的变化看作线性变化过程，斜率为 U_C/L_m。故可得激磁电流峰值 I_M为

$$I_M = \frac{(1-D)U_C}{2L_m f_s} \tag{8-28}$$

(6) 工作模态 6($t_5 \sim t_6$)。t_5时刻 C_1 两端电压下降至 U_{in}，变压器一次绕组电压上升过零，于是副边二极管 VD_b关断，VD_a导通。在折合至一次侧电流 I_o/n 和励磁电流 i_{Lm}继续给 C_1放电，C_2 充电。当 t_6时刻，C_1两端电压谐振过零时，本阶段结束。

t_6之后，VD_1 开始导通，为 VT_1 零电压开通创造了条件。之后开始重复下一个开关周期的工作。

为了使得开关管 VT_1 能实现零电压开通，励磁电感中存储的能量需要能够将结电容 C_1 两端的电压谐振到零，由此导出以下条件：

$$\sqrt{\frac{L_m}{C_1}}\left(\frac{nU_o}{2L_m f_s}-\frac{I_o}{n}\right) > U_{in} \tag{8-29}$$

从式(8-29)可以看出，励磁电感与开关频率的乘积越小，越容易满足零电压开通的条件。

从上述分析可知，忽略谐振过程，在 VT_1 导通期间，电感 L_f 的两端电压为 $U_{in}/n-U_o$，而在 VT_1 关断期间，L_f 的两端电压为 $-U_o$，根据伏秒平衡原理可以得到输入输出关系为

$$U_o=\frac{DU_{in}}{n} \tag{8-30}$$

同理，当 VT_1 导通时，激磁电感两端电压为 U_{in}，当开关管 VT_1 关断时，激磁电感两端电压为 $-U_C$，根据伏秒平衡原理可以得到如下关系：

$$U_C=\frac{DU_{in}}{1-D}=\frac{nU_o}{1-D} \tag{8-31}$$

前面讨论中，钳位电容 C_C 实际视为无穷大，其工作电压保持不变。实际上电容量有限，$t_3\sim t_z$ 时段 C_C 充电，$t_z\sim t_4$ 时段 C_C 放电，根据充放电的电荷平衡关系可以导出电容 C_C 上的电压纹波为

$$\Delta U_C=\frac{(1-D)^2U_C}{8L_mC_Cf_s^2} \tag{8-32}$$

工作过程中，主功率开关管 VT_1 的电流最大值为激磁电感电流的最大值 I_M 加上输出端折算到一次侧的电流 I_o/n，因此 VT_1 的电流最大值 $I_{VT_{1max}}$ 为

$$I_{VT_{1max}}=\frac{nU_o}{2L_mf_s}+\frac{I_o}{n} \tag{8-33}$$

而钳位开关管 VT_2 仅在变压器复位阶段导通，即只有激磁电流通过，所以 VT_2 的电流最大值 $I_{VT_{2max}}$ 为

$$I_{VT_{2max}}=\frac{nU_o}{2L_mf_s} \tag{8-34}$$

功率开关管 VT_1、VT_2 的电压最大值 $U_{d_{max}}$ 均为 $U_{in}+U_C$，即

$$U_{VT_{1max}}=U_{VT_{2max}}=U_{in}+U_C \tag{8-35}$$

有源钳位正激电路的主开关管 VT_1 和钳位开关管 VT_2 均在零电压下完成开关过程，减小了开关损耗，提高了整体效率；由于钳位电容的作用，降低了功率开关管上的电压应力；占空比 D 可以大于 0.5；变压器自动磁复位，无须另外加复位措施；励磁电流可以在正负两个方向上流通，使得磁芯工作于磁化曲线的第一及第三象限，提高了磁芯利用率。

8.2 变频调速系统

8.2.1 直流可逆电力拖动系统

直流电动机有 3 种调速方法，分别是改变电枢供电电压、改变励磁磁通和改变电枢回路电阻调速。对于要求在一定范围内无级平滑调速的系统来说，以调节电枢电压方式为最好，调节电枢电压方式是直流电动机调速系统的主要调速方式。直流调压、调速需要有专门的可控直流电源给直流电动机供电。随着电力电子的迅速发展，直流调速系统中的可控变流装置广泛采用晶闸管，将晶闸管的单向导电性与相位控制原理相结合，构成可控直流电源，

以实现电枢端电压的平沿调节。直流电动机具有良好的起、制动性能，宜于在大范围内实现平滑调速，在许多需要调速或快速正反向的电力拖动领域(如无轨机车、矿山井下窄轨机车、磨床、木工机械、服装制作、纺织、造纸印刷等)得到了广泛的应用。

1. 电路原理图

直流电动机负载除本身有电阻、电感外，还有一个反电动势 E，为了平稳负载电流的脉动，通常在电枢回路串联一个平波电抗器，保证整流电流在较大范围内连续。变流装置反并联可逆电路原理图如图 8-9 所示。图 8-9(a)为三相半波有环流接线原理图(环流是指只在两组变流器之间流动而不经过负载的电流)，图 8-9(b)为三相全控桥的无环流接线电路原理图。

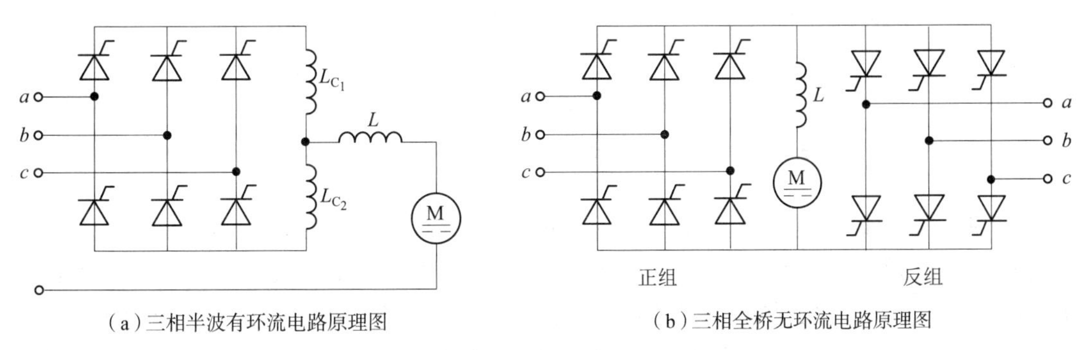

(a)三相半波有环流电路原理图　　(b)三相全桥无环流电路原理图

图 8-9　变流装置反并联可逆电路原理图

电动机正向运行时都是由一组变流器供电，反向运行时，则由两组变流器供电。根据对环流的不同处理方法，反并联可逆电路又可分为不同的控制方案，如配合控制有环流(即 $\alpha=\beta$ 工作制)、可控环流、逻辑控制无环流和错位控制无环流等。无论采用哪一种反并联供电电路，都可使电动机在 4 个象限内运行。如果在任何时间内，两组变流器中只有一组投入工作，则可根据电动机所需的运转状态来决定哪一组变流器工作及其相应的工作状态(整流或逆变)。

2. 工作过程分析

电动机四象限运行时两组变流器(简称正组桥、反组桥)的工作情况如图 8-10 所示。

第一象限：正转。电动机作电动运行，正组桥工作在整流状态，$\alpha_1<\pi/2$，$E_M<U_{d\alpha}$(下标中有 α 表示整流)。

第二象限：正转。电动机作发电运行，反组桥工作在逆变状态，$\beta_2<\pi/2(\alpha_2>\pi/2)$，$E_M>U_{d\beta}$(下标中有 β 表示逆变)。

第三象限：反转。电动机作电动运行，反组桥工作在整流状态，$\alpha_2<\pi/2$，$E_M<U_{d\alpha}$。

第四象限：反转。电动机作发电运行，正组桥工作在逆变状态，$\beta_1<\pi/2(\alpha_1>\pi/2)$，$E_M>U_{d\beta}$。

直流可逆拖动系统，除了能方便地实现正反向运转外，还能实现回馈制动，把电动机轴上的机械能(包括惯性能、位势能)变为电能回送到电网中去，此时电动机的电磁转矩变成制动转矩。电动机在第一象限正转，电动机从正组桥取得电能。如果需要反转，先应使电动机

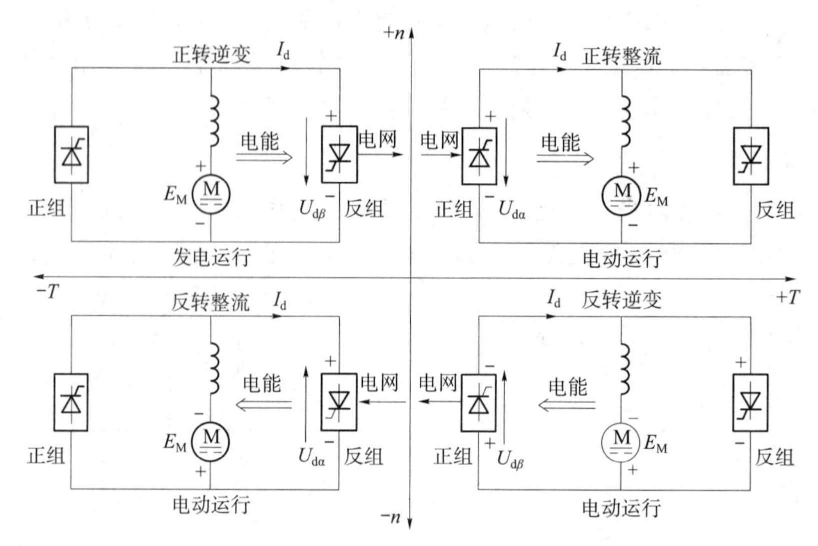

图 8-10 电动机四象限运行时两组变流器工作情况图

迅速制动,就必须改变电枢电流的方向,但对正组桥来说,电流不能反向,需要切换到反组桥工作,并要求反组桥在逆变状态下工作,保证 $U_{d\beta}$ 与 E_M 同极性相接,使得电动机的制动电流 $I_d=(E_M-U_{d\beta})/R_{\sum}$ 限制在容许范围内。此时电动机进入第二象限作正转发电运行,电磁转矩变成制动转矩,电动机轴上的机械能经反组桥逆变为交流电能回馈电网。改变反组桥的逆变角 β,就可改变电动机制动转矩。为了保持电动机在制动过程中有足够的转矩,一般应随着电动机转速的下降,不断地调节 β,使之由小变大直至 $\beta=\pi/2$ $(n=0)$,如继续增大 β,即 $\alpha<\pi/2$,反组桥将转入整流状态下工作,电动机开始反转进入第三象限的电动运行。以上就是电动机由正转到反转的全过程。同样,电动机从反转到正转,其过程则由第三象限经第四象限最终运行在第一象限上。

对于 $\alpha=\beta$ 配合控制的有环流可逆系统,当系统工作时,对正、反两组变流器同时输入触发脉冲,并严格保证 $\alpha=\beta$ 的配合控制关系,假设正组桥为整流,反组桥为逆变,即有 $\alpha_1=\beta_2$,$U_{d\alpha_1}=U_{d\beta_2}$,且极性相抵消,两组变流器之间没有直流环流。但两组变流器的输出电压瞬时值不等,会产生脉动环流。为防止环流只流经晶闸管而使电源短路,必须串入环流电抗器 L_C 限制环流。

工程上使用较广泛的逻辑无环流可逆系统不设置环流电抗器,如图 8-9(b)所示。这种无环流可逆系统采用的控制原则是:两组桥在任何时刻只有一组投入工作(另一组关断),所以在两组桥之间就不存在环流。但当两组桥之间需要切换时,不能简单地把原来工作着的一组桥的触发脉冲立即封锁,而同时把原来封锁着的另一组桥立即开通,因为已导通的晶闸管并不能在触发脉冲取消的那瞬间立即被关断,必须待晶闸管承受反压时才能关断。如果对两组桥的触发脉冲的封锁和开放是同时进行,原先导通的那组桥不能立即关断,而原先封锁的那组桥反而已经开通,出现两组桥同时导通的情况,因没有环流电抗器,将会产生很大的短路电流,把晶闸管烧毁。为此首先应使已导通桥的晶闸管断流,要妥当处理主回路内电感储存的电磁能量,使其以续流的形式释放,通过原工作桥本身处于逆变状态,把电感储存的一部分能量回馈给电网,其余部分消耗在电动机上,直到储存的能量释放完，主电路电流变为零，使原导通晶闸管恢复阻断能力。随后再开通原封锁桥的晶闸管，使其触发导通。这种无环流可逆系统中，变流器之间的切换过程是由逻辑单元控制的，称为逻辑控制无环流系统。

晶闸管变流器供电的直流可逆电力拖动系统，是本课程的后续课电力拖动自动控制一系统的重要内容，关于各种有环流和无环流的可逆调速系统，将在该课程中进步分析和讨论。

8.2.2　变频器交流调速系统

变频器是将固定电压、固定频率的交流电变换为电压可调、频率可调交流电的装置。其用途是用于驱动交流电动机进行连续平滑的变频调速。当风机、泵类负载采用变频调速后，节电率可达 20%～60% 。变频器的接线端子图如图 8-11 所示，通用变频器显示屏及键盘配置示意图如图 8-12 所示。变频器按主电路的变频原理可分为交-交变频器和交-直-交变频器两类。

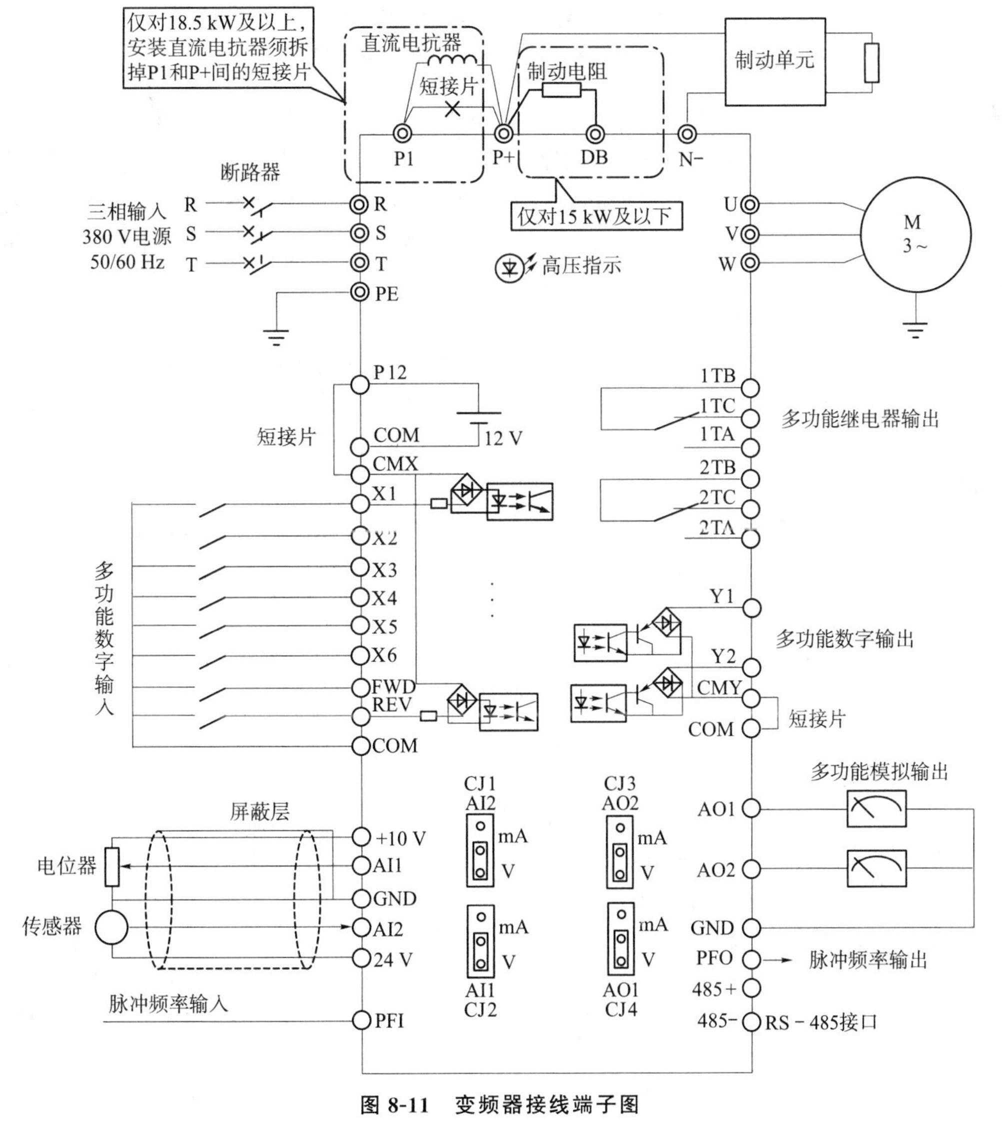

图 8-11　变频器接线端子图

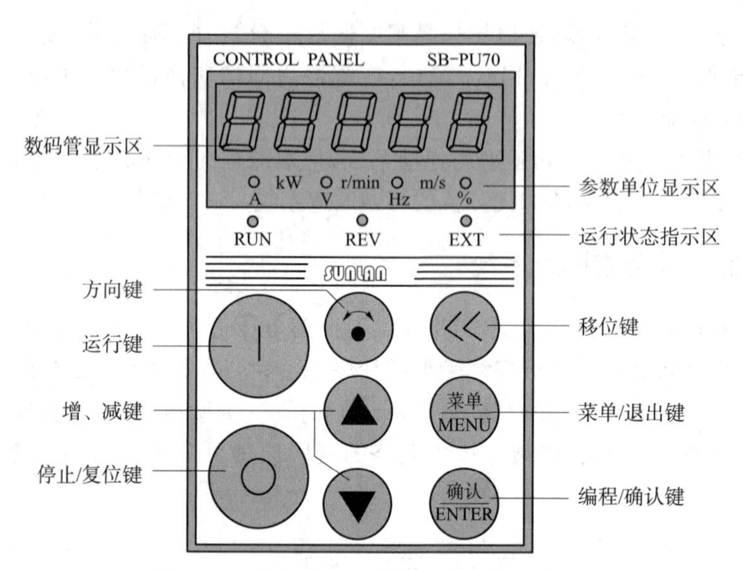

图 8-12 变频器显示屏及键盘配置示意图

交-交变频器只有一个变换环节，即把恒压恒频（CVCF）交流电源转换为变压变频（VVVF）电源，也称为直接变频器。采用晶闸管的交-交变频电路也称为周波变流器，属于相位控制方式。近年来出现了一种新颖的矩阵式变频电路，电路所用的开关器件是全控型的，控制方式不是相控方式而是斩控方式。交-交变频器因没有中间环节，能量转换效率较高，广泛应用于大功率的三相异步电动机和同步电动机的低速变频调速。但由于交-交变频输出频率低和功率因数低，使其应用受到限制。

交-直-交变频器又称为间接变频器，是先将工频交流电通过整流器变成直流电，再经逆变器将直流电变成频率和电压可调的交流电的变频器。交-直-交变频器根据直流环节的储能方式，又分为电压型和电流型两种，电压型变频器多用于不要求正反转或快速加减速的通用变频器中。

1. 交-交变频电路

1）单相输出交-交变频电路

（1）电路组成及基本工作原理

单相交-交变频器的电路原理图如图 8-13 所示。电路由 P（正）组和 N（负）组反并联的晶闸管变流电路构成，两组变流电路接在同一交流电源上，Z 为负载。两组变流器都是相控电路，P 组工作时，负载电流自上而下，设为正向，N 组工作时，负载电流自下而上，设为负向。让两组变流器按一定的频率交替工作，负载就得到该频率的交流电。

改变两组变流器的切换频率，就可以改变输出到负载上的交流电频率，改变交流电路工作时的控制角 α，就可以改变交流输出电压的幅值。当控制角 α 固定不变时，则输出电压波形为方波，单相交-交变频电路输出电压波形图如图 8-14 所示。

为了使输出电压的波形接近正弦波，可以按正弦规律对控制角 α 进行凋制，可得如图 8-15 所示的波形。调制方法是，在半个周期内让 P 组变流器的拧制角 α 按正弦规律从 90°逐渐减小到 0°或某个值，然后再逐渐增大到 90°。这样每个控制区间内的平均输出电压就按正弦规律从零逐渐增至最高，再逐渐减低到零，如图 8-15 中虚线所示。另外半个周期可对变流器 N 组进行同样的控制。

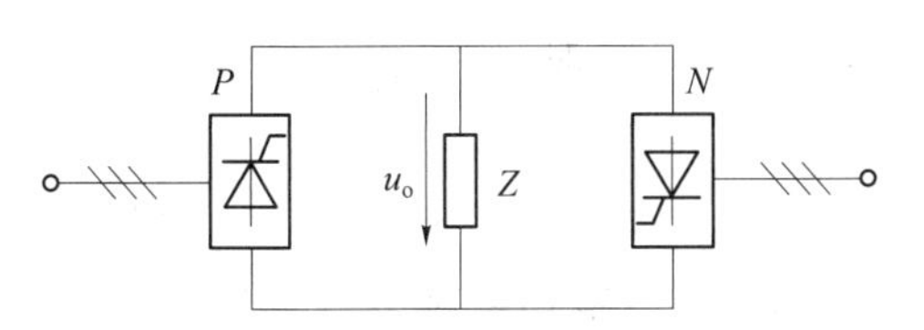

图 8-13　单相交-交变频电路原理图

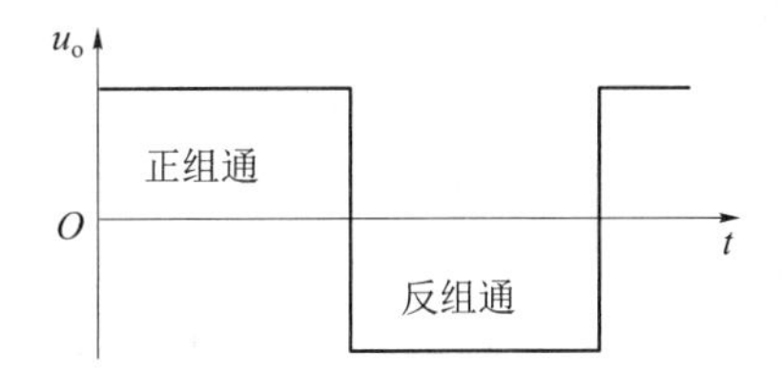

图 8-14　单相交-交变频电路输出电压波形图（α 固定）

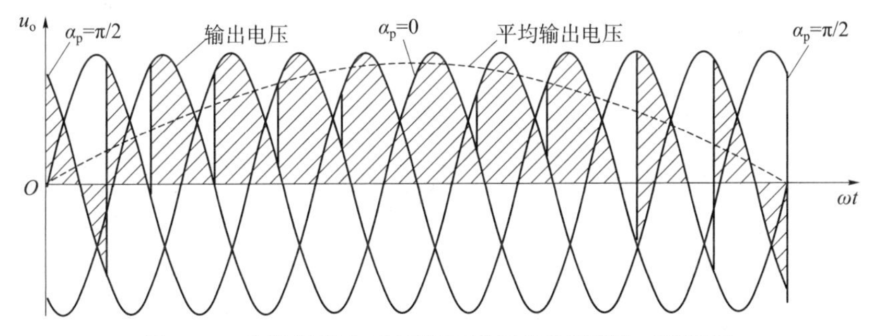

图 8-15　单相相控交-交变频电路输出波形图（α 不固定）

图 8-15 所示波形是变流器的 P 组和 N 组都是三相半波相控电路时的波形。可以看出，输出电压 u_o 的波形并不是平滑的正弦波，而是由若干段电源电压拼接而成。在输出交流电压的一个周期内，所包含的电源电压段数越多，其波形就越接近正弦波，因此，实际应用的变流电路通常采用 6 脉波的三相桥式电路或 12 脉波的变流电路。

对于三相负载，其他两相也各用一套反并联的可逆电路，输出平均电压相位依次相差 120°，这样，如果每个整流电路都用桥式，共需 36 个晶闸管。因此，交-交变频器虽然在结构上只有一个变换环节，但所用的器件多，总设备投资大。另外，交-交变频器的最大输出频率为 30 Hz，其应用受到限制。

（2）阻感性负载时的相控调制

交-交变频电路的负载可以是电阻性、阻感性、阻容性负载或电动机负载，下面以阻感性负载为例来说明电路的整流工作状态与逆变工作状态，交流电动机负载属于阻感性负载，因此下面的分析完全适用于交流电动机负载。

如果把交-交变频电路理想化，忽略变流电路换相时输出电压的脉动分量，就可以把电路等效为正弦波交流电源和二极管的串联形式，理想化交-交变频电路原理图如图 8-16 所示。其中交流电源表示变流电路可输出交流正弦电压，二极管体现了变流电路只允许电流单方向流过。假设负载阻抗角为 φ，即输出电流滞后输出电压 φ 角。另外，两组变流电路在工作时采取无环流工作方式，即一组变流电路工作时，封锁另一组变流电路的触发脉冲。

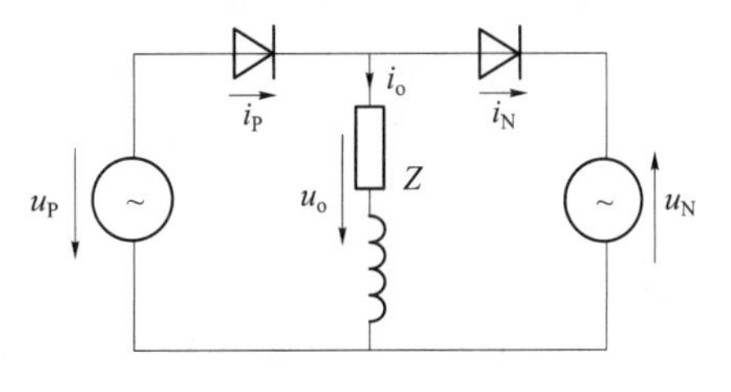

图 8-16　理想化交-交变频电路原理图

一个周期内负载电压、电流波形及正负两组变流电路的电压、电流波形如图 8-17 所示。由于变流电路的单向导电性，在 $t_1 \sim t_3$ 时段的负载电流正半周，只能是正组变流电路工作，负组电路被封锁。在 $t_1 \sim t_2$ 时段，输出电压和电流均为正，故正组变流电路工作在整流状态，输出功率为正。在 $t_2 \sim t_3$ 时段，输出电压已反向，但输出电流仍为正，正组变流电路工作在逆变状态，输出功率为负。在 $t_3 \sim t_5$ 时段，负载电流负半周，负组变流电路工作，正组电路被封锁。其中在 $t_3 \sim t_4$ 时段，输出电压和电流均为负，负组变流电路工作在整流状态，输出功率为正。在 $t_4 \sim t_5$ 时段，输出电流为负而电压仍为正，负组变流电路工作在逆变状态，输出功率为负。

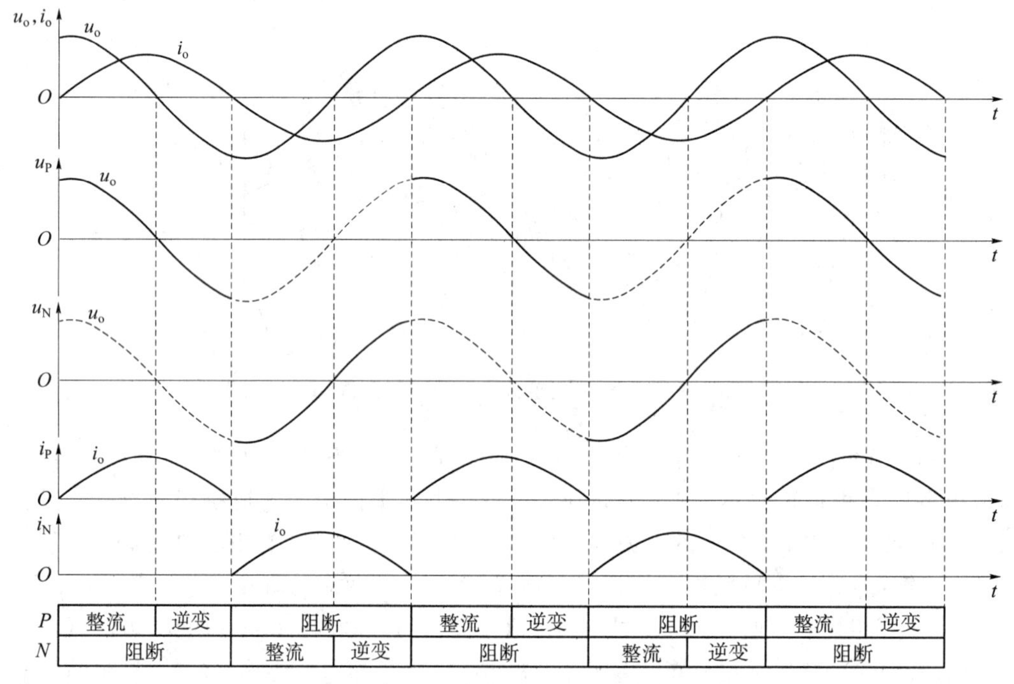

图 8-17 理想化交-交变频电路输出电流、电压波形图

由此可见，在感阻负载情况下，在一个输出电压周期内，交-交变频电路有 4 种工作状态，哪组变流电路工作是由输出电流的方向决定的，与输出电压极性无关。变流电路工作在整流状态还是逆变状态，则是由输出电压方向与电流方向是否相同决定的。

实际单相交-交变频电路输出电压和电流的波形图如图 8-17 所示。如果考虑到无环流工作方式下负载电流过零的死区时间，一周期的波形可分为 6 段。第 1 段 $i_o<0, u_o>0$，为负组逆变；第 2 段电流为零，为无环流死区；第 3 段 $i_o>0, u_o>0$，为正组整流；第 4 段 $i_o>0$，$u_o<0$，为正组逆变；第 5 段又为无环流死区；第 6 段 $i_o<0, u_o<0$，为负组整流。

在输出电压和电流的相位差小于 90°时，一周期内电网向负载提供能量的平均值为正，电动机工作在电动状态；当二者相位差大于 90°时，一周期内电网向负载提供能量的平均值为负，即电网吸收能量，电动机工作在发电状态。

(3) 输出上限频率

因交-交变频电路的输出电压是由许多段电网电压拼接而成的，因此输出电压在一个周期内拼接的电网电压段数越多，就可使输出电压越接近正弦波。每段电网电压的平均持续时间是由变流电路的脉波数决定的，因此在输出频率增高时，输出电压一周期所含电网电压的段数就减少，波形畸变就严重。电压波形畸变以及由此产生的电流波形畸变和转矩脉动是限制输出频率提高的主要因素。构成交-交变频电路的两组变流电路的脉波数越多，输出上限频率就越高。就常用的 6 脉波三相桥式电路而言，一般认为，输出上限频率不高于电网频率的 1/3～1/2，电网频率为 50 Hz 时，交-交变频电路的输出上限频率约为 20 Hz。

(4) 输入功率因数

交-交变频电路采用的是相位控制方式，因此其输入电流的相位总是滞后于输入电压，需要电网提供无功功率。从图 8-15 可以看出，在输出电压的一个周期内，α 角是以 90°为中心而前后变化的。输出电压比越小，半周期内 α 的平均值越靠近 90°位移因数越低。另外，负载的功率因数越低，输入功率因数也越低。而且不论负载功率因数是滞后还是超前，输入的无功电流总是滞后的。由上述分析可知，交-交变频器具有以下特点：一是因为是直接变换，没有中间环节，所以比一般的变频器效率要高；二是由于其交流输出电压是直接由交流输入电压波的某些部分包络所构成，因而其输出频率比输入交流电源的频率低得多，输出波形较好；三是由于交流变频器按电网电压过零自然换相，故可采用普通晶闸管；四是因受电网频率限制，通常输出电压的频率较低，为电网频率的 1/3 左右；五是功率因数较低，特别是在低速运行时更低，需要适当补偿。

鉴于以上特点，交-交变频器特别适合于大容量的低速传动，在轧钢、水泥、牵引等方面应用广泛。

2) 三相输出交-交变频电路

三相输出交-交变频电路主要应用于大功率交流电机调速系统，三相输出交-交变频电路是由三组输出电压相位各差 120°的单相交-交变频电路组成的，所以其控制原理与单相交-交变频电路相同。

(1) 公共交流母线进线方式

公共交流母线进线方式的三相交-交变频电路原理图如图 8-18 所示。由三组彼此独立的、输出电压相位相互错开 120°的单相交-交变频电路构成，它们的电源进线接在公共的交流母线上，因为电源进线端公用，所以三单相交-交变频电路的输出端必须隔离。为此需将交流电动机的 3 个绕组的首、尾端都引出，共 6 根线。这种电路上要用于中等容量的交流调速系统。

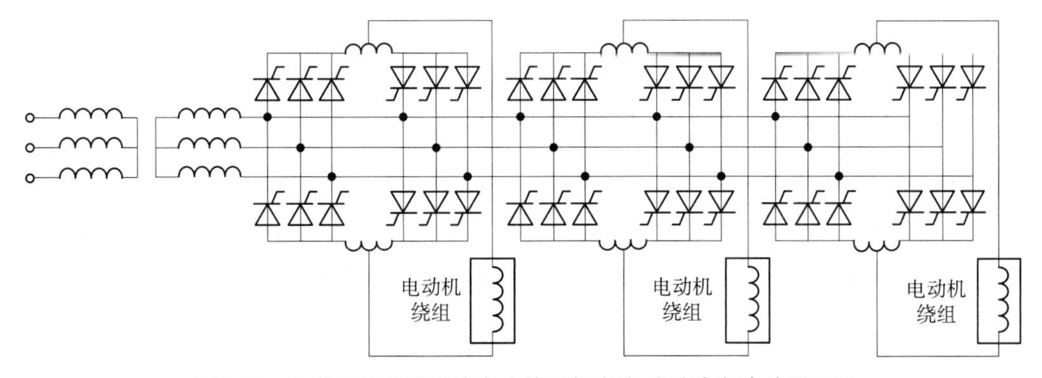

图 8-18　公共交流母线进线方式的三相交流-交流变频电路原理图

（2）输出星形联结方式

输出星形联结方式的三相交-交变频电路原理图如图 8-19 所示。三组单相交-交变频电路的输出端星形联结，电动机的 3 个绕组也是星形联结，电动机的中性点和变频器的中性点接在一起，电动机要引出 6 根线。因为三组单相交-交变频电路的输出端连接在一起，所以其电源进线必须隔离，因此 3 组单相交-交变频电路分别用 3 个变压器供电。

若电动机的中性点不和变频器的中性点接在一起，电动机只引出 3 根线即可。由于变频器输出端中性点不和负载中性点相连接，所以在构成三相变频电路的 6 组桥式电路中，至少要有不同输出相的两组桥中的 4 个晶闸管同时导通才能构成回路，形成电流。和整流电路一样，同一组桥内的两个晶闸管靠双触发脉冲保证同时导通。而两组桥之间则是靠各自的触发脉冲有足够的宽度，以保证同时导通。

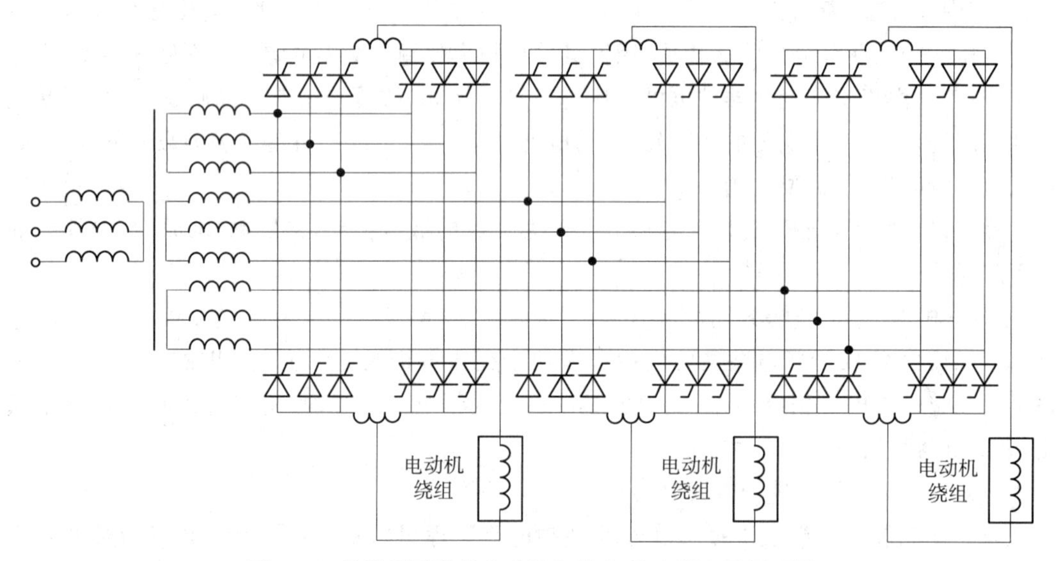

图 8-19　输出星形联结方式的三相交-交变频电路原理图

交-交变频电路的优点是：只用一次变流，效率较高；可方便地使电动机实现四象限工作；低频输出波形接近正弦波。缺点是：接线复杂，如采用三相桥式电路的三相交-交变频电路至少要用 36 个晶闸管；受电网频率和变流电路脉波数的限制，输出频率较低；输入功率因数较低；输入电流谐波含量大，频谱复杂。

由于以上优缺点，交-交变频电路主要用于 1 000 kW 以下的大容量、低转速的交流调速电路中，既可用于异步电动机传动，也可用于同步电动机传动。

2. 交-直-交变频电路

现在使用的变频器绝大多数为交-直-交变频器，交-直-交变频器的主电路由整流电路、中间电路和逆变电路三部分组成。交-直-交变频器的主电路结构框图如图 8-20 所示。整流电路和逆变电路的结构及工作原理在第 4 章和第 5 章进行了详细的分析，在此不再赘述，本节主要对中间电路进行分析。变频器的中间电路主要由滤波电路和制动电路等组成。

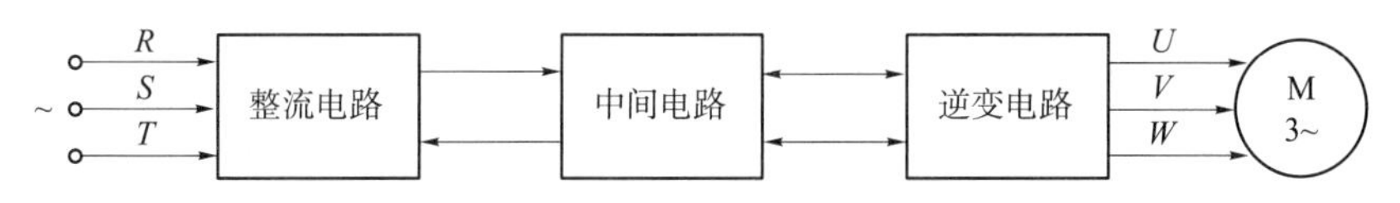

图 8-20 交-直-交变频器的主电路框图

1）滤波电路

虽然利用整流电路可以从电网的交流电源得到直流电压或直流电流，但这种电压或电流含有频率为电源频率 6 倍的纹波。如果将其直接供给逆变电路，逆变后的交流电压、电流纹波很大，因此，必须对整流电路的输出进行滤波，以减少电压或电流的波动，这种电路称为滤波电路。

（1）电容滤波

通常用大容量电容对整流电路输出电压进行滤波。由于电容量比较大，一般采用电解电容。为了得到所需的耐压值和容量，往往需要根据变频器容量的要求，将电容进行串、并联使用。

二极管整流器在电源接通时，电容中将流过较大的充电电流（亦称浪涌电流），有可能烧坏二极管，故必须采取相应措施抑制浪涌电流。几种抑制浪涌电流方式的电路原理图如图 8-21 所示。

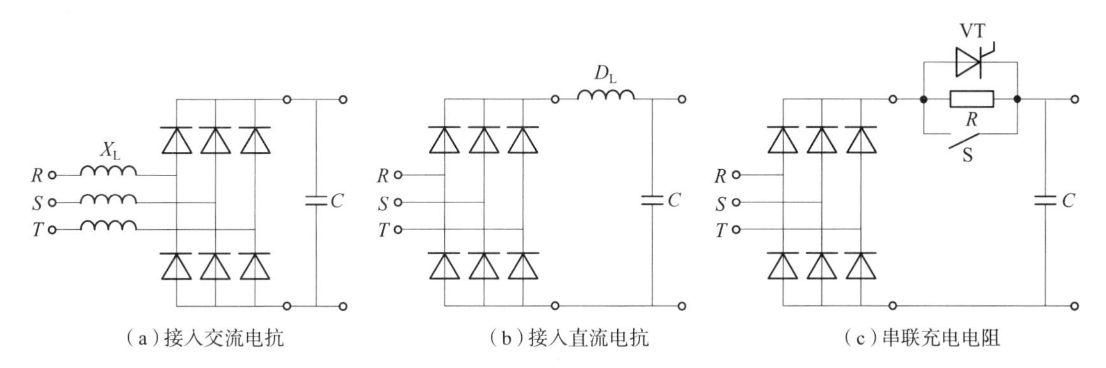

图 8-21 抑制浪涌电流方式的电路原理图

整流电压采用大电容滤波后再送给逆变器，可使加于负载上的电压值不受负载变动的影响，基本保持恒定。该变频器电源类似于电压源，因而称为电压型变频器。电压型变频器主电路原理图如图 8-22 所示。

电压型变频器逆变电压波形为方波，而电流的波形经电动机绕组（感性负载）滤波后接近于正弦波，电压型变频器输出的电压和电流波形如第 5 章图 5-11 所示。

（2）电感滤波

采用大容量电感对整流电路输出电流进行滤波，称为电感滤波。由于经电感滤波后加于逆变器的电流值稳定不变，所以输出电流基本不受负载的影响，电源外特性类似电流源，因而称为电流型变频器。电流型变频器电路原理图如图 8-23 所示。

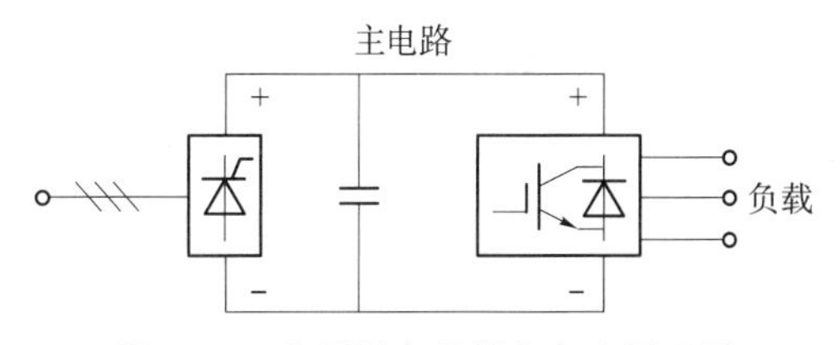

图 8-22 电压型变频器主电路原理图

电流型变频器逆变电流波形为方波，而电压的波形经电动机绕组（感性负载）滤波后接近于正弦波。电流型变频器输出电压、电流波形如图 8-24 所示。

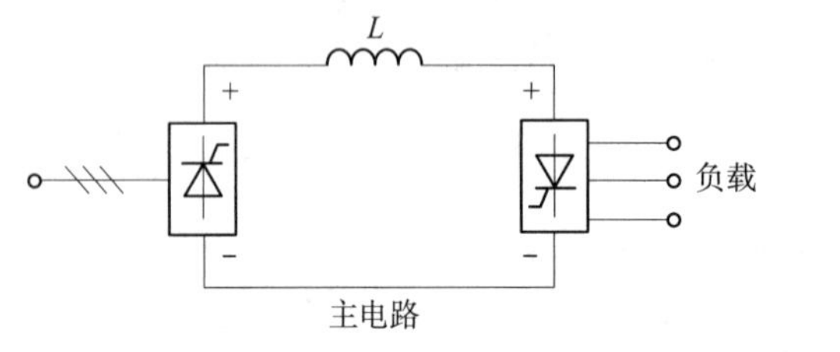

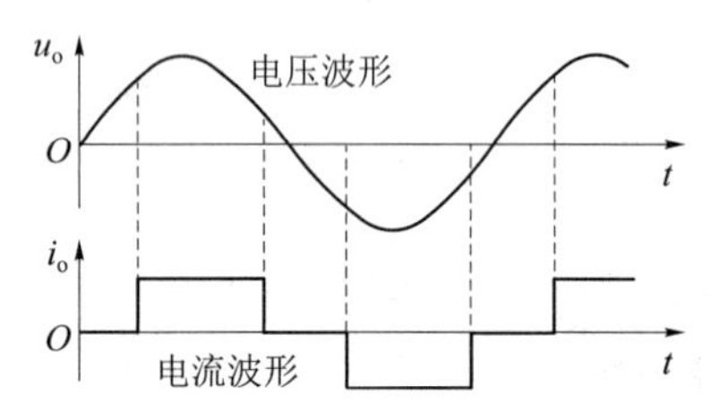

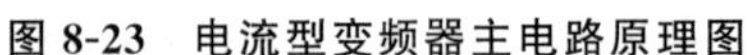

图 8-23　电流型变频器主电路原理图　　**图 8-24　电流型变频器输出电压、电流波形图**

2）制动电路

利用设置在直流回路中的制动电阻，吸收电动机再生电能的方式称为动力制动或再生制动。制动电路由制动电阻或动力制动单元构成，制动电路原理图如图 8-25 所示。制动电路介于整流器和逆变器之间，图中的制动单元包括晶体管 VT_B、二极管 VD_B 和制动电阻 R_B。如果回馈能量较大或要求强制动，还可选择在 H、G 两点上外接制动电阻 R_{EB}。

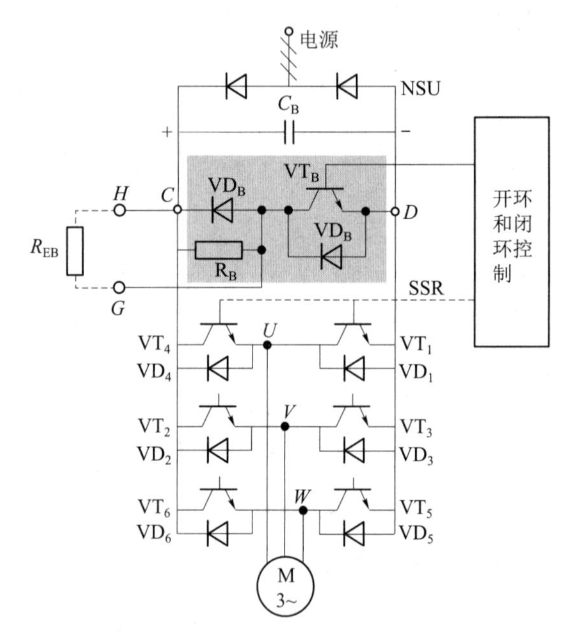

图 8-25　制动电路原理图

电动机制动时，机械能转为电能，电动机工作在发电状态，回馈电流通过 $VD_1 \sim VD_6$ 给电容 C_B 充电。如 $U > V$，则 VD_1、VD_4 导通。当电容两端电压升到一定程度时，控制系统控制 V_B 导通，电容通过 R_B 和 V_B 放电，电阻 R_B 发热消耗能量，电容两端电压降低，使电动机制动。制动电阻一般设置在变频器柜外，动力制动单元或制动电阻是选购件，在订货时均需向厂家特别说明。

8.3 电源系统

8.3.1 不间断电源

1. UPS定义及功用

不间断电源(UPS)是当交流输入电源(习惯称为市电)发生异常或断电时,还能继续向负载供电,并能保证供电质量,使负载供电不受影响的装置。广义地说,UPS包括输出为直流和输出为交流两种情况,目前通常是指输出为交流的情况。UPS是恒压恒频(CVCF)电源中的主要产品之一。UPS广泛应用于各种对交流供电可靠性和供电质量要求高的场合。例如用于银行、证券交易所的计算机系统,Internet中的服务器、路由器等关键设备,各种医疗设备,办公自动化设备(OA),工厂自动化(FA)机器等。

UPS基本结构原理图如图8-26所示。当市电正常时,市电经整流器整流为直流给蓄电池充电,可保证蓄电池的电量充足。一旦市电异常乃至停电,即由蓄电池向逆变器供电,蓄电池的直流电经逆变器变换为恒频恒压交流电继续向负载供电,因此从负载侧看,供电不受市电停电的影响。在市电正常时,负载也可以由逆变器供电,此时负载得到的交流电压比市电电压质量高,即使市电发生质量问题(如电压波动、频率波动、波形畸变和瞬时停电等)时,也能获得正常的恒压恒频的正弦波交流输出,并且具有稳压、稳频的性能,因此,UPS也称为稳压稳频电源。

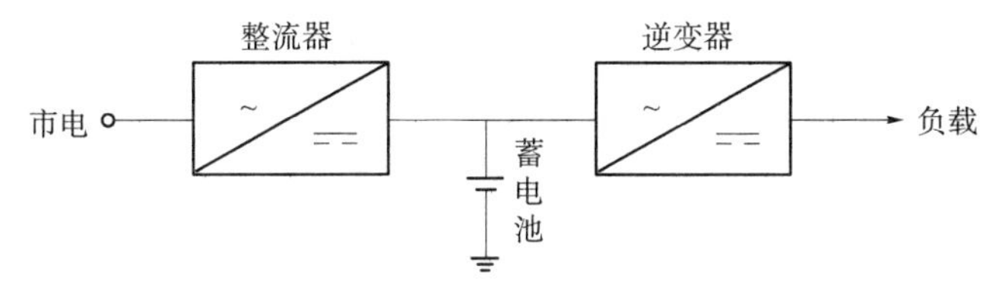

图8-26　UPS基本结构原理图

2. 常见UPS及其结构

(1) 具有旁路开关的UPS

为保证市电异常或逆变器故障时负载供电的切换,实际的UPS产品中多数都设置了旁路开关,具有旁路开关的UPS系统结构框图如图8-27所示。市电与逆变器提供的CVCF电源由转换开关S切换,若逆变器发生故障,可由开关自动切换为市电旁路电源供电。只有市电和逆变器同时发生故障时,负载供电才会中断。需注意的是,在市电旁路电源与CVCF电源之间切换时,必须保证两个电压的相位一致,通常采用锁相同步的方法。

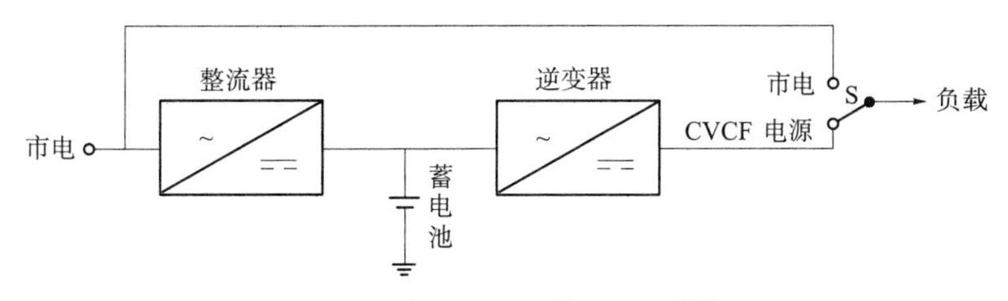

图8-27　具有旁路开关的UPS结构框图

(2) 具有后备电源的 UPS

在市电断电时由于由蓄电池提供电能,供电时间取决于蓄电池容量的大小,有很大的局限性。为了保证长时间不间断供电,可采用柴油发电机(简称油机)作为后备电源,用柴油发电机作为后备电源的 UPS 系统结构框图如图 8-28 所示。一旦市电停电,则在蓄电池投入工作之后,即起动油机,由油机代替市电向整流器供电。市电恢复正常后,再重新由市电供电。蓄电池只需作为市电与油机之间的过渡,因此,蓄电池的容量可以小一些。UPS 还可有很多其他的构成方式,在此不再赘述。

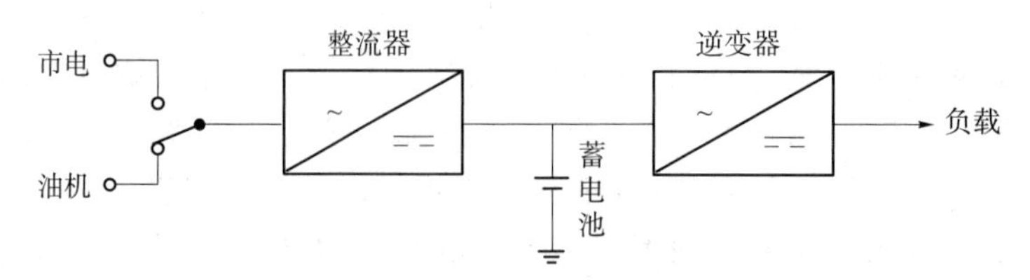

图 8-28　具有后备电源的 UPS 结构框图

3. UPS 的主电路结构

(1) 小容量 UPS 主电路结构

小容量 UPS 主电路结构框图如图 8-29 所示。整流部分使用二极管整流器和直流斩波器,可获得较高的交流输入功率因数。与此同时,由于逆变器部分使用 IGBT 并采用 PWM 控制,可获得良好的控制性能。

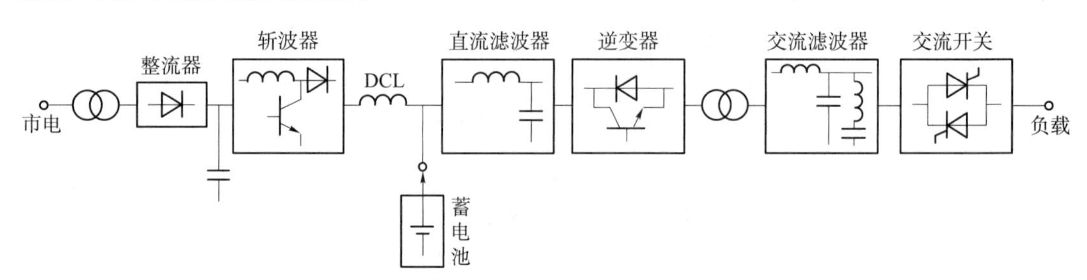

图 8-29　小容量 UPS 主电路结构框图

(2) 大容量 UPS 主电路结构

使用 GTO 大容量 UPS 主电路结构框图如图 8-30 所示。逆变器部分采用 PWM 控制,具有调节电压的功能,同时具有改善波形的功能。为减小 GTO 的开关损耗,采用较低的开

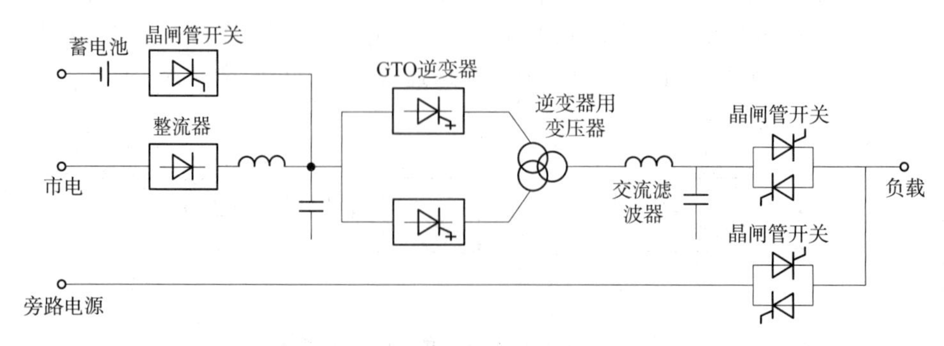

图 8-30　大容量 UPS 主电路结构框图

关频率。为了减少输出电压中所含的低次谐波，逆变器的 PWM 控制采取消除 3 次谐波的方式，而且将电角度相差 30°的两台逆变器用多绕组输出变压器合成，消除了 5 次、7 次谐波，此时输出电压中所含的最低次谐波为 11 次，从而使交流滤波器小型化。

8.3.2　直流稳压电源

1. 直流稳压电源定义及功用

在各种电子设备中，需要多路不同电压供电，如数字电路需要 5 V、3.3 V、2.5 V 等，模拟电路需要±12 V、±15 V 等，这就需要专门设计电源装置来提供这些电压。当交流供电电压或输出负载电阻变化时，电源输出电压都能保持稳定。这种能够提供稳压精度直流电，且能够提供足够大电流的直流电源装置，称为直流稳压电源或直流稳压器。

直流稳压电源参数包括电压稳定度、纹波系数和响应速度等。电压稳定度表示输入电压的变化对输出电压的影响；纹波系数表示在额定工作情况下，输出电压中交流分量的大小；响应速度表示输入电压或负载急剧变化时，电压回到正常值所需时间。

2. 直流稳压电源分类

1）交流输入电源

交流输入的直流稳压电源分线性稳压电源与开关稳压电源两类。

（1）线性稳压电源

先用工频变压器降压，然后经过整流滤波后，由线性调压得到稳定的输出电压。这种电源称为线性电源。线性电源基本电路原理图如图 8-31 所示。

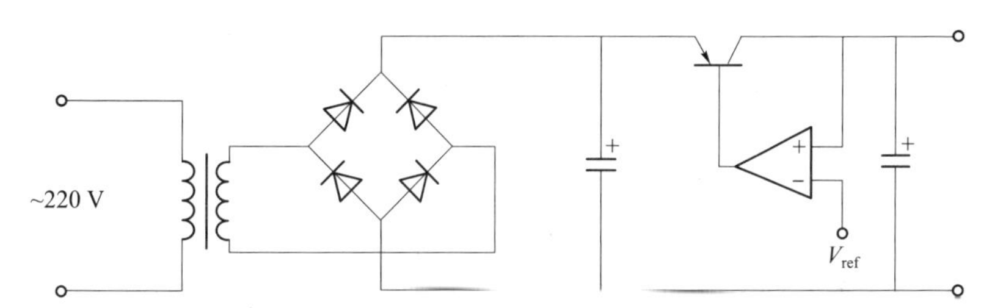

图 8-31　线性电源基本电路原理图

（2）开关稳压电源

采用先整流滤波、后经高频逆变得到高频交流电压，然后由高频变压器降压、再整流滤波，这种采用高频开关方式进行电能变换的电源称为开关电源。半桥型开关电源基本电路原理图如图 8-32 所示。

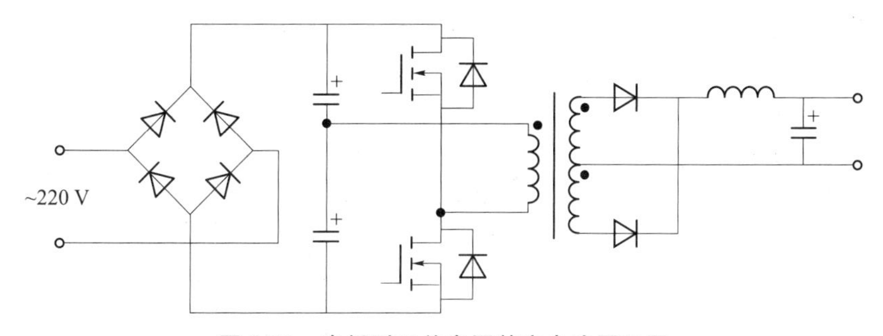

图 8-32　半桥型开关电源基本电路原理图

整流电路普遍采用二极管构成的桥式电路，直流侧采用大电容滤波，该电路结构简单、工作可靠、成本低，效率也比较高，但存在输入电流谐波含量大、功率因数低的问题，因此较为先进的开关电源采用有源的功率因数校正(PFC)电路。

随着微电子技术的不断发展，电子设备的体积不断减小，与之相适应，开关电源的体积和重掀也不断减小，提高开关频率并保持较高的效率是主要的途径。为了达到这一目的，高性能开关电源中普遍采用了软开关技术，其中移相全桥电路就是开关电源中常用的一种软开关拓扑结构。

2) 直流输入电源

除了交流输入之外，很多开关电源的输入为直流，来自电池或者另一个开关电源的输出，这样的开关电源被称为直流-直流变换器(DC-DC)。详见第 3 章直流-直流变换电路。

有的直流-直流变换器为一整块电路板上很多电路元件供电，而有的只为一个专门元件供电，这个元件通常是一个大规模集成电路的芯片，这样的直流-直流变换器称为负载点稳压器(POL)。计算机主板给 CPU 和存储器供电的电源都是典型的 POL。

非隔离的直流-直流变换器，尤其是 POL 的输出电压往往较低，如给计算机 CPU 供电的 POL，电压仅仅为 1 V 左右，但电流却很大。为了提高效率，经常采用同步 Buck 电路。同步 Buck 电路的二极管采用 MOSFET，利用其低导通电阻的特点来降低电路中的通态损耗，其原理类似同步整流电路。同步 Buck 电路原理图如图 8-33 所示。电路与此相似的还有同步 Boost 电路，同步 Boost 电路原理图如图 8-34 所示。

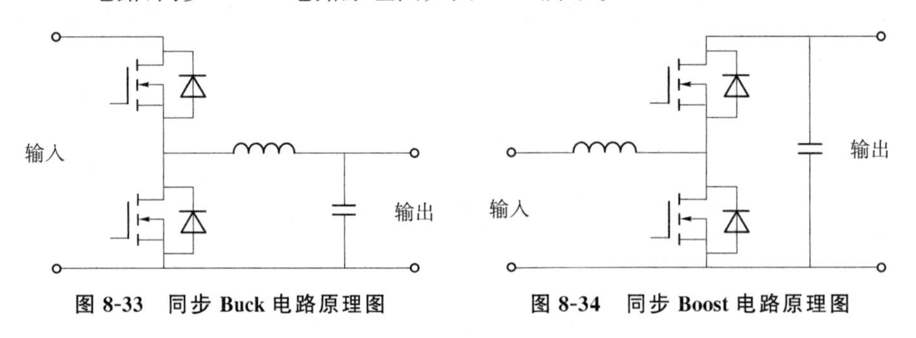

图 8-33　同步 Buck 电路原理图　　　　**图 8-34　同步 Boost 电路原理图**

8.3.3　焊机电源

电焊机是用电能产生热量加热金属而实现焊接的电气设备。按照焊接加热原理的不同分为电弧焊机和电阻焊机两大类型。电弧焊机是通过产生电弧使金属融化而实现焊接。电阻焊 机是使焊接金属通过大电流，利用工件表面接触电阻产生发热而融化实现焊接。目前，采用间接直流变换结构的各种直流焊接电源由于其优良的特性而得到了广泛的应用，这种焊接电源中由于存在高频逆变环节，又常被称为逆变焊接电源。弧焊电源的基本结构框图如图 8-35 所示。

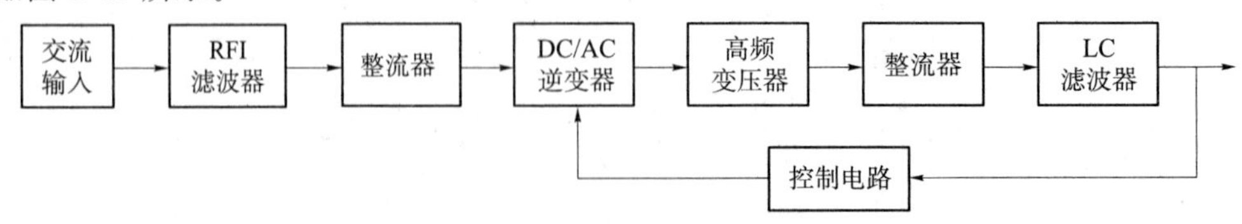

图 8-35　弧焊电源的基本结构框图

弧焊电源的结构和基本工作原理与开关电源基本相同，工频市电电压首先经过射频干扰（RFI）滤波器滤波后被整流为直流，再经 DC-AC 逆变器变换为高频交流电，经变压器降压隔离后再经过整流和滤波得到平滑的直流电。逆变电路使用的开关器件通常为全控型电力半导体器件，开关频率一般为几千赫至几十千赫，电路结构为半桥、全桥等形式。弧焊电源的输出电压一般只有几十伏，因此输出整流电路通常采用全波电路以降低电路的损耗。

弧焊电源的控制电路将检测电源的输出电压及电流，调整逆变电路开关器件的工作状态实现所需的控制特性。

这种采用间接直流变换结构的焊接电源与传统的基于电磁元件的电源相比，由于采用了高频的中间交流环节，大大降低了电源的体积和重量，同时提高了电源效率和输入功率因数，输出控制性能也得到改善。

8.4　静止无功补偿装置

在电力系统中，电压是衡量电能质量的一个重要指标。为了满足电力系统的正常运行和用电设备对使用电压的要求，供电电压必须稳定在一定的范围内，电压控制的主要方法之一就是对电力系统的无功功率进行控制。用于电力系统无功控制的装置有同步发电机、同步调相机、并联电容器和静止无功补偿装置等，其中静止无功补偿装置是一种新型无功补偿装置，近年来得到不断发展。

8.4.1　静止无功补偿装置作用及分类

静止无功补偿装置（SVC）由电力电子器件与储能元件构成，其作用是能快速调节容性和感性无功功率，实现动态补偿，常用于防止电网中部分冲击性负荷引起的电压波动干扰、重负荷突然投切造成的无功功率强烈变化。

根据所采用的电力电子器件不同，静止无功补偿装置主要分为以下两种类型：一类是采用晶闸管开关的静止无功补偿装置，主要包括晶闸管控制电抗器（TCR）和晶闸管投切电容器（TSC）及两者的混合装置（TCR＋TSC）。另一类是采用自换相变流器的静止无功补偿装置，称为静止无功发生器（SVG）。采用 PWM 开关型的无功发生器，又称为高级静止无功补偿装置（ASVC），也可称为静止同步补偿装置（STATCOM）。

8.4.2　静止无功补偿装置工作原理

1. 晶闸管控制电抗器（TCR）

晶闸管控制电抗器的基本原理如图 8-36(a)所示。其单相基本结构是 2 个反并联的晶闸管与 1 个电抗器串联，这样的电路并联到电网上，就相当于电感负载的交流调压电路结构。其工作原理、电路中电压、电流波形与交流调压电路完全相同。

电感电流的基波分量为无功电流，晶闸管触发角 α 的有效移相范围为 $90°\sim180°$。当 $\alpha=90°$时，晶闸管完全导通，即导通角为 180°，与晶闸管串联的电感相当于直接接到电网上这时其吸收的基波电流和无功电流最大。当触发角 α 在 $90°\sim180°$之间变化时，晶闸管导通角小于 180°，触发角越大，晶闸管的导通角就越小。增大触发角就是减小电感电流的基波分量,减少其吸收的无功功率。因此,整个 TCR 就像一个连续可调的电感,可以快速、平滑调节其吸收的感性无功功率。

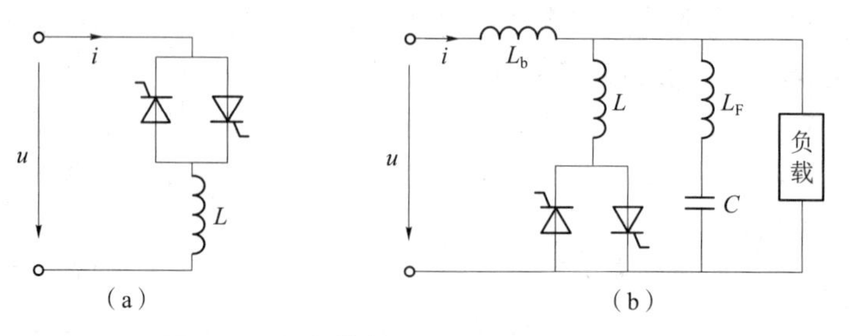

图 8-36 晶闸管控制电抗器的基本原理图

在电力系统中,可能需要感性无功功率,也可能需要容性无功功率。为了满足电力系统需要,在实际应用时,可以在 TCR 的两端并联固定电容器组。如图 8-36(b)所示,这样便可以使整个装置的补偿范围扩大,既可以吸收感性无功功率,也可以吸收容性无功功率。另外,补偿装置的电容 C 串接电抗器 L_F 又构成滤波器,可以吸收 TCR 工作时产生的谐波。对于三相 TCR,为了避免 3 次谐波进入电网,一般采用三角形连接。

2. 晶闸管投切电容器(TSC)

晶闸管投切电容器由双向静态开关与电容器串联组成,双向静态开关可由 2 个反并联的晶闸管构成。TSC 单相结构如图 8-37 所示。工作时,TSC 与电网并联,当控制电路检测到电网需要无功补偿时,触发晶闸管静态开关使之导通,将电容器接入电网,进行无功补偿。当电网不需要无功补偿时,关断晶闸管静态开关,从而切断电容器与电网的连接。因此,TSC 实际上就是断续可调的吸收容性无功功率的动态无功补偿装置。

根据电容器的特性,当加在电容上的电压有阶跃变化时,将产生冲击电流。TSC 投入电容器时,如果电源电压与电容器的充电电压不相等,则产生很大的冲击电流。因此,TSC 电容投入的时刻必须是电源电压与电容器预充电电压相等的时刻。为了抑制电容器投入时可能造成的冲击电流,一般在 TSC 电路中串联电感 L。

在工程实际中,电容器通常分组,每组均可由晶闸管投切,如 1,2,4 组合,组合成的电容值有 0～7 级,分组投切 TSC 结构如图 8-38 所示。

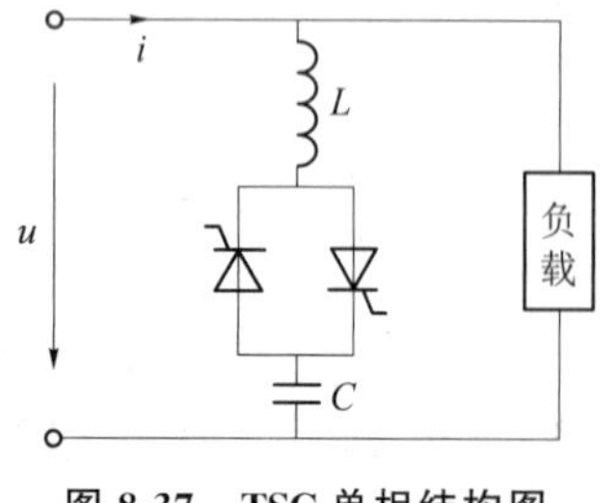

图 8-37 TSC 单相结构图

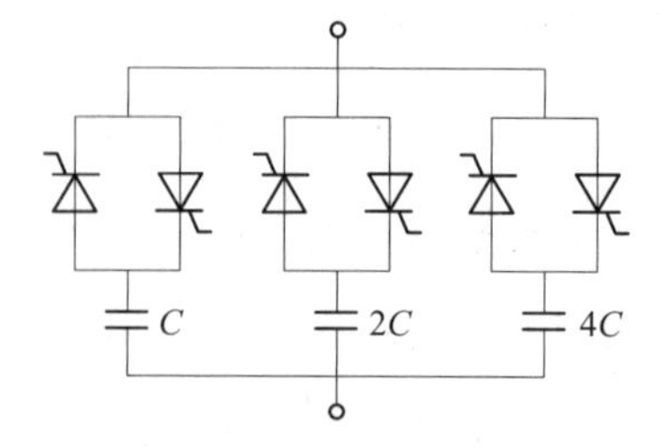

图 8-38 分组投切 TSC 结构图

3. 静止无功发生器(SVG)

由电压型 PWM 桥式整流电路构成的 SVG 基本电路结构如图 8-39 所示。通过控制 PWM 整流电路交流侧输出电压的相位和幅值,就可以使该电路吸收或者发出满足要求的无功电流,实现动态无功补偿的目的。仅考虑基波频率时,SVG 可以看成与电网频率相同且幅值和相位均可以控制的交流电压源,它通过交流电抗器连接到电网上。

SVG 单相等效电路图如图 8-40 所示。图中 u_s 表示电网电压,u_i 表示 SVG 输出的交流电压,u_L 为连接电抗器的电压。如果不考虑连接电抗器及变流器的损耗,则不必考虑 SVG 从电网吸收有功能量。在这种情况下,通过三相桥 6 个开关器件 PWM 控制,使 u_i 与 u_s 同频同相,然后改变 u_i 的幅值大小,既可以控制 SVG 从电网吸收的电流 i 是超前还是滞后 90°,也能控制该电流的大小。当 u_i 大于 u_s 时,电流 i 超前电压 90°,SVG 吸收容性无功功率。当 u_i 小于 u_s 时,电流 i 滞后电压 90°,SVG 吸收感性无功功率。

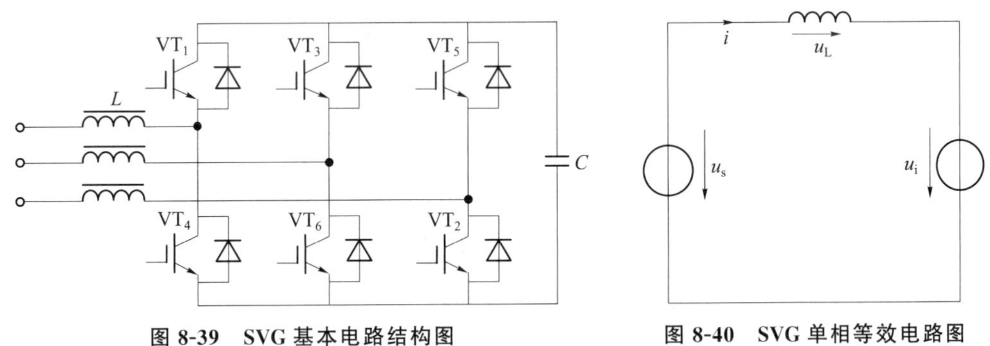

图 8-39　SVG 基本电路结构图　　**图 8-40　SVG 单相等效电路图**

PWM 开关型无功功率发生器能向电网提供连续可控的感性和容性无功功率,可使电网功率因数为任意数值,电流波形也接近于正弦,由于同时能调控电网电压,它在提高电力系统暂态稳定性,阻尼系统振荡等方面,其性能也都远优于晶闸管相控电抗器,它是电网无功功率补偿技术的发展方向。

在实际工作时,连接电感和变流器均有损耗,这些损耗由电网提供有功功率来补充,也就是说,相对于电网电压来讲,电流 i 中有一定的有功分量。在这种情况下,u_i 和 u_s 与电流 i 的相位差不是 90°,而是比 90°略小。应该说明的是,SVG 接入电网的连接电感,除了连接电网和变流器这两个电压源外,还起滤除电流中与开关频率有关的高次谐波的作用。因此,所需要的电感值并不大,远小于补偿容量相同的其他 SVG 装置所需要的电感值。如果使用变压器将 SVG 并入电网,则还可以利用变压器的漏感,所需的连接电感可进一步减小。

8.5　新能源发电系统

8.5.1　光伏发电系统

1. 光伏发电的基本原理

光伏发电系统的核心是将太阳能转换为电气形式的可用能量。光伏发电系统的基本元素是太阳电池。太阳电池利用光电效应可直接将太阳光的能量转换为电能。典型的太阳电池是在半导体材料中形成的 PN 结,它包含 0.2～0.3 mm 厚的单晶或多晶硅片,通过掺入其他杂质(如硼和磷)产生具有不同电气性质的两层。在PN结掺杂了磷原子的负硅片和掺杂了硼原子的正硅片之间建立起电场。光入射到太阳电池上,光(光子)中的能量产生自由电荷载体,被电场分开。外接线端上产生电压,接入负载后就有电流流过。

2. 光伏发电系统的分类

光伏发电系统可以分类为独立型、混合型和电网连接(并网型)3种类型,三类光伏发电系统结构框图如图8-41所示。

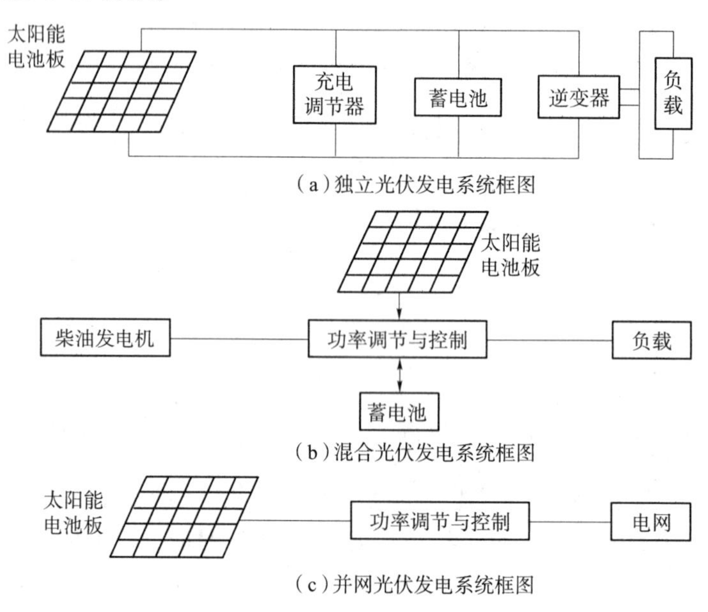

图8-41 三类光伏发电系统结构框图

独立光伏发电系统,如图8-41(a)所示,用于无法与电网相连的偏远地区。独立光伏发电系统与柴油混合系统的示意图,如图8-41(b)所示。偏远地区采用的常规电力系统,通常基于手上控制并连续运行或若干小时运行的柴油发电机,长期使柴油发电机运行于低负载水平,显著增加维护费用并缩短其寿命。新能源(如光伏发电系统)可在使用柴油和其他化石燃料为动力发电机的偏远地区使用,这样可以获得24小时经济高效的能源。这种系统称为混合能源系统。与电网连接的光伏发电系统,如图8-41(c)所示。它表示的是光伏发电系统通过逆变器与电网互联,其间没有电池储能。这些系统既可以是小系统(如住宅屋顶系统),也可以是大型与电网连接的系统。电网交互逆变器必须与电网的电压和频率同步。

独立光伏发电系统应用中,通常采用电压源逆变器。它可以是单相,也可以是三相。通常采用3种开关控制技术(方波、准方波和脉冲宽度调制)。方波或准方波逆变器可为电动工具、电阻性加热器或白炽灯供电,这些应用不需要高质量的正弦波就可以实现可靠且高效的运行。然而也有许多家用电器需要低失真的正弦波,因此,边远地区电力系统推荐采用真正的正弦波逆变器。脉冲宽度调制(PWM)开关是逆变器通常用来获得正弦输出的方法,单相系统一般采用半桥和全桥的逆变器拓扑结构。独立的三相四线逆变器电力电子电路原理图如图8-42所示。逆变器的输出通过三相变压器(D-Y)与负载相连,变压器二次绕组星形中点与中线相连,该系统可接三相或单相负载。此外还可采用中间分接的直流源为变换器供电,其中点可作为中线。

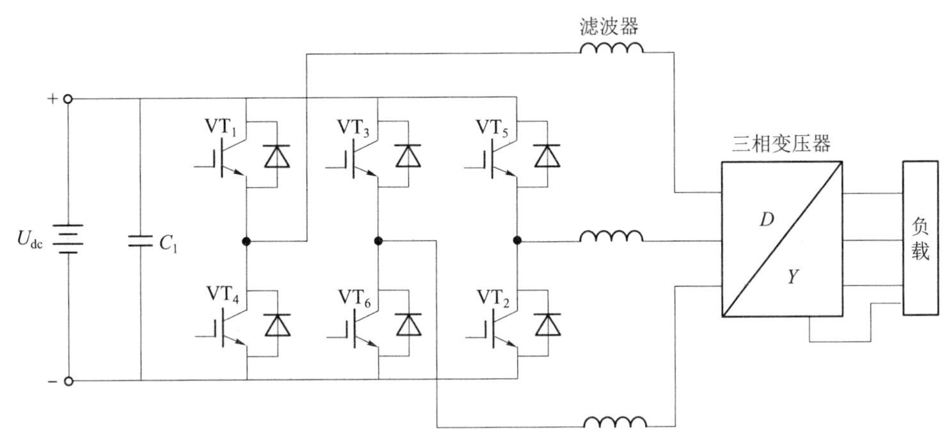

图 8-42　独立的三相四线逆变器电力电子电路原理图

并网型光伏发电系统常用交互式逆变器,不仅调节光电阵列的功率输出,还确保光伏发电系统输出与电网完全同步。这类系统既可不用蓄电池,也可有蓄电池备份。有储能蓄电池,可提高供电的可靠性。在各种激励政策和机制下,光电系统与电网连接越来越有生命力。

并网型光伏发电系统允许用户利用太阳能给自身负载供电,剩余电能可回馈电网。与电网连接光伏发电系统成为公共电网系统的一部分,光伏发电系统与公用电网结合后可形成双向功率流。公用电网可吸收光伏发电系统剩余功率,在夜间和光伏发电系统功率不够时,向住宅供电。与电网连接的光伏发电系统在电网供电故障时可独立运行,独立运行时,光伏发电系统与电网断开。

与电网连接的光伏发电系统中,功率调节器是太阳电池产生的直流转换为公用级交流的接口。逆变器需要产生高质量正弦输出,必须与电网频率和电压保持同步,还必须在最高功率点跟踪器的帮助下从太阳电池中获取最大功率,逆变器的输入部分改变输入电压,直到找到 I-V 曲线上的最大功率点为止。逆变器必须监视电网的所有相位,逆变器输出必须能够跟随电压和频率的变化。与电网连接的逆变器有线换相、自换相和高频换相等多种形式。线换向一般应用于电动汽车中,在此仅简单介绍后两种。

自换相逆变器是采用脉冲宽度调制(PWM)控制的开关模式逆变器,可用于并网型光伏发电系统中。PWM 开关的自换相逆变器电路原理图如图 8-43 所示。自换相逆变器可以采用双极型晶体管、MOSFET、IGBT 或 GTO 晶闸管。GTO 适用于大功率应用中,而 IGBT 可用于开关频率高的场合(如 20 kHz),它们在许多与电网连接的光伏发电系统中得到应用。现在大多数逆变器都是自换相正弦波逆变器。

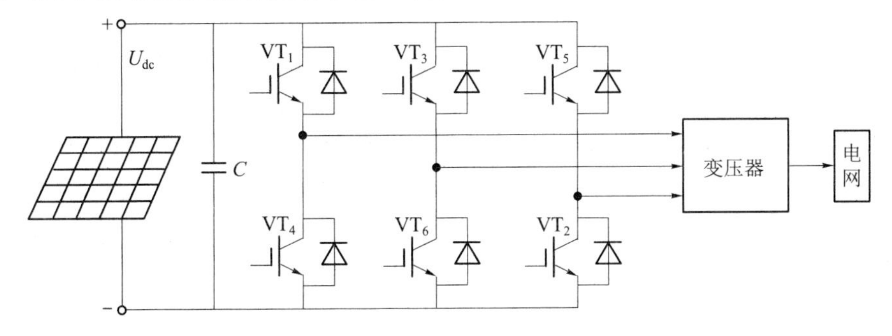

图 8-43　PWM 开关的自换相逆变器电路原理图

采用脉冲宽度调制的逆变器,其低频(50/60 Hz)变压器很重,体积庞大,而且成本很高。因此通常采用频率高于 20 kHz 的逆变器和铁氧体铁芯变压器。高频自换相逆变器电路原理图如图 8-44 所示。高频逆变器输入侧的电容器用作滤波,采用脉冲宽度调制的高频逆变器,用于在高频变压器一次绕组上产生高频交流,该变压器的二次绕组通过高频整流器整流,直流电压与晶闸管逆变器通过低通电感滤波器相连,然后连接至电网。这就要求线电流为正弦,并与线电压同相。为实现这一目标,测量线电压(U_1)以建立线电流(I_L)的参考波形。将参考电流 I_L 乘以变压器变比,得到高频逆变器输出侧的电流。利用电流控制技术,控制逆变器输出,逆变器可与低频或高频变压器隔离配合使用。对于低于 3 kW 额定的住宅电网交互屋顶逆变器来说,最好采用高频变压器隔离。

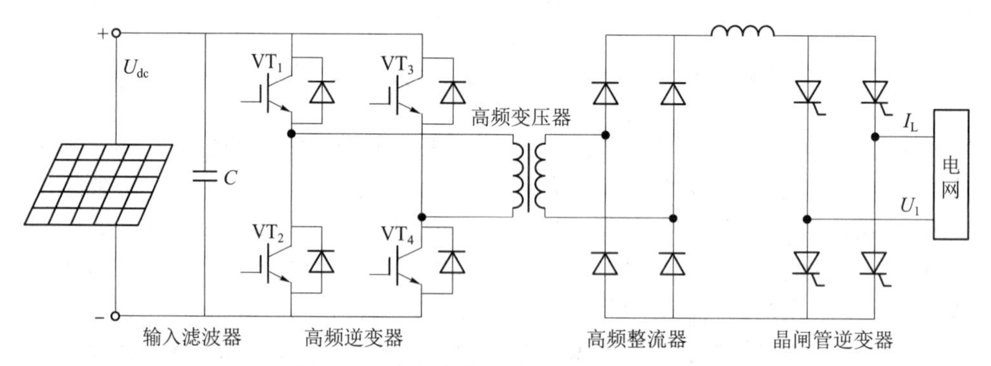

图 8-44　高频自换相逆变器电路原理图

8.5.2　风力发电系统

1. 风力发电的基本原理

风力发电系统的核心是将风能转换为电气形式的可用能量。风力发电系统的基本元素是风机。利用风力使风机的转子旋转,将风的动能转换成机械能,再通过变速和超速控制装置带动发电机发出电能,发出的电能与风车的转速成正比,由于风速是变化,要使发出电能稳定,基于电力电子技术的恒定速度-可变速度风力涡轮机和与电网的接口非常重要,在风力发电中起到重要作用。我国风力资源丰富,尤其在西北、东北和沿海地区,有着建设风力发电厂的天然优势。

2. 风力发电系统的分类

风力系统可分为独立、风力-柴油混合、与电网连接(并网)3 种类型。风力-柴油混合系统在世界许多地区受到重视。边远地区供电的特点是惯性小,阻尼小和无功功率支持少等特点,这种弱电力系统易受网络运行条件突然变化的影响,电网明显的功率波动将导致对用户供电质量的下降,表现为供电中电源和频率变化,或产生脉冲。这种弱电网系统需要合理的储能与控制系统,在不牺牲峰值功率跟踪能力的前提下,使波动变缓。

储能与控制系统有两种储能元件构成,一是旋转机械部分的惯性,二是 DC/DC 变换器和逆变器之间的小电池存储。通过储能元件的作用,当风力突然增加时,其增加的能量将临时存储于储能元件中,在风速较低时释放,这样就降低了波动的程度。本节主要介绍并网型风力发电系统。

并网型风力发电系统的基本结构示意图如图 8-45 所示。控制器功能是跟踪峰值功率，以维持风力能量系统输出恒定，使总的风力能量系统跟踪风速的长期变化，不受风力突变的影响；DC/DC 变换器的功能是调整系统的转矩，通过对风速和轴速的测量，确保风机叶片的运行能够获得最优功率；逆变器的功能是将转子和 DC/DC 变换器产生的能量在峰值功率跟踪过程中传递给电网，使逆变器输出功率设定点与 DC/DC 变换器的输出相匹配。

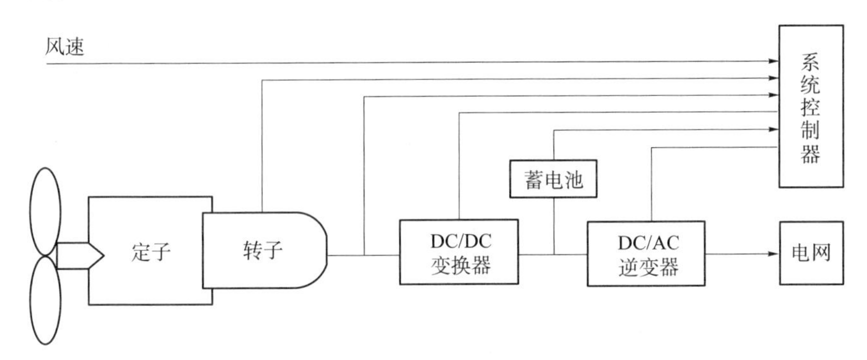

图 8-45　并网型风力发电系统的基本结构示意图

3. 风力发电系统的基本结构

（1）双供电异步发电机系统

风力发电机定子直接与电网相连，电力变换器与绕线异步发电机的转子相连，以便从可变速度风力涡轮机中获得最优的功率。这种方案的主要优点是，功率调节单元只需处理总功率中的一部分即可对发电机进行完整控制，只需要较小的变换器，风力系统中风机的尺寸很大，该系统适合于大功率发电系统。双供电异步发电机系统基本结构示意图如图 8-46 所示。

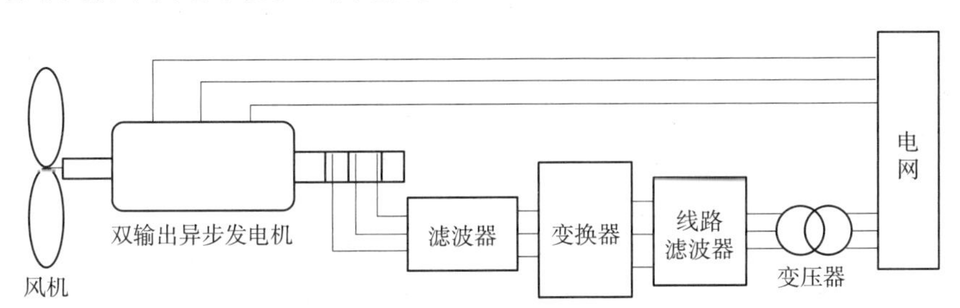

图 8-46　双供电异步发电机系统基本结构示意图

（2）双馈电发电系统

双馈电发电系统是将一种频率的交流电压直接转换为另一种频率交流电压的变换器，没有中间的直流环节。这种结构是将循环变换器与转子电路相连，允许低于同步速度和超过同步速度的可变速度运行，在发电机端具有控制无功功率的能力。若采用电容器励磁，则可从实用角度产生功效。该系统可迅速调整端电压的相角和幅值，发电机可在大电气扰动结束后无须停止、启动，即可实现再同步。

4. 异步发电机的软启动

异步发电机与负载相连时会流过较大的浪涌电流，这与异步电机的直接启动问题有些类似。异步电动机在通常运行条件下，稳定启动过程时，其初始时间常数较大，需要采用某种类型的软启动设备来启动大型异步发电机。异步发电机软启动电路原理图如图8-47所示。图中每相反并联连两个晶闸管,异步电机启动时,用晶闸管控制加在定子上的电压,由此来限制大的浪涌电流。一旦完成启动过程,并联开关闭合,将软启动单元并联旁路。

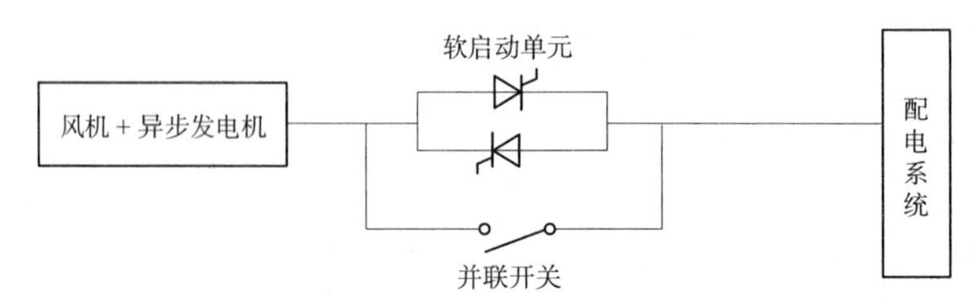

图8-47 异步发电机软启动电路原理图

8.6 电力储能系统

电力系统的"电能存取"十分困难,使得电力系统在运行与管理过程中的灵活性和有效性受到极大限制。同时,电能在发、输、供、用运行过程中必须在时、空两方面都达到瞬态平衡,若出现局部失衡,就会引起电能质量问题(闪变),瞬态激烈失衡还会带来灾难性的电力事故,并引起电力系统的解列和大面积的停电事故。因此,要保障电网安全、经济和可靠运行,就必须在电力系统的关键环节点上建立强有力的储能系统对系统给予支撑。

另外集中发电、远距离输电和大电网互联的电力系统存在的一些弊端,使得电力系统显得既笨拙,又脆弱。目前,大电网与分布式电网的结合,被世界许多能源和电力专家公认是节省投资、降低能耗、提高电力系统稳定性和灵活性的主要方式。此外,现在世界各国都在提倡绿色环保,采用分布式发电,可充分利用各地丰富的清洁能源。因此分布式发电是未来电力工业的发展趋势。近年来对新型分布式发电技术的研究已取得了突破性的进展,因此大量分布式的电源(如燃料电池、太阳能电池等)广泛应用于电力系统中。

基于系统稳定性和调峰的需要的考虑,分布式系统要存储一定数量的电能,用以应对突发事件。现代储能技术已经得到一定程度的发展,除了传统抽水蓄能方式以外,较有前途的储能技术有蓄电池储能(BES)、超级电容器储能(SCS)、飞轮储能(FWES)、超导蓄能(SMES)等。下面分别进行介绍。

8.6.1 蓄电池储能和超级电容器储能

蓄电池储能或超级电容器储能系统的核心部件是蓄电池或超级电容及电力电子器件组成的交流-直流变换器。采取的方法是:先将交流电能变换为直流电能储存在蓄电池或电容器中,当使用储备电能时,再将直流电能变换为与系统兼容的交流电能。

蓄电池储能系统既可作为调峰和调频电源,也可直接安装在重要用户内,作为大型的不间断电源。蓄电池储能关键技术是提高蓄电池的储能密度、降低价格、延长寿命,目前的蓄电池储能密度达到100～200 Wh/kg,寿命为8～10年。镍-锌电池、钠-硫电池、聚合物薄膜电池、锌-空气电池等新型电池正在研究之中。

超级电容器是近年来发展起来的新型电力储能器件，它具有循环寿命长、工作温度范围宽、环境友好、免维护的优点，在新型电力储能技术方面具有广阔发展前景。超级电容器应用于配电网的分布式储能，解决电能质量问题。超级电容器在提高能量密度和降低成本方面，还有很大发展空间，具有替代蓄电池，实现大容量电力储能的潜力。

超级电容器既具有蓄电池的能量储存特性，又具有电容器的功率特性，它比传统电解电容器的能量密度高上千倍，而漏电电流小数千倍，具有法拉级的超大电容量，储电能量大、时间长，其放电功率比蓄电池高近十倍，能够瞬间释放数百至数千安培电流，大电流放电甚至短路也不会对其有任何影响，可充放电 10 万次以上而不需要任何维护和保养，是一种理想的大功率二次电源。超级电容器具有蓄电池无法比拟的超低温工作特性，能够提高车辆在恶劣环境中启动的可靠性。

蓄电池储能系统和超级电容器作为调峰用途时，其系统结构示意图如图 8-48 所示。由于超级电容器充放电速度快，也可作为电网电压跌落补偿负载波动补偿系统的能量储存器，因此类系统要求补偿迅速系统动态性好，基本电路结构图如图 8-39 所示。并且采用使变换器能够四象限工作的 PWM 控制策略。

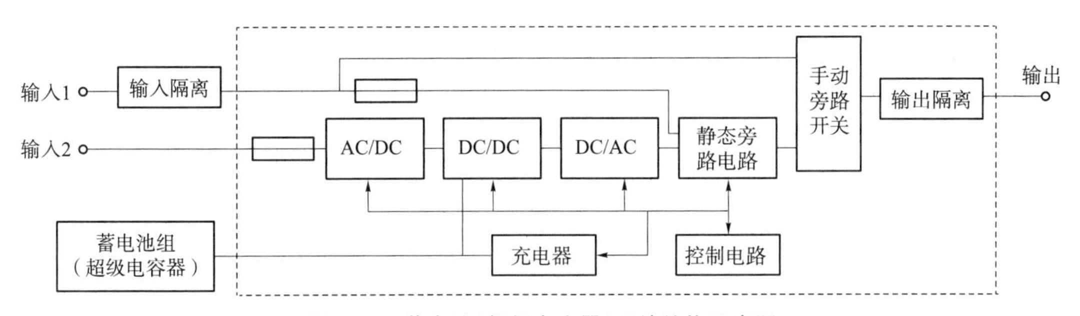

图 8-48　蓄电池(超级电容器)系统结构示意图

8.6.2　飞轮储能系统

飞轮储能是具有广泛应用前景的新型机械储能方式，它的基本原理是由电能驱动飞轮高速旋转，电能转变为机械能储存，当需要电能时，飞轮带动电动机作发电机运行，将飞轮动能转换成电能，实现了电能的存取。飞轮储能有储能高、功率大、效率高、寿命长及无污染等优点。飞轮储能技术在电力系统调峰、风力发电、汽车供能、不间断电源、卫星储能控姿、通信系统信号传输、大功率机车、电磁炮及鱼雷等方面得到广泛的研究和应用。

飞轮储能系统由一个飞轮、电动机-发电机和电力电子变换装置三部分组成。飞轮储能原理图如图 8-49 所示。

从原理图可看出，电力电子变换装置从外部输入电能驱动电动机旋转，电动机带动飞轮旋转，飞轮储存动能(机械能)，当外部负载需要能量时，用飞轮带动发电机旋转，将动能转化为电能，再通过电力电子变换装置变成负载所需要的各种频率、电压等级的电能，以满足不同的需求。电动机和发电机用一台电机来实现，变换器为双向逆变器，这样就可以大大减少系统的大小和重量。同时由于在实际工作中，飞轮的转速可达 40 000～50 000 r/min，一般金属制成的飞轮无法承受这样高的转速，所以飞轮一般都采用碳纤维制成，进一步减少了整个系统的重量，同时，为了减少能量损耗（主要是摩擦力损耗），电动机和飞轮都使用磁轴承，使其悬浮，以减少机械摩擦，同时将飞轮和电动机放置在真空容器中，以减少空气摩擦，这样可提高飞轮储能系统的效率。

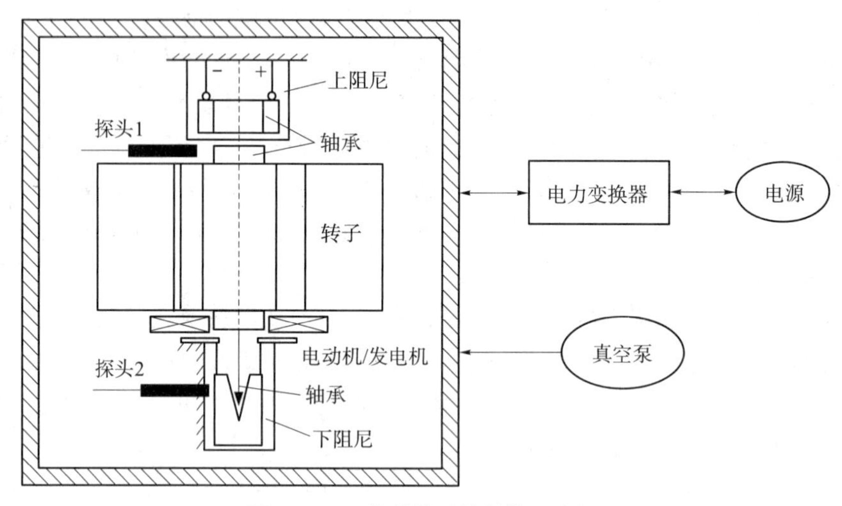

图 8-49　飞轮储能系统结构示意图

在飞轮储能系统中，有一个既可用作发电机，也可用作电动机的集成电动机。目前飞轮储能应用的集成电动机主要有感应电动机、开关磁阻电动机和永磁无刷直流-交流电动机。在实际应用中以采用永磁无刷直流-交流电动机的居多，尤其是转速在 30 000 r/min 以上的飞轮储能系统中。永磁电动机结构简单、成本低以及恒功率调速范围宽，在各种运行条件下都有较高的效率，而且其速度可做得很高。目前永磁电动机的转速可达 200 000 r/min，此外对永磁电动机进行调速也很容易。

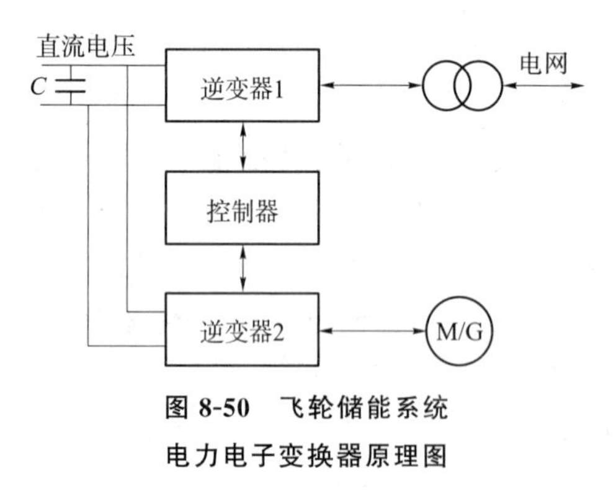

图 8-50　飞轮储能系统电力电子变换器原理图

飞轮储能系统电力电子变换器原理图如图 8-50 所示，主要由逆变器 1、逆变器 2 和控制器组成，逆变器 1 负责控制飞轮储能系统输送给电网的有功功率和无功功率，逆变器 2 负责控制飞轮电动机的运行方式。逆变器 1 和逆变器 2 均采用三相桥式电压型逆变器（参见图 8-39），均可采用四象限工作的 PWM 控制策略。当飞轮储能时由电网提供能量，控制逆变器 1 吸收有功能量为电容 C 充电，同时控制逆变器 2 工作在逆变状态，为电动机启动和加速提供可调频、调压的三相交流电源。当电网失电或需要补充能量，控制飞轮减速，电动机处于发电状态，控制逆变器 2 吸收有功能量为电容 C 充电，同时控制逆变器 1 工作在逆变状态，为电网提供恒频、恒压三相交流电。由于在此过程中，发电机输出电压频率和幅值随飞轮减速而变化，逆变器 2 的控制会过于复杂，因此，也可利用三相桥式电压型逆变器中的 6 个反馈二极管构成的三相不控整流电路，为电容 C 充电，这样可简化控制。

8.6.3　超导储能

超导储能系统是利用超导线圈可以承受大电流而无功率损耗特点，将大量的电磁能直接储存起来，需要时再将电磁能返回电网或其他负载的一种电力设施。超导储能系统一般由超导线圈及低温容器、制冷装置、变流装置和测控系统等组成。超导储能系统具有反应速度快、功率密度高以及转换效率高的优点。主要用于电网调峰控制、短时能量补偿和提高电力系统动态稳定性。目前，小型超导储能系统已经商品化。

由于超导线圈采用直流供电，与电网之间能量交换需要一个双向的 AC/DC 变换器。变换器主电路常由电流型 PWM 整流器组成，将损耗很小、电感很大的超导线圈串入 PWM 整流电路直流侧，使其既是直流侧负载，又是电流型 PWM 整流器的直流缓冲电感，超导储能系统主电路结构示意图如图 8-51 所示。

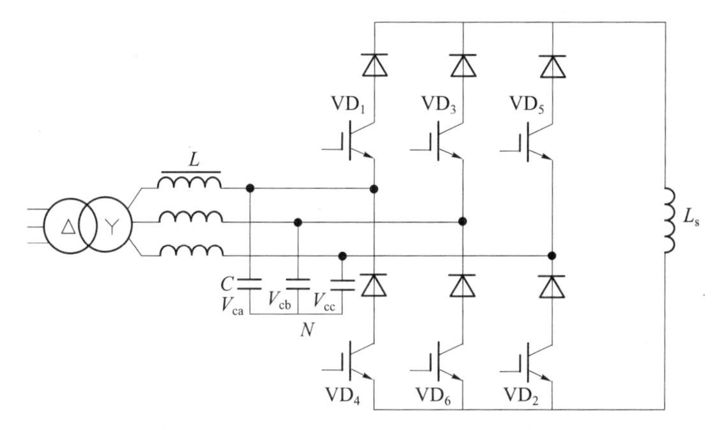

图 8-51　超导储能系统主电路结构示意图

由于超导储能系统实际是 PWM 整流器的特定负载的应用。因此控制原则与电流型 PWM 整流器相同。两组电流型 PWM 整流器并联超导储能系统主电路原理图如图 8-52 所示。

由于超导储能系统实际是 PWM 整流器的特定负载的应用。因此控制原则与电流型 PWM 整流器相同。PWM 开关型无功功率发生器能向电网提供连续可控的感性和容性无功功率，可使电网功率因数为任意数值，电流波形也接近于正弦，由于同时能调控电网电压，它在提高电力系统暂态稳定性，阻尼系统振荡等方面，其性能也都远优于晶闸管相控电抗器，是电网无功功率补偿技术的发展方向。

实现能量交换的关键是电网侧电流的控制，控制策略可以交流侧电流为指令信号，检测电网输入侧电流，采用闭环控制方法直接控制电网侧电流。对于大容量超导储能系统，因电流比较大，系统主要损耗为开关损耗，一般采用变流器组合结构，即将独立的电流型 PWM 整流器进行并联组合。每个并联的 PWM 整流器中的 PWM 控制信号采用移相 PWM 控制技术，从而以较低的开关频率获得等效的高开关频率控制，而且还有效地提高了 PWM 整流器的电压、电流波形品质。

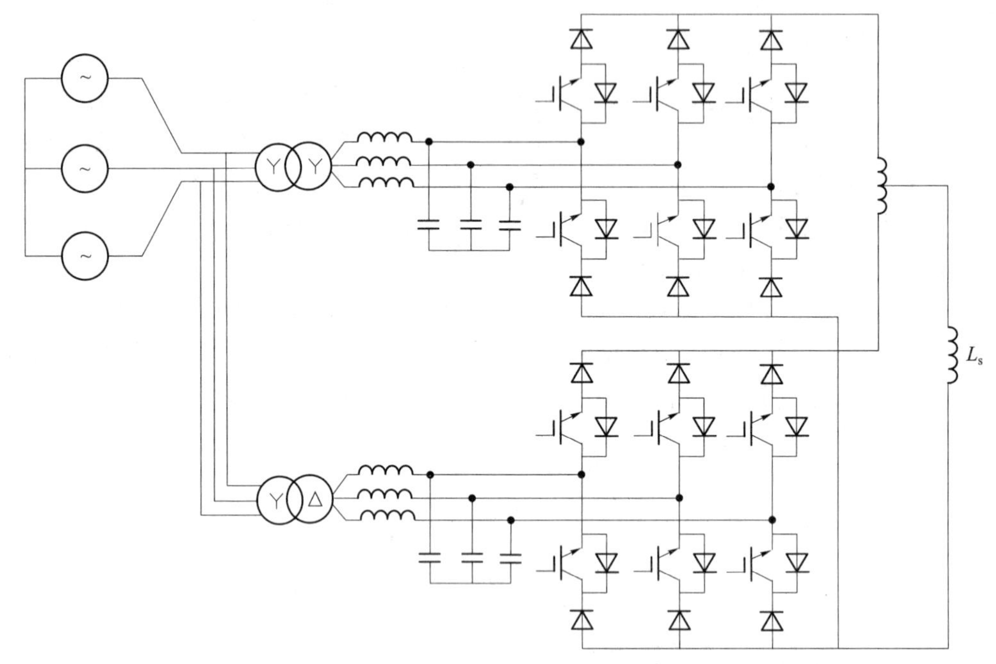

图 8-52 两组电流型 PWM 整流器并联超导储能系统主电路原理图

8.7 高压直流输电

高压直流输电是电力电子技术在电力系统中最早开始应用的领域。随着电力系统的发展,对输电距离和输电容量的要求的提高,电网结构日趋复杂,采用交流输电所需的设备和线路成本也急剧增加,其系统稳定、限制短路电流和调压中的固有问题也日益突出。因此,20 世纪 50 年代以来,当电力电子技术的发展带来了可靠的高压大功率交直流转换技术之后,高压直流输电越来越受到人们的关注。

高压直流输电系统基本原理及典型结构示意图如图 8-53 所示。电能由发电厂中的交流发电机提供,通过换流变压器将电压升高后送到晶闸管整流器。由晶闸管整流器将高压交流变为高压直流,经直流输电线路输送到电能的接收端。在受端电能又经过晶闸管逆变器由直流变回交流,再经变压器降压后配送到各个用户。整流器和逆变器一般称为换流器,为了能承受高电压,换流器中晶闸管往往由多个晶闸管器件串联,称之为晶闸管阀。

典型的高压直流输电采用十二脉波换流器的双极高压直流输电线路。双极是指其输电线路两端的每端都由两个额定电压相等的换流器串联连接,具有两根传输导线,分别为正极和负极,每端两个换流器的串联连接点接地。这样线路的两极相当于各自独立运行,正常时以相同的电流工作,接地点之间电流为两极电流之差,正常时地中仅有很小的不平衡电流流过。当一极停止运行时,另一极以大地作回路还可以带一半的负载,这样就提高了运行的可靠性,也有利于分期建设和运行维护。单极高压直流输电系统只用一根传输导线(一般为负极),以大地或海水作为回路。与高压交流输电相比,高压直流输电具有如下优势:

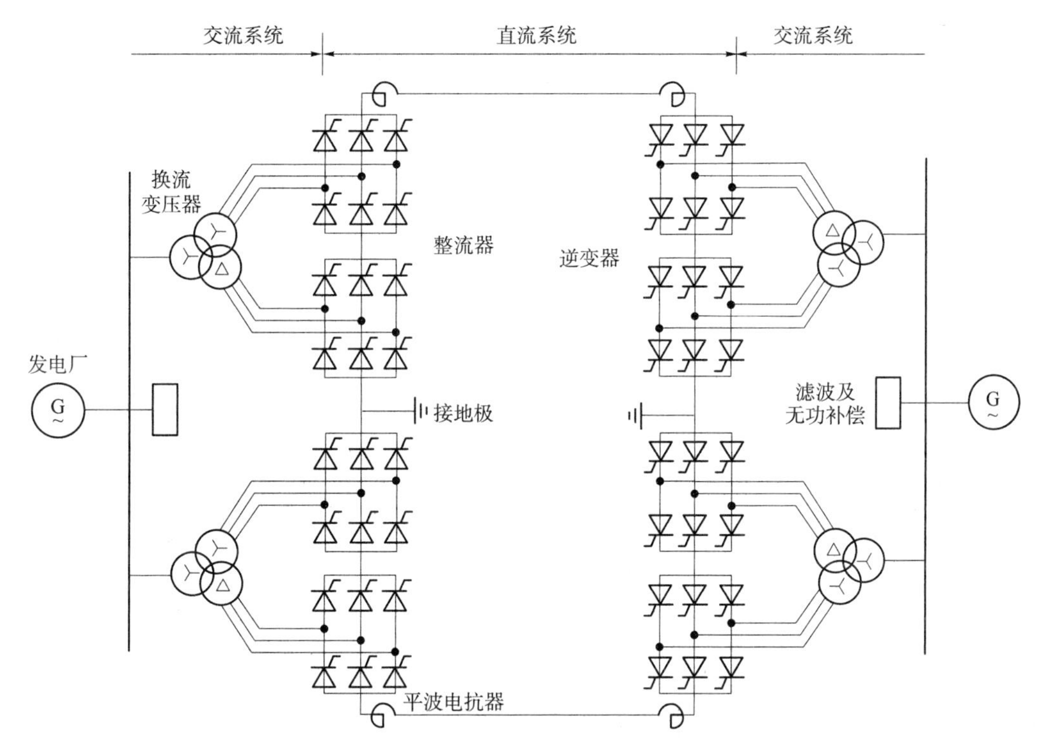

图 8-53　高压直流输电系统基本原理及典型结构示意图

(1) 更有利于进行远距离和大容量的电能传输或者海底或地下电缆传输。这是因为直输电的输电容量和最大输电距离不像交流输电那样受输电线路的感性和容性参数的限制。交流输电受输电线路感性和容性参数限制的问题在进行地下或海底传输，因而必须使用电缆时表现更为突出。此外，直流输电线导体没有集肤效应问题，相同输电容量下直流输电线路的占地面积也小。因此，尽管高压自流输电换流器的成本高昂，但综合考虑各种因素后，长距离和大容量电能输送中直流输电的总体成本和性能都优于交流输电。在短距离进行地下或海底电能输送中，直流输电的优势也很明显。此外，短距离送电往往对容量和电压要求不是很高，这使得采用基于全控型电力电子器件的电压型变流器（包括电压型整流器和电压型逆变器）成为可能，其性能全面优于晶闸管换流器，许多人称之为轻型高压直流输电。

(2) 更有利于电网联络。这是因为交流的联网需要解决同步、稳定性等复杂问题，而通过直流进行两个交流系统之间的连接则比较简单，还可以实现不同频率交流系统的联络。甚至有些高压直流输电工程的目的主要不是传输电能，而是实现两个交流系统的联网，这就是所谓的“背靠背”直流工程，即整流器和逆变器直接相连，中间没有直流输电线路。

(3) 更有利于系统控制。这主要是由电力电子器件和换流器的快速可控性带来的好处。通过对换流器的有效控制可以实现对传输的有功功率快速而准确地控制，还能阻尼功率振荡、改善系统的稳定性、限制短路电流。

本章习题

1. 简述零电压开关准谐振变换电路的工作过程。

2. 在移相全桥零电压开关 PWM 电路中,如果没有谐振电感 L_r,电路的工作状态将发生哪些改变?哪些开关仍是软开关?哪些开关将称为硬开关?

3. 在零电压转换 PWM 电路中,辅助开关 VT_a 和二极管 VD_1 是软开关还是硬开关?为什么?

4. 简述晶闸管直流调速系统工作于状态时的机械特性基本特点。

5. 简述交-直-交变频器电路的组成及工作原理。

6. 何为 UPS?试说明 UPS 系统的工作原理。

7. 简述开关电源的工作原理。

8. 简述焊机电源的特点。

9. 简述静止无功补偿装置的作用及分类。

10. 光伏发电系统有哪些类型?各有什么特点?采用何种电力电子技术?

11. 风力发电系统有哪些类型?各适用何种场合?

12. 电力系统的储能有哪些方法?各有什么特点?

13. 与高压交流输电相比,高压直流输电有哪些优势?高压直流输电的系统结构是怎样的?

第 9 章　电力电子技术实验

9.1　单结晶体管触发电路实验

1. 实验目的

（1）熟悉单结晶体管触发电路的工作原理及电路中各元件的作用；

（2）掌握单结晶体管触发电路的调试步骤和方法。

2. 实验原理图

单结晶体管触发电路实验原理图如图 9-1 所示。

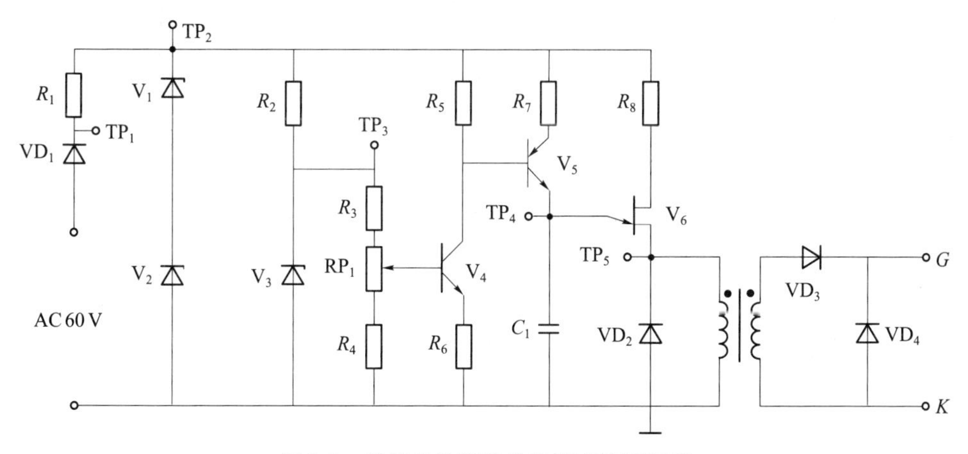

图 9-1　单结晶体管触发电路实验原理图

3. 实验内容

（1）电路连接

将 DJK01 电源控制屏的电源选择开关打到“直流调速”侧，使输出线电压为 200 V，用两根导线将 200 V 交流电压接到 DJK03-1 的“外接 220 V”端。

(2) 实验步骤

按下“启动”按钮，打开 DJK03-1 电源开关，这时挂件中所有的触发电路都开始工作，用双踪示波器观察单结晶体管触发电路，经半波整流后“1”点的波形，经稳压管削波得到“2”点的波形，调节移相电位器 RP_1，观察“4”点锯齿波的周期变化及“5”点的触发脉冲波形；最后观测输出的“G、K”触发电压波形，其能否在 30°～170°范围内移相？

双踪示波器有两个探头，可同时观测两路信号。但两个探头的地线不能同时接在同一电路的不同电位的两个点上，否则这两点会通过示波器外壳发生电气短路。

4. 实验仪器设备

(1) 电力电子技术试验台；

(2) DJK01 电源控制屏挂件、DJK03-1 晶闸管触发电路挂件各 1 块；

(3) 双踪示波器 1 台。

5. 实验报告要求

画出 $\alpha=60°$时，单结晶体管触发电路各点输出的波形及其幅值。

9.2 SCR、GTO、MOSFET、GTR、IGBT 性能实验

1. 实验目的

(1) 掌握各种电力电子器件的工作特性；

(2)掌握各器件对触发信号的要求。

2. 实验原理图

SCR、GTO、MOSFET、GTR、IGBT 性能实验原理图如图 9-2 所示。

3. 实验内容

1) 电路连接

按实验原理图 9-2 连接电路，将电力电子器件(包括 SCR、GTO、MOSFET、GTR、IGBT 这 5 种)和负载电阻 R 串联后，接至直流电源的两端；电阻 R 用 DJK09 上的可调电阻负载，将两个 90 Ω 的电阻接成串联形式，最大可通过电流为 1.3 A；直流电压和电流表可从 DJK01 电源控制屏上获得，这 5 种电力电子器件均在 DJK07 挂箱上；直流电源从电源控制屏的输出接 DJK09 上的单相调压器。

2) 实验步骤

(1) 首先将晶闸管(SCR)接入主电路，在实验开始时，将 DJK06 上的给定电位器 RP_1 沿逆时针旋到底，S_1 拨到“正给定”侧，S_2 拨到“给定”侧，单相调压器逆时针调到底，DJK09 上的可调电阻调到阻值为最大的位置。

(2) 打开 DJK06 的电源开关，按下控制屏上的“启动”按钮，调节给定电位器 RP_1，逐步增加给定电压，监视电压表、电流表的读数，当电压表指示接近零(表示管子完全导通)，停止调节，将给定电压 U_g 调节过程中回路电流 I_d 以及器件的管压降 U_v 记录于表 9-1 中。

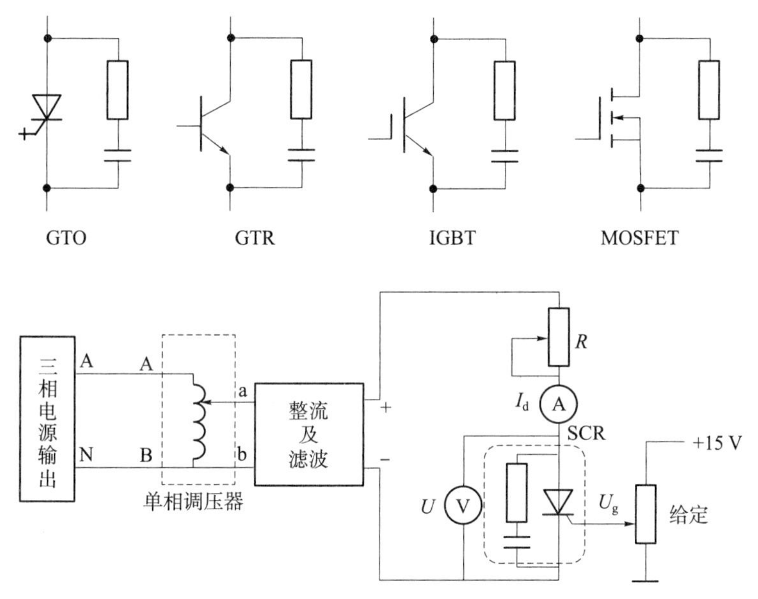

图 9-2　SCR、GTO、MOSFET、GTR、IGBT 性能实验原理图

表 9-1　SCR、GTO、MOSFET、GTR、IGBT 特性实验数据记录表

① 不可关断晶闸管(SCR)实验数据记录表

U_g					
I_d					
U_v					

② 可关断晶闸管(GTO)实验数据记录表

U_g					
I_d					
U_v					

③ 功率场效应管(MOSFET)实验数据记录表

U_g					
I_d					
U_v					

④ 大功率晶体管(GTR)实验数据记录表

U_g					
I_d					
U_v					

⑤ 绝缘双极性晶体管(IGBT)实验数据记录表

U_g					
I_d					
U_v					

4. 实验仪器设备

（1）电力电子技术试验台；

（2）DJK01 电源控制屏挂件、DJK06 给定及实验器件挂件、DJK07 新器件特性实验挂件、DJK09 单相调压与可调负载挂件各一块；

（3）万用表一块。

5. 实验报告要求

（1）绘制各器件给定电压 U_g，调解过程中回路电流 I_d 及器件管压降 U_v 变化表；

（2）根据得到的数据，绘出各器件的输出特性。

9.3 降压斩波电路原理实验

1. 实验目的

（1）加深理解降压斩波器电路的工作原理；

（2）掌握降压斩波器主电路连接及触发电路的调试步骤和方法；

（3）熟悉降压斩波电路各点的电压波形。

2. 实验原理图

降压斩波主电路原理图如图 9-3 所示，降压直流斩波器实验原理图如图 9-4 所示。

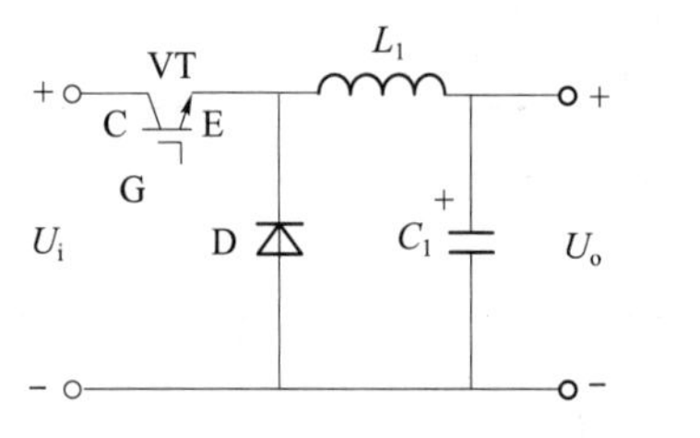

图 9-3 降压斩波主电路原理图

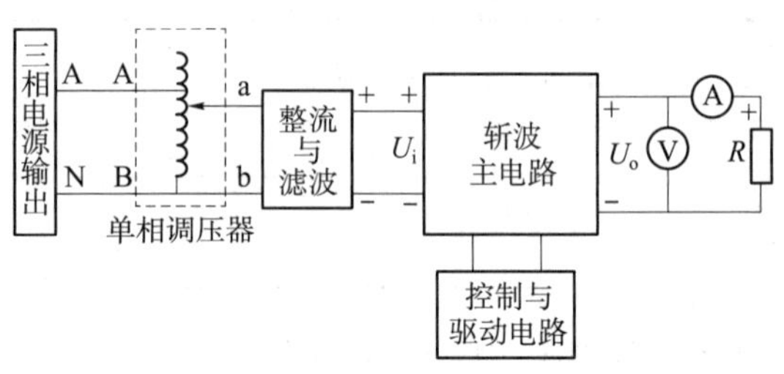

图 9-4 降压直流斩波器实验线路图

1）主电路

按实验原理图 9-4 连接电路。其中 VT 绝缘栅双极型晶体管（IGBT），C_1 和 L_1 构成低通滤波器，D 为续流二极管，控制与驱动电路为 VT 的换流关断电路。当 VT 导通时，电源 U_i 的电压将通过该晶闸管加到负载上 $U_d=U_i$。当 VT 处于断态时，负载电流经二极管 D 续流，电压 U_d 近似为零，至一个周期结束，再驱动 VT 导通，重复上一个周期的过程。负载电压的平均值为

$$U_o=\frac{t_{on}}{t_{on}+t_{off}}U_d=\frac{t_{on}}{T}U_d=DU_d \tag{9-1}$$

式中，t_{on} 为 VT 处于通态的时间，t_{off} 为 VT 处于断态的时间，T 为开关周期，D 占空比。由此可知，输出到负载的电压平均值 U_o 最大 U_i。若减小占空比 D，则 U_o 随之减小，由于输出电压小于输入电压，故称该电路为降压斩波电路。

2）控制与驱动电路

控制电路以 SG3525 为核心构成，SG3525 是美国 SiLicon General 公司生产的专用 PWM 控制集成电路，电路结构如图 9-5 所示。它采用恒频脉宽调制控制方案，内部包含有精密基准源、锯齿波振荡器、误差放大器、比较器、分频器和保护电路等。适用于各开关电源、扎波器的控制。详细的工作原理与性能指标可参阅相关资料。

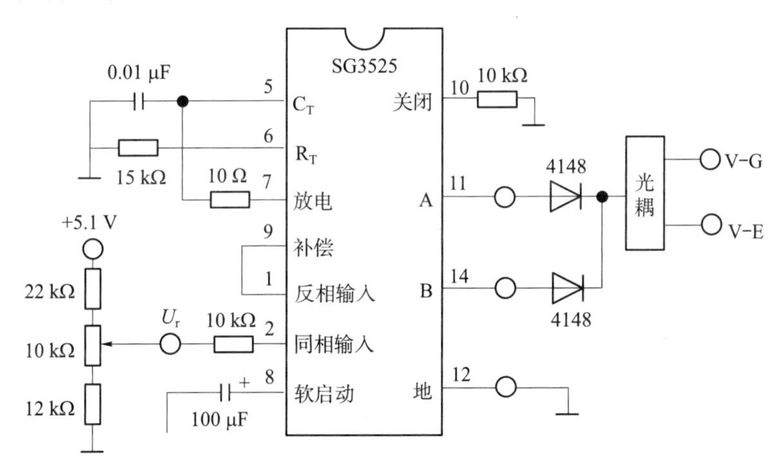

图 9-5　控制与驱动电路原理图

3. 实验内容

1）电路连接

按实验原理图 9-4 连接电路，电阻 R 用 D42 上的三相可调电阻中的一个 90 Ω 的电阻，直流电压和电流表可从 DJK01 电源控制屏上获得，交流电源可从 DJK01 电源控制屏上获得，经 DJK09 自耦变压器降压后，接至 DJK20 的整流电路 U_i 的输入端；调整 DJK09 自耦变压器的旋钮，使 DJK20 的整流电路输出端 U_o的电压为 40 V。

2）实验步骤

（1）控制与驱动电路

打开 DJK20 面板上的电源开关，调节 DJK20 面板上的 PWM 脉宽调节旋钮，用双踪示波器观察 V-G、V-E 的波形，使占空比从 0.3 调到 0.9。

（2）斩波器带电阻性负载

按图 9-4 实验线路接线，调节 DJK20 面板上的 PWM 脉宽调节旋钮，观察在不同 D 时 U_d的波形，并将相应的 U_d 和 D 记录于表 9-2 中，画出 $U_d=f(D)$的关系曲线。

表 9-2　直流斩波器实验数据记录表

D						
U_d						

4. 实验仪器设备

（1）电力电子技术试验台；

（2）DJK01 电源控制屏挂件、DJK20 直流斩波电路挂件、DJK09 单相调压与可调负载挂件各一块；

（3）双踪示波器、万用表各一块。

5. 实验报告要求

(1) 整理并画出实验中记录下的各点波形，画出 90 Ω 负载下 $U_d = f(D)$ 的关系曲线；

(2) 讨论、分析实验中出现的各种现象。

9.4 单相半波可控整流电路实验

1. 实验目的

(1) 掌握单结晶体管触发电路的调试步骤和方法；

(2) 掌握单相半波可控整流电路带电阻负载时的工作特点。

2. 实验原理图

单相半波可控整流电路实验原理图如图 9-6 所示。

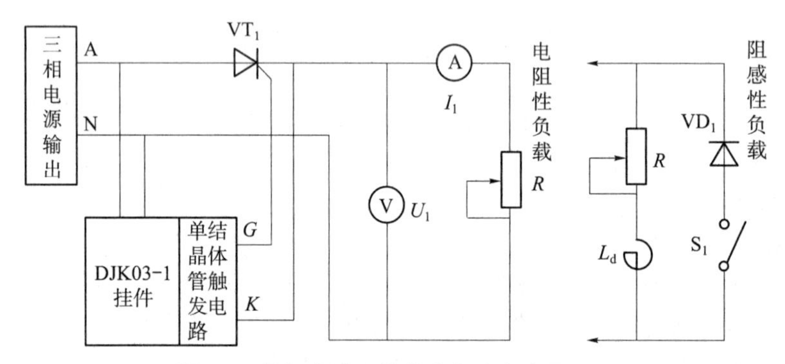

图 9-6 单相半波可控整流电路实验原理图

3. 实验内容

1) 电路连接

按实验原理图 9-5 连接电路。将 DJK03-1 挂件上的单结晶体管触发电路的输出端“G”和“K”接到 DJK02 挂件面板上的反桥中的任意一个晶闸管的门极和阴极，并将相应的触发脉冲的钮子开关关闭(防止误触发)，图中的 R 负载用 D_{42} 三相可调电阻，将两个 900 Ω 接成并联形式。二极管 VD_1 和开关 S_1 均在 DJK06 挂件上，电感 L_d 在 DJK02 面板上，有 100 mH、200 mH、700 mH 三挡可供选择，本实验中选用 700 mH。直流电压表及直流电流表从 DJK02 挂件上得到。

2) 实验步骤

(1) 单结晶体管触发电路的调试

将 DJK01 电源控制屏的电源选择开关打到“直流调速”侧，使输出线电压为 200 V，用两根导线将 200 V 交流电压接到 DJK03-1 的“外接 220 V”端，按下“启动”按钮，打开 DJK03-1 电源开关，用双踪示波器观察单结晶体管触发电路中整流输出的梯形波电压、锯齿波电压及单结晶体管触发电路输出电压等波形。调节移相电位器 RP_1，观察锯齿波的周期变化及输出脉冲波形的移相范围能否在 30°～170°范围内移动？

(2) 单相半波可控整流电路接电阻性负载

触发电路调试正常后，按图 9-5 电路图接线。将电阻器调在最大阻值位置，按下“启动”按钮，用示波器观察负载电压 U_d、晶闸管 VT 两端电压 U_{VT} 的波形，调节电位器 RP_1，观察 $\alpha=30°$、60°、90°、120°、150°时 U_d、U_{VT} 的波形，测量直流输出电压 U_d 和电源电压 U_2，测量数据记录于表 9-3 中。

表 9-3　单相半波可控整流电路接电阻性负载实验数据记录表

α(控制角)	30°	60°	90°	120°	150°
U_2(测量值)					
U_d(测量值)					
U_d/U_2(计算值)					
U_d(计算值)					

$$U_d=0.45U_2(1+\cos\alpha)/2 \tag{9-2}$$

3) 单相半波可控整流电路接电阻电感性负载

将负载电阻 R 改成电阻电感性负载(由电阻器与平波电抗器 L_d 串联而成)。暂不接续流二极管 VD_1，在不同阻抗角[阻抗角 $\varphi=\tan^{-1}(\omega L/R)$]，保持电感量不变，改变 R 的电阻值，注意电流不要超过 1 A 情况下，观察并记录 $\alpha=30°$、60°、90°、120°、150°时的直流输出电压值 U_d 及 U_{VT} 的波形。测量数据记录于表 9-4 中。

表 9-4　单相半波可控整流电路接电阻电感性负载实验数据记录表

α(控制角)	30°	60°	90°	120°	150°
U_2(测量值)					
U_d(测量值)					
U_d/U_2(计算值)					
U_d(计算值)					

$$U_d=0.45U_2(1+\cos\alpha) \tag{9-3}$$

4. 实验仪器设备

(1) 电力电子技术试验台；

(2) DJK01 电源控制屏挂件、DJK02 晶闸管主电路挂件、DJK03-1 晶闸管触发电路挂件、DJK06 给定及实验器件挂件、D42 三相可调电阻挂件各一块；

(3) 双踪示波器、万用表各一块。

5. 实验报告要求

(1) 画出 $\alpha=90°$时，电阻性负载和电阻电感性负载的 U_d、U_{VT} 波形；

(2) 画出电阻性负载时 $U_d/U_2=f(\alpha)$的实验曲线，并与计算值 U_d 的对应曲线相比较；

(3) 分析实验中出现的现象，写出体会。

9.5 三相半波可控整流电路实验

1. 实验目的

了解三相半波可控整流电路的工作原理，研究可控整流电路在电阻负载时的工作情况。

2. 实验原理图

三相半波可控整流电路实验原理图如图 9-7 所示。

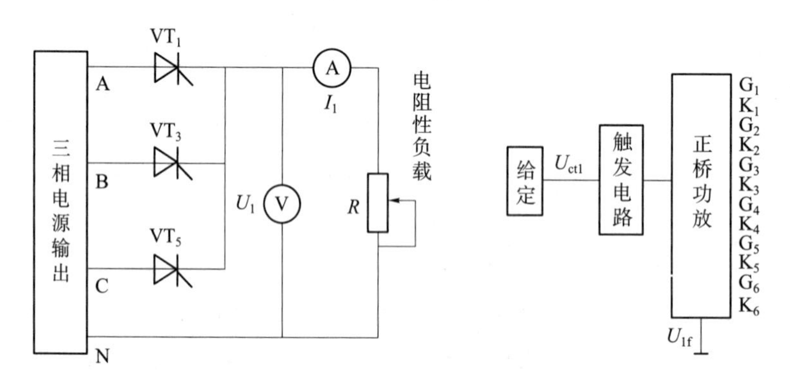

图 9-7　三相半波可控整流电路实验原理图

3. 实验内容

1）电路连接

按实验原理图 9-6 连接电路，晶闸管用 DJK02 正桥组的 3 个，电阻 R 用 D42 三相可调电阻，将两个 900 Ω 接成并联形式，其三相触发信号由 DJK02-1 内部提供，只需在其外加一个给定电压接到 U_{ct} 端即可。直流电压、电流表由 DJK02 获得。

2）实验步骤

（1）DJK02 和 DJK02-1 上的“触发电路”调试

① 打开 DJK01 总电源开关，操作“电源控制屏”上的“三相电网电压指示”开关，观察输入的三相电网电压是否平衡。

② 将 DJK01“电源控制屏”上“调速电源选择开关”拨至“直流调速”侧。

③ 用 10 芯的扁平电缆，将 DJK02 的“三相同步信号输出”端和 DJK02-1“三相同步信号输入”端相连，打开 DJK02-1 电源开关，拨动 “触发脉冲指示”钮子开关，使“窄”的发光管亮。

④ 观察 A、B、C 三相的锯齿波，并调节 A、B、C 三相锯齿波斜率调节电位器（在各观测孔左侧），使三相锯齿波斜率尽可能一致。

⑤ 将 DJK06 上的“给定”输出 U_g 直接与 DJK02-1 上的移相控制电压 U_{ct} 相接，将给定开关 S_2 拨到接地位置（即 $U_{ct}=0$），调节 DJK02-1 上的偏移电压电位器，用双踪示波器观察 A 相同步电压信号和“双脉冲观察孔” VT_1 的输出波形，使 $\alpha=150°$（注意此处的 α 表示三相晶闸管电路中的移相角，它的 0°是从自然换流点开始计算，前面实验中的单相晶闸管电路的 0°移相角表示从同步信号过零点开始计算，两者存在相位差，前者比后者滞后 30°）。

⑥ 适当增加给定 U_g 的正电压输出，观测 DJK02-1 上“脉冲观察孔”的波形，此时应观测到单窄脉冲和双窄脉冲。

⑦ 用 8 芯的扁平电缆，将 DJK02-1 面板上“触发脉冲输出”和“触发脉冲输入”相连，使得触发脉冲加到正反桥功放的输入端。

⑧ 将 DJK02-1 面板上的 U_{lf} 端接地，用 20 芯的扁平电缆，将 DJK02-1 的“正桥触发脉冲输出”端和 DJK02“正桥触发脉冲输入”端相连，并将 DJK02“正桥触发脉冲”的 6 个开关拨至“通”，观察正桥 VT_1～VT_6 晶闸管门极和阴极之间的触发脉冲是否正常。

(2) 三相半波可控整流电路带电阻性负载

将电阻器放在最大阻值处，按下“启动”按钮，DJK06 上的“给定”从零开始，慢慢增加移相电压，使 α 能从 30°到 180°范围内调节，用示波器观察并记录三相电路中 α=30°、60°、90°、120°、150°时整流输出电压 U_d 和晶闸管两端电压 U_{VT} 的波形，相应的电源电压 U_2 及负载电压 U_d 的测量数值记录于表 9-5 中。

表 9-5　三相半波可控整流电路接电阻性负载实验数据记录表

α(控制角)	30°	60°	90°	120°	150°
U_2(测量值)					
U_d(测量值)					
U_d/U_2(计算值)					
U_d(计算值)					

$$
\begin{aligned}
&U_d=1.17U_2\cos\alpha && (0\sim30^\circ)\\
&U_d=0.675U_2\left[1+\left(\cos\alpha+\frac{\pi}{6}\right)\right] && (30^\circ\sim150^\circ)
\end{aligned}
\tag{9-4}
$$

4. 实验仪器设备

(1) 电力电子技术试验台；

(2) DJK01 电源控制屏挂件、DJK02 晶闸管主电路挂件、DJK02-1 三相晶闸管触发电路挂件、DJK06 给定及实验器件挂件、D42 三相可调电阻挂件各一块；

(3) 双踪示波器、万用表各一块。

5. 实验报告

绘出当 α=90°时，整流电路接电阻性负载时的 U_d 及 I_d 的波形。

9.6　单相桥式全控整流电路实验

1. 实验目的

(1) 加深理解单相桥式全控整流及逆变电路的工作原理；

(2) 研究单相桥式变流电路整流的全过程。

2. 实验原理图

单相桥式整流实验原理图如图 9-8 所示。

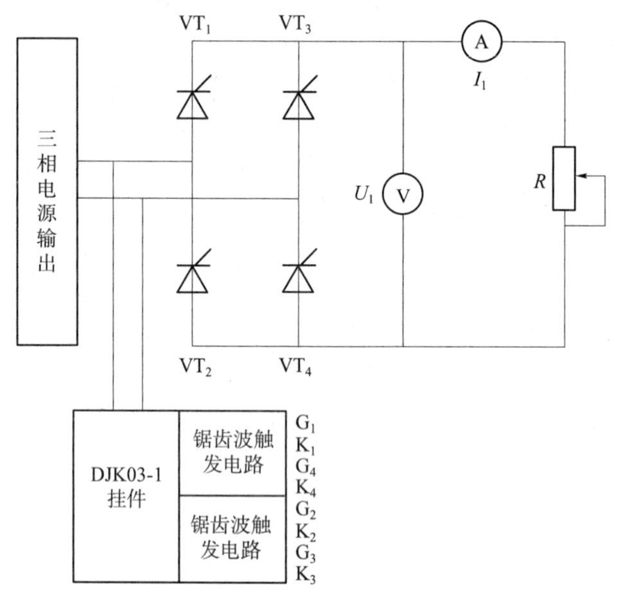

图 9-8　单相桥式整流实验原理图

3. 实验内容

电路连接:按图 9-7 实验原理图进行线路连接,其输出负载 R 用 D42 三相可调电阻器,将两个 900 Ω 接成并联形式,电抗 L_d 用 DJK02 面板上的 700 mH,直流电压、电流表均在 DJK02 面板上。触发电路采用 DJK03-1 组件挂箱上的"锯齿波同步移相触发电路Ⅰ"和"锯齿波同步移相触发电路Ⅱ"。

4. 实验步骤

(1) 触发电路的调试

将 DJK01 电源控制屏的电源选择开关打到"直流调速"侧使输出线电压为 200 V,用两根导线将 200 V 交流电压接到 DJK03-1 的"外接 220 V"端,按下"启动"按钮,打开 DJK03-1 电源开关,用示波器观察锯齿波同步触发电路各观察孔的电压波形。

将控制电压 U_{ct} 调至零(将电位器 RP_2 顺时针旋到底),观察同步电压信号和"6"点 U_6 的波形,调节偏移电压 U_b(即调 RP_3 电位器),使 $\alpha=180°$。

将锯齿波触发电路的输出脉冲端分别接至全控桥中相应晶闸管的门极和阴极,注意不要把相序接反了,否则无法进行整流和逆变。将 DJK02 上的正桥和反桥触发脉冲开关都打到"断"的位置,并使 U_{lf} 和 U_{lr} 悬空,确保晶闸管不被误触发。

(2) 单相桥式全控整流

将电阻器放在最大阻值处,按下"启动"按钮,保持 U_b 偏移电压不变(即 RP_3 固定),逐渐增加 U_{ct}(调节 RP_2),在 $\alpha=0°$、30°、60°、90°、120°时,用示波器观察、记录整流电压 U_d 和晶闸管两端电压 U_{vt} 的波形,相应的电源电压 U_2 和负载电压 U_d 的数值记录于表 9-6 中。

表 9-6　单相桥式全控整流电路接电阻性负载实验数据记录表

α(控制角)	30°	60°	90°	120°
U_2(测量值)				
U_d(测量值)				
U_d(计算值)				

$$U_d = 0.9U_2(1+\cos\alpha)/2 \tag{9-5}$$

5. 实验仪器设备

(1) 电力电子技术试验台；

(2) DJK01 电源控制屏挂件、DJK02 晶闸管主电路挂件、DJK03-1 晶闸管触发电路挂件、DJK10 变压器实验挂件、D42 三相可调电阻挂件各一块；

(3) 双踪示波器、万用表各一块。

6. 实验报告

(1) 画出 $\alpha=30°$、$60°$、$90°$、$120°$、$150°$时 U_d和 U_{VT}的波形。

(2) 画出电路的移相特性 $U_d=f(\alpha)$曲线。

9.7　三相桥式全控整流电路实验

1. 实验目的

(1) 加深理解三相桥式全控整流的工作原理；

(2) 了解 KC 系列集成触发器的调整方法和各点的波形。

2. 实验原理图

三相桥式全控整流电路实验原理图如图 9-9 所示。

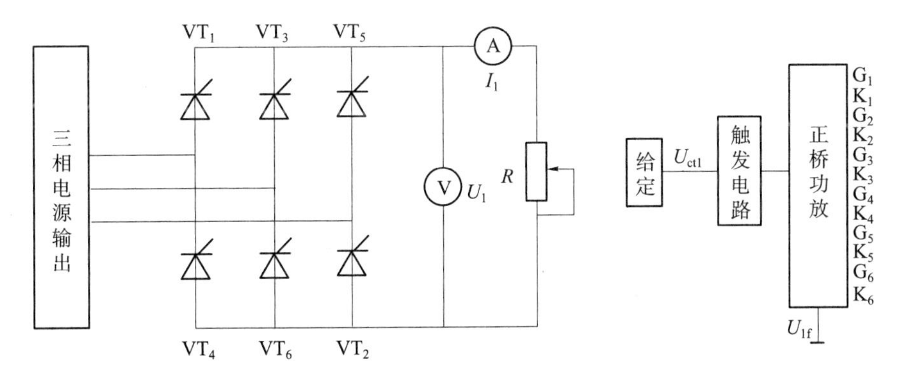

图 9-9　三相桥式全控整流电路实验原理图

3. 实验内容

1）电路连接

按图 9-9 实验原理图进行线路连接，主电路由三相全控整流电路及作为逆变直流电源的三相不控整流电路组成，触发电路为 DJK02-1 中的集成触发电路，由 KC04、KC41、KC42 等集成芯片组成，可输出经高频调制后的双窄脉冲链。R 使用 D42 三相可调电阻，将两个 900 Ω 接成并联形式；直流电压、电流表由 DJK02 获得。

2）实验步骤

（1）DJK02 和 DJK02-1 上的"触发电路"调试

① 打开 DJK01 总电源开关，操作"电源控制屏"上的"三相电网电压指示"开关，观察输入的三相电网电压是否平衡。

② 将 DJK01"电源控制屏"上"调速电源选择开关"拨至"直流调速"侧。

③ 用 10 芯的扁平电缆，将 DJK02 的"三相同步信号输出"端和 DJK02-1"三相同步信号输入"端相连，打开 DJK02-1 电源开关，拨动"触发脉冲指示"钮子开关，使"窄"的发光管亮。

④ 观察 A、B、C 三相的锯齿波，并调节 A、B、C 三相锯齿波斜率调节电位器（在各观测孔左侧），使三相锯齿波斜率尽可能一致。

⑤ 将 DJK06 上的"给定"输出 U_g 直接与 DJK02-1 上的移相控制电压 U_{ct} 相接，将给定开关 S_2 拨到接地位置（即 $U_{ct}=0$），调节 DJK02-1 上的偏移电压电位器，用双踪示波器观察 A 相同步电压信号和"双脉冲观察孔" VT_1 的输出波形，使 $\alpha=150°$（注意此处的 α 表示三相晶闸管电路中的移相角，它的 0°是从自然换流点开始计算，前面实验中的单相晶闸管电路的 0°移相角表示从同步信号过零点开始计算，两者存在相位差，前者比后者滞后 30°）。

⑥ 适当增加给定 U_g 的正电压输出，观测 DJK02-1 上"脉冲观察孔"的波形，此时应观测到单窄脉冲和双窄脉冲。

⑦ 用 8 芯的扁平电缆，将 DJK02-1 面板上"触发脉冲输出"和"触发脉冲输入"相连，使得触发脉冲加到正反桥功放的输入端。

⑧ 将 DJK02-1 面板上的 U_{lf} 端接地，用 20 芯的扁平电缆，将 DJK02-1 的"正桥触发脉冲输出"端和 DJK02"正桥触发脉冲输入"端相连，并将 DJK02"正桥触发脉冲"的 6 个开关拨至"通"，观察正桥 VT_1～VT_6 晶闸管门极和阴极之间的触发脉冲是否正常。

（2）三相桥式全控整流电路

将 DJK06 上的"给定"输出调到零（逆时针旋到底），使电阻器放在最大阻值处，按下"启动"按钮，调节给定电位器，增加移相电压，使 α 角在 30°～150°范围内调节，同时，根据需要不断调整负载电阻 R，使得负载电流 I_d 保持在 0.6 A 左右（注意 I_d 不得超过 0.65 A）。用示波器观察并记录 $\alpha=30°$、60°及 90°时的整流电压 U_d 和晶闸管两端电压 U_{vt} 的波形，相应的电源电压 U_2 和负载电压 U_d 的数值记录于表 9-7 中。

表 9-7　单相桥式全控整流电路接电阻性负载实验数据记录表

α（控制角）	30°	60°	90°
U_2（测量值）			
U_d（测量值）			

续表

α(控制角)	30°	60°	90°
U_d/U_2(计算值)			
U_d(计算值)			

$$
\begin{aligned}
U_d &= 2.34U_2\cos\alpha \qquad (0\sim60°) \\
U_d &= 2.34U_2\left[1+\left(\cos\alpha+\frac{\pi}{3}\right)\right] \qquad (60°\sim120°)
\end{aligned}
\tag{9-6}
$$

4. 实验仪器设备

(1) 电力电子技术试验台;

(2) DJK01 电源控制屏挂件、DJK02 晶闸管主电路挂件、DJK02-1 三相晶闸管触发电路挂件、DJK06 给定及实验器件挂件、DJK10 变压器实验挂件、D42 三相可调电阻挂件各一块;

(3) 双踪示波器、万用表各一块。

5. 实验报告

(1) 画出电路的移相特性 $U_d=f(\alpha)$;

(2) 画出触发电路的传输特性 $\alpha=f(U_{ct})$;

(3) 画出 $\alpha=30°$、$60°$、$90°$、$120°$、$150°$时的整流电压 U_d和晶闸管两端电压 U_{VT}的波形。

9.8　单相交流调压电路实验

1. 实验目的

(1) 加深理解单相交流调压电路的工作原理;

(2)加深理解单相交流调压电路带电感性负载对脉冲及移相范围的要求;

(3)了解 KC05 晶闸管移相触发器的原理和应用。

2. 实验原理图

单相交流调压电路实验原理图如图 9-10 所示。

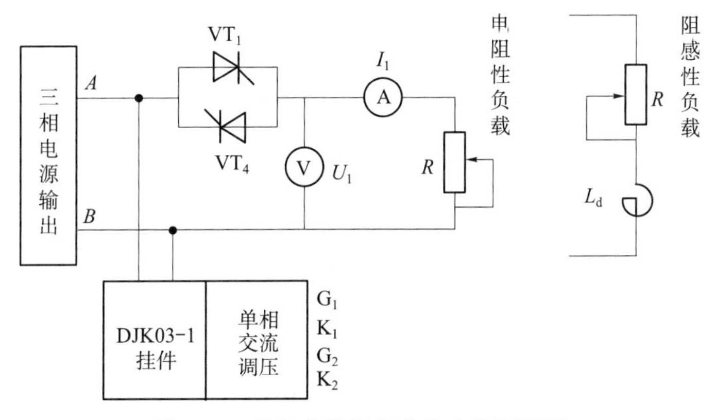

图 9-10　单相交流调压电路实验原理图

3. 实验内容

1）电路连接

按图 9-10 实验原理图进行线路连接，采用 KC05 晶闸管集成移相触发器，电阻 R 用 D42 三相可调电阻，将两个 900 Ω 接成并联接法，晶闸管则利用 DJK02 上的反桥元件，交流电压、电流表由 DJK01 控制屏上得到，电抗器 L_d 从 DJK02 上得到，用 700 mH。

2）实验步骤

(1) KC05 集成晶闸管移相触发电路调试

将 DJK01 电源控制屏的电源选择开关打到"直流调速"侧使输出线电压为 200 V，用两根导线将 200 V 交流电压接到 DJK03 的"外接 220 V"端，按下"启动"按钮，打开 DJK03 电源开关，用示波器观察"1"～"5"端及脉冲输出的波形。调节电位器 RP_1，观察锯齿波斜率是否变化，调节 RP_2，观察输出脉冲的移相范围如何变化，移相能否达到 170°，记录上述过程中观察到的各点电压波形。

(2) 单相交流调压带电阻性负载

将 DJK02 面板上的两个晶闸管反向并联而构成交流调压器，将触发器的输出脉冲端"G1""K1""G2"和"K2"分别接至主电路相应晶闸管的门极和阴极。接上电阻性负载，用示波器观察负载电压、晶闸管两端电压 U_{vT} 的波形。调节"单相调压触发电路"上的电位器 RP_2，观察在不同 α 角时各点波形的变化，并记录 $\alpha=30°$、60°、90°、120°时的波形。

(3) 单相交流调压接电阻电感性负载

① 在进行电阻电感性负载实验时，需要调节负载阻抗角的大小，因此应该知道电抗器的内阻和电感量。常采用直流伏安法来测量内阻，如图 9-11 所示。电抗器的内阻为 $R_L=U_L/I$；电抗器的电感量可采用交流伏安法测量，如图 9-12 所示。由于电流大时，对电抗器的电感量影响较大，采用自耦调压器调压，多测几次取其平均值，从而可得到交流阻抗。

交流阻抗为

$$Z_L=U_L/I \tag{9-7}$$

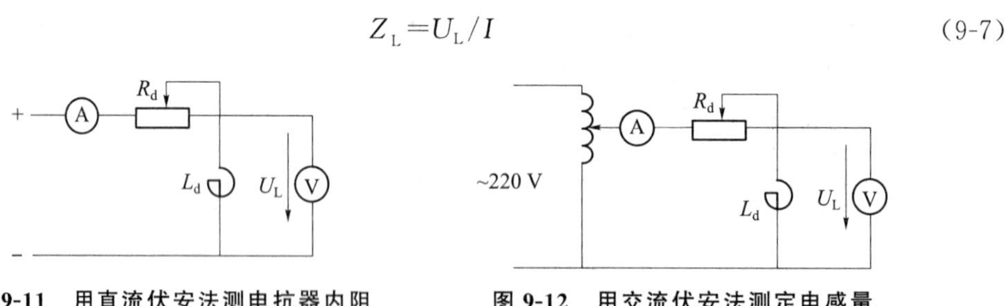

图 9-11　用直流伏安法测电抗器内阻　　**图 9-12　用交流伏安法测定电感量**

电抗器的电感为

$$L=\frac{\sqrt{Z_L^2-R_L^2}}{2\pi f} \tag{9-8}$$

负载阻抗角为

$$\varphi=\arctan\frac{\omega L}{R_d+R_L} \tag{9-9}$$

欲改变阻抗角，只需改变滑动变阻器 R 的电阻值即可。

② 切断电源，将 L 与 R 串联，改接为电阻电感性负载。按下“启动”按钮，用双踪示波器同时观察负载电压 U_1 和负载电流 I_1 的波形。调节 R 的数值，使阻抗角为一定值，观察在不同 α 角时波形的变化情况，记录 $\alpha>\varphi$、$\alpha=\varphi$、$\alpha<\varphi$ 这3种情况下负载两端的电压 U_1 和流过负载的电流 I_1 波形。

4. 实验仪器设备

（1）电力电子技术试验台；

（2）DJK01电源控制屏挂件、DJK02晶闸管主电路挂件、DJK03-1晶闸管触发电路挂件、D42三相可调电阻挂件各一块；

（3）双踪示波器一台；

（4）万用表一块。

5. 实验报告

（1）整理、画出实验中所记录的各类波形；

（2）分析电阻电感性负载时，α 角与 φ 角相应关系的变化对调压器工作的影响；

（3）分析实验中出现的各种问题。

参考文献

[1] 程汉湘,武小梅.电力电子技术[M]. 2 版.北京:科学出版社,2010.

[2] 蒋渭忠.电力电子技术应用教程[M].北京:电子工业出版社,2009.

[3] 康劲松,陶生桂.电力电子技术[M].北京:中国铁道出版社,2010.

[4] 魏连荣.电力电子技术及应用[M].北京:化学工业出版社,2010.

[5] 徐德鸿,马皓,汪根生.电力电子技术[M].北京:科学出版社,2006.

[6] 张加胜.电力电子技术[M].东营:中国石油大学出版社,2007.

[7] 潘孟春,张记,单庆晓.电力电子与电气传动[M]. 长沙:国防科技大学出版社,2009.

[8] 王兆安,刘进军.电力电子技术[M]. 5 版.北京:机械工业出版社,2009.

[9] 任国海,付艳清.电力电子技术[M]. 修订版.北京:科学出版社,2018.

[10] 任国海.电力电子技术[M].杭州:浙江大学出版社,2009.

[11] 阮毅,陈伯时.电力拖动自动控制系统[M]. 4 版.北京:机械工业出版社,2009.

[12] 刘平,郎文飞.单级反激式 PFC 连续模式下电流有效值计算[J]. 电子设计工程,19(8):144-146,2011.

[13] 王杰.临界导电模式下 Boost 变换器功率因数校正电路设计[J].机电工程,28 (5):616-619,2011.

[14] 王兆安,张明勋.电力电子设备设计和应用手册[M]. 2 版.北京:机械工业出版社,2002.

[15] 张润和.电力电子技术及应用[M] .北京:北京大学出版社,2008.

[16] 周志敏,周纪海,纪爱华. 开关电源功率因数校正电路设计与应用[M].北京:人民邮电出版社,2004.

[17] KEITH B.开关电源手册[M]. 2 版.张占松,汪仁煌,谢丽萍,译.北京:人民邮电出版社,2006.

[18] 张森,冯躲生.现代电力电子技术与应用[M].北京:中国电力出版社,2010.

[19] 拉希德.电力电子技术手册[M].杨建业,等译.北京:机械工业出版社,2004.

[20] 杨旭.开关电源技术[M].北京:机械工业出版社,2004.

[21] 阮新拨,严仰光.直流开关电源的软开关技术[M].北京:科学出版社,2002.